W0258508

Studienskripten zur Soziologie

Fortsetzung auf der 3. Umschlagseite.

<u>Zu diesem Buch</u>

Das Buch behandelt in systematischer und integrierter Weise
grundlegende theoretische Ansätze einer Soziologie der Wirtschaft, zentrale empirisch-statistische Elemente der gegenwärtigen Wirtschaft der Bundesrepublik Deutschland sowie
wesentliche Mechanismen und Institutionen der kapitalistischen Produktionsweise.
Eine Integration der einzelnen Aspekte wird über die Entwicklung eines theoretischen Bezugsrahmens angestrebt, der
sowohl auf Marxscher Theorie als auch auf Elementen moderner
Systemtheorie fußt.
Das Buch wendet sich vornehmlich an Studenten der Wirt-
schafts- und Sozialwissenschaften, die bereits eine Grund-
ausbildung an der Universität erfahren haben.

Studienskripten zur Soziologie

Herausgeber: Prof. Dr. Erwin K. Scheuch
            Prof. Dr. Heinz Sahner

Teubner Studienskripten zur Soziologie sind als in sich
abgeschlossene Bausteine für das Grund- und Hauptstudium
konzipiert. Sie umfassen sowohl Bände zu den Methoden der
empirischen Sozialforschung, Darstellung der Grundlagen
der Soziologie, als auch Arbeiten zu sogenannten Binde-
strich-Soziologien, in denen verschiedene theoretische
Ansätze, die Entwicklung eines Themas und wichtige empirische Studien und Ergebnisse dargestellt und diskutiert
werden. Diese Studienskripten sind in erster Linie für
Anfangssemester gedacht, sollen aber auch dem Examens-
kandidaten und dem Praktiker eine rasch zugängliche In-
formationsquelle sein.

Einführung in die Soziologie der Wirtschaft

Von Prof. Dr. rer. pol. Klaus Türk
Universität Trier

B. G. Teubner Stuttgart 1987

Prof. Dr. rer. pol. Klaus Türk

Dipl.-Soz. Dipl.-Kfm.; geboren 1944; Studium der Wirtschafts-
und Sozialwissenschaften an der Universität Hamburg; 1975
Promotion mit der Arbeit "Grundlagen einer Pathologie der
Organisation"; 1981 Habilitation mit der Arbeit "Personal-
führung und soziale Kontrolle"; seit 1983 Universitäts-
professor für Soziologie im Schwerpunkt "Arbeit-Personal-
Organisation" an der Universität Trier.

CIP-Kurztitelaufnahme der Deutschen Bibliothek

Türk, Klaus:
Einführung in die Soziologie der Wirtschaft /
von Klaus Türk.
Stuttgart : Teubner, 1987
  (Teubner Studienskripten ; 131 :
  Studienskripten zur Soziologie)
  ISBN 978-3-519-00131-7   ISBN 978-3-322-92121-5 (eBook)
  DOI 10.1007/978-3-322-92121-5

NE: GT

Gesamtherstellung: Druckhaus Beltz, Hemsbach/Bergstraße
Umschlaggestaltung: M. Koch, Reutlingen

Vorwort

In den letzten Jahren ist in der Bundesrepublik Deutschland eine Reihe
von einführenden Lehrbüchern in die Wirtschaftssoziologie erschienen.
Das ist erfreulich, weil vorher dieser wesentliche Bereich für das
einführende Studium in keiner Weise aufbereitet war. Mit dem vorliegenden Band will nun der Verfasser nicht in Konkurrenz treten zu den
bereits erschienenen Arbeiten, sondern ein Angebot zur Ergänzung und
Abrundung machen. Es könnte sogar günstig sein, zuvor andere Einführungen zu lesen. Das Schwergewicht wird hier auf die Entwicklung
systematisch-theoretischer Fragestellungen und Einordnungsmöglichkei-
ten wirtschaftssoziologischer Probleme gelegt. In diesem Sinne ist der
Titel des Buches "<u>Einführung</u> in die Soziologie der Wirtschaft" wörtlich zu nehmen: es handelt sich hier noch nicht um eine Wirtschaftssoziologie selbst, sondern nur um eine Hinführung zu dieser. Eine ausge-
arbeitete Wirtschaftssoziologie bedürfte mehrerer Bände und wäre zudem
auch stark empirisch auszurichten. Wegen der erheblichen Raumbeschrän-
kung weist der vorliegende Band in mancherlei Hinsicht Lücken auf. Es
wurde auf die Darstellung verschiedener Sachverhalte verzichtet
zugunsten elementarer Darlegungen. "Elementar" heißt aber nicht unbedingt "einfach". Nur zu leicht geschieht es in Einführungswerken, daß
zu einfach dargestellt wird. Damit aber bliebe der Kenntnisgewinn
gering; es könnte sogar zu "informierter Unkenntnis" führen. So ist
dieser Band kein schnell konsumierbares Skript. Er baut darauf, daß
der Leser bereits einige Grundkenntnisse in der Soziologie und Ökonomie besitzt und daß er die Bereitschaft hat, angegebene Literatur
heranzuziehen. Wir haben auf jede Ansatzhuberei verzichtet, die versuchte zu allem ein wenig zu sagen; ein enzyklopädischer Anspruch
besteht also keinesfalls. Dagegen wurde versucht, durch eine perspektivische Sicht ein Mindestmaß an Integration zu erreichen.

Trier, im Mai 1987   Klaus Türk

INHALTSVERZEICHNIS

9

A Theoretische Zugänge zur Wirtschaft einer Gesellschaft

1.Vorverständnis

Die Soziologie will erklären und verstehbar machen, in welcher Weise
das Verhalten und die Situation von Menschen dadurch bedingt sind, daß
Menschen immer Mitmenschen ("socii") sind und zwar sowohl im Hinblick
auf den jeweiligen zeitlichen Handlungshorizont einer Handlungssituation eines einzelnen Menschen als auch und gerade historisch die Hand-
lungshorizonte mehrerer Generationen übergreifend: denn man kann wohl
sagen, daß die meisten Handlungsbedingungen in einer Situation stets
von den jeweils vorangegangenen Generationen gesetzt werden.

Was heißt nun "Bedingt-sein durch Mitmenschen"? Diese Formel haben wir
sehr breit auszulegen. Die Soziologie untersucht den Nahbereich von
Anwesenden genauso wie Fernwirkungen; das Zusammenwirken in kleinen
Gruppen ebenso wie in Gesamtgesellschaften; unstrukturierte Interak-
tionssituationen ebenso wie hochgradig vorstrukturierte organisierte
Sozialsysteme, Wirkungen unmittelbarer Aktionen von Menschen aufeinander ebenso wie die Wirkungen menschlicher Objektivationen - wie Literatur, Kunst, Gesetze, Maschinen und Verkehrsampeln - auf das Handeln;
die Bedingtheit der Handlungen des einen durch das Handeln des anderen
ebenso wie die Freiheitsgrade der Setzung von Bedingungen des anderen
für den einen; die Stabilität von sozialen Systemen ebenso wie die
Verlaufsformen ihres Wandels; die Entstehungsbedingungen für Herrschaft und Ungleichheit ebenso wie die Emanzipationskämpfe. Die Soziologie will erklären, Bewußtheit schaffen, um die soziale Unmündigkeit
überwinden zu helfen. Sie ist insofern einerseits "optimistisch" wie
sie andererseits immer wieder selbst die Grenzen der Emanzipationsmög-
lichkeiten des Menschen gegenüber dem Menschen, von unterprivilegier-
ten Klassen gegenüber überprivilegierten, von Mächtigen gegenüber
Ohnmächtigen aufzeigt.
Auf den Bereich der Wirtschaft bezogen, heißt dies in aller Regel
weiterzufragen als das auf dem Gebiet der reinen Wirtschaftswissenschaften erfolgt. Welches sind z.B. die sozialkulturellen Bedingungen

der Funktionsfähigkeit von Märkten? Wie wirken sich Marktverfassungen
auf soziale Beziehungen, wie auf Bewußtseinsinhalte, wie auf die Verteilung sozialer Einzelchancen aus? Welche gesellschaftlichen Funktionen hat das Geld? Ist Knappheit eine anthropologische Konstante oder
ein sozial herbeigeführter, für das Funktionieren einer entwickelten
Wirtschaft notwendiger Zustand? Wie wirken ökonomische Verhältnisse
auf soziale Beziehungen zwischen Marktpartnern? Welche soziale Bedeutung hat das Eigentum? Wie bilden Gesellschaften die im Hinblick auf
bestimmte ökonomische Strukturen angepaßten Gesinnungen, Ethiken,
Normen aus? Welche Bedeutung hat die Warenförmigkeit des ökonomischen
Verkehrs für die weitere Gesellschaftsverfassung? Sind ökonomische
Entscheidungen wirklich rational? Welche sozialen Funktionen hat das
Rationalitätsprinzip? Sind Klassengesellschaften notwendige Bedingung-
en kapitalistischer Produktionsweise? Welche dynamischen Potenzen
stecken in der wirtschaftlichen Entwicklung in Bezug auf das kulturelle und soziale System? Wie lassen sich Bedürfnisse feststellen?

Während in den "Wirtschaftswissenschaften" vornehmlich Relationen
zwischen verobjektivierten Beständen und Ereignissen, zwischen "abstrakten Flußgrößen" (wie es ULLRICH 1977, nennt), untersucht werden,
hat es die Soziologie mit Beziehungen zwischen Menschen zu tun und
seien diese auch über noch so viele Stationen oder Dinge oder soziale
Verhältnisse vermittelt. So betrachtet die Ökonomie etwa Relationen
zwischen Angebotsmengen, Nachfragemengen und Preisen, zwischen Lohn-
niveau und Beschäftigung, zwischen Zinsniveau und Investitionsvolumen,
zwischen Devisenkursen und Absatzmengen, zwischen Steuerquoten und
Auslandsinvestitionen usw.. Die Wirtschaftswissenschaften versuchen
damit, ökonomische Prozesse aus sich selbst heraus zu erklären: sie
sind "selbstreferenziell". Darin liegt auch ihr beschränktes Erklä-
rungspotential: sich selbst am eigenen Schopfe herauszuziehen, kann
nur einem Münchhausen gelingen. Alle diese Relationen sind ja nicht
Prozesse in einer technischen Apparatur, einer Maschine: die Wirtschaft ist vielmehr ein sozialer Prozeß von Entscheidungen, Aktionen,
manifesten und latenten Folgen, in die Interessen, Qualifikationen,
Motivationen und vieles mehr eingehen. Die sozialen Lebenszusammenhän-

ge, die die Ökonomie ausblendet, sollten ins Scheinwerferlicht der Soziologie geraten.

Wenn man nun solche Fragen, wie die eben beispielhaft formulierten, untersuchen will, benötigt man ein grundlegendes Gesamtverständnis von der Wirtschaft einer Gesellschaft. Dieses muß theoretisch fundiert sein und gehaltvolle Aussagen ermöglichen. Zentral ist dabei die Frage des theoretischen Ausgangspunktes - oder auch Beobachtungspunktes -, von dem aus die Wirtschaft betrachtet wird: das, was man überhaupt sehen kann, hängt von diesem in entscheidendem Ausmaße ab. Einige ausgewählte Ausgangspunkte dieser Art möchte ich im folgenden kurz skizzieren, um in dieser Auseinandersetzung den hier gewählten Ansatz herausarbeiten zu können. Unser Begriff von "Wirtschaft" kann dann erst verständlich formuliert werden.

2. Diskussion theoretischer Ausgangspunkte einer Soziologie der Wirtschaft

2.1. Anthropologischer Ausgangspunkt

Jede humanwissenschaftliche Theorie arbeitet explizit oder implizit mit Grundannahmen über allgemeine Eigenheiten der menschlichen Gattung; jede humanwissenschaftliche Theorie hat - wie man auch etwas schlagwortartig sagt - ihr bestimmtes "Menschenbild". Die Anthropologie ist nun diejenige Wissenschaftsdisziplin, die sich explizit mit den Merkmalen der Gattung "Mensch" befaßt. Sie will also gerade nicht die kultur- und gesellschaftsspezifischen Besonderheiten analysieren, wie das die Soziologie tut, und auch nicht die individuumsspezifischen Eigenheiten zum Thema machen, welches Aufgabe der Psychologie ist.
Die Anthropologie stellt Fragen nach den grundlegenden gattungsbestimmten Bedingungen der Ermöglichung jeweils konkreter, historischgesellschaftlicher Wirklichkeit. Auf den Bereich der Wirtschaft bezogen, sind dies solche Fragen wie zum Beispiel: Welches sind die anthropologischen Bedingungen der Möglichkeit von rationalem Handeln? Welches sind die Bedingungen der Möglichkeit von Arbeitsteilung? Welches sind die Bedingungen der Möglichkeit des Aufbaus von längeren komplexen Handlungsketten - von "Umwegproduktionen", wie die Ökonomen sagen - in der modernen Wirtschaft? Welches sind die Bedingungen der Möglichkeit davon, daß ein Mensch Arbeitswerke erstellt, die er selbst gar nicht benötigt oder selbst auch gar nicht nutzen könnte? Welches sind die anthropologischen Bedingungen der Möglichkeit der gleichzeitig wie auch historisch ungeheuer großen Vielfalt an ökonomischen Lebensweisen unter extrem unterschiedlichen klimatischen, natürlichen, geologischen, kulturellen Lebensumwelten? Welche Konstanten erlauben diese Varietät?

Die Antwort der Anthropologie besteht in der Erkenntnis, daß der Mensch zugleich ein Mängel- wie ein Überschußwesen ist, das seine Mängel durch seine Überschüsse kompensiert.

Ein Mängelwesen ist der Mensch sowohl im Hinblick auf seine Instinktausstattung als auch im Hinblick auf seine Organausstattung zur unmittelbaren Bewältigung von Existenzproblemen. Ein Überschußwesen ist der Mensch im Hinblick auf seine Antriebsstruktur und seine emotionale wie intellektuelle Kapazität.

Einerseits ist er nämlich durch Instinkte in ungleich geringerer Weise festgelegt als jede Tiergattung. Instinktuelle Verhaltenskreise, d.h. relativ festgelegte Reiz-Reaktions-Koppelungen finden wir bei den Menschen in erheblich geringerem Umfange als beim Tier. Der Mensch hat dadurch eine sehr viel weniger bestimmte und begrenzte gattungsspezifische Umwelt als das Tier; er hat höhere Freiheitsgrade, aber eben deshalb auch gegenüber seiner Umwelt eine extrem höhere Handlungs- und Erlebensunsicherheit. Hinzu kommt, daß auch seine Organe und Glieder sehr viel weniger spezialisiert sind als dies bei dem Tier der Fall ist. Seine Organe wie Hand, Fuß oder Gebiß sind für die unmittelbare Bewältigung von Existenzproblemen nicht gerade gut ausgestattet, ganz zu schweigen von dem Fehlen eines Felles oder einer dicken schützenden Haut. Er kann mit seinen Händen nicht graben, er hat keine Krallen zum Beutefangen oder zur Verteidigung, sein Gebiß ist dafür ebenso unzulänglich; er kann nicht besonders schnell laufen; ein Kletterer ist er auch nicht; der aufrechte Gang ist eine anatomische Kuriosität, weil der Schwerpunkt viel zu hoch liegt.

Andererseits ist der Mensch ein Überschußwesen; sein Antriebspotential ist größer als es für das Leben erforderlich wäre. Er kann mehr wollen als er braucht; dies gilt für alle Dimensionen einschließlich der sexuellen. Überdies ist sein Gehirn größer, leistungsfähiger, als es für das Leben erforderlich wäre. Der Mensch hat überschüssige Phantasie, überschüssigen Verstand, überschüssiges Gefühl, deren Abarbeitungen sich u.a. im Aufbau von Mythen, von Kultur allgemein gesprochen, objektivieren. Wegen dieser anthropologischen Verfaßtheit des Menschen fehlt ihm, wie GEHLEN es formuliert, "der kurze Weg des Tieres" zur Befriedigung primärer Lebensbedürfnisse. "Er muß die Welt, ursprüng-

lich ein Überraschungsfeld, sich erst handlich und erkennbar, intim
und verwendbar machen, um in geplanter und sachgemäßer Arbeit sich das
zu beschaffen, was er braucht und das niemals schon zur Verfügung
steht" (GEHLEN 1978, S.333). GEHLEN stellt nun die für seine Anthropologie zentrale Frage - ich zitiere im Wortlaut:

"Wie muß die Antriebslage eines weltoffenen, auf die eigenständige
Durchdringung der Welt angewiesenen Wesens eingerichtet sein, eines
Wesens, dem man spezifische Instinkte im organ-unmittelbaren Sinne
eben wegen seiner mangelnden Organspezialisierung und Umweltanpassung
nur wenige zuschreiben kann? Eines Wesens überdies, das im Umkreis der
Situation, des zufälligen Jetztbestandes nicht aufgehen darf, das also
voraussehend den Bedürfnissen der Zukunft heute schon vorbereitend
abhelfen soll, dessen Antriebslage also selbst in irgendeinem Sinne
auf die Zukunft gerichtet sein muß, das 'der künftige Hunger hungrig
macht'" (a.a.O., S.327).

Eine Antwort auf diese Frage findet GEHLEN in den spezifischen Elementen der menschlichen Antriebsstruktur:

Der Mensch "muß die Befriedigung der Bedürfnisse aufschieben können,
Antriebe können und müssen gehemmt werden".
"Dieses Aufschieben schafft also einen Leerraum, einen Hiatus, zwi-
schen den Bedürfnissen und den Erfüllungen, und in diesem Leerraum
liegt nicht nur die Handlung, sondern auch alles sachgemäße Denken.
Die Handlungen müssen also 'abhängbar' sein von den Antrieben ..."

"Dieser Prozeß der Vermittlung, an dem die Handlungen sich natürlich
auch gegenseitig verflechten, ist unbegrenzbar und kann sich ins
Unübersehbare ausbreiten und vermannigfaltigen: welche der täglichen
Handlungen eines Monteurs oder Buchhalters dient eigentlich noch der
unmittelbaren Beschaffung von Dingen, die zur Befriedigung der Lebensbedürfnisse dienen?" (a.a.O., S.334ff).

Nun stellt sich das Problem, woraus der Mensch in einer solchen Situation seine Handlungsantriebe bezieht? Die Antwort lautet "die menschlichen Antriebe sind entwicklungsfähig und formbar, sind imstande, den Handlungen nachzuwachsen, die damit selber zu Bedürfnissen werden" (a.a.O., S.336).
Es können sich also "sekundäre Bedürfnisse" entwickeln, Gewohnheiten können sich ausbilden und zum Antrieb werden. Dies kann sich auf die speziellsten Handlungen beziehen. Die Antriebsstruktur des Menschen ist also "plastisch".

In seinem Werk "Urmensch und Spätkultur" (1956) bringt GEHLEN diese grundlegenden Erkenntnisse auf eine für seine Anthropologie, aber auch für die gesamte Soziologie, zentrale Formel der "Trennung von Zweck und Motiv" (ebenda, S.35ff).

Gerade gesellschaftlich-ökonomische Institutionen wie Betrieb, Geld- und Rechtssysteme, können eine überdauernde Stabilität nur erhalten, wenn ihre gesellschaftlichen Zwecke, besser: ihre Funktionen, von konkreten individuellen Motiven entkoppelt sind, aber zugleich - und darin besteht der Zustand der Dauerspannung in modernen Gesellschaften - sekundäre motivationale Bindungen herzustellen in der Lage sind. Nicht die Funktion des Geldes, komplexe ökonomische Steuerungsleistung zu vollbringen, motiviert den einzelnen zum adäquaten Geldgebrauch, sondern z.B. sekundäre Motiventwicklungen im Hinblick auf Ausgaben- und Sparverhalten. Nicht die Funktion eines Betriebes, Gebrauchsgüter zu produzieren ist zugleich das Motiv aller in ihm arbeitenden Menschen, sondern z.B. sekundär sich entwickelnde Motive des Einkommenserwerbs, des Werkstolzes, der Demonstration von Leistungsfähigkeit und anderes mehr.
Dieses Vermögen zur Trennung von Zwecken und Motiven sowie zur sekundären Motivbildung ermöglicht erst gesellschaftliche Arbeitsteilung sowie die Stabilität und die Weiterentwicklung hochkomplexer, verselbständigter Institutionen und Organisationen und damit den Aufbau und den Erhalt hochgradig ineinander verschachtelter Handlungsketten. Gesellschaftliche Institutionen sind insofern "motiventlastet". Sie sind nicht nur verselbständigbar, sondern auch in der Lage, selbstver-

ständlich zu werden. Sie funktionieren durch Gewohnheitsbildung, die ein Element der Antriebsstruktur des Menschen bildet. Ohne solche gesellschaftlichen Routinisierungsprozesse könnte kein komplexes Sozialsystem aufgebaut werden. Gesellschaftliche Einrichtungen werden damit, um es noch einmal anders auszudrücken, "trivialisiert": eigentlich hoch unwahrscheinliche Strukturen, wie etwa diejenigen unserer Gesellschaft, können damit nicht Gegenstand einer Dauerreflexion oder eines permanenten bedürfniskritischen Diskurses der handelnden Individuen sein. Sie müssen, wie GEHLEN es ausdrückt, in einen Zustand der "Hintergrundserfüllung" geraten, also lebensweltliche Selbstverständlichkeit werden. Das psychosoziale Pendant dazu ist dann ein mehr unbewußtes als reflektiertes Systemvertrauen, das die Gesellschaftsmitglieder ihren Institutionen gegenüber aufbringen müssen. In welch' drastischer Weise Vertrauenskrisen die Funktionsfähigkeit einer Institution außer Kraft setzen können, hat z.B. die Geschichte der Inflationen gezeigt.

Diese anthropologischen Grundzusammenhänge sind für das Verständnis unserer ökonomischen Institutionen von fundamentaler Bedeutung. Solche Erkenntnisse können aber für eine soziologische Untersuchung "nur" eine Basis abgeben, von der aus sich erst das sozialwissenschaftliche Interesse auf die Frage zuspitzen läßt, wodurch nun historisch konkrete Ökonomien bestimmt sind und wie sich bestimmte empirische ökonomische Formationen reproduzieren, also einem "Zerfließen", d.h. "entropischen Prozessen" der Auflösung widerstehen.

Zudem lassen sich die anthropologischen Grundkenntnisse auch als Basis für eine gesellschaftskritische Theorie verwenden. Die funktional notwendige unbefragte Selbstverständlichkeit sozio-ökonomischer Institutionen läßt sich nämlich bewußtseinstheoretisch als Zustand oder Prozeß der "Verdinglichung" kritisieren: ein nicht-reflexives Bewußtsein, das sich motivational einfangen läßt in routinisierte, trivialisierte Systeme ist notwendigerweise systemkonform und konservativ, also unkritisch und ohne Veränderungswillen. Hierin nun liegt eine wesentliche Funktion des Sondersystems "Wissenschaft" in unserer Gesellschaft: ist eine "Dauerreflexion" (SCHELSKY) im Alltag einer Gesellschaft nicht möglich, so ist dies aber gerade Aufgabe der kritischen Sozialwissenschaft. Wenn GEHLEN nun sagt, daß die "ungeheure

kulturelle Apparatur" nicht durch "romantisches Gerede" (GEHLEN 1978,
S.335) gestört werden dürfe, so liegt dies an seiner viel kritisierten
konservativen Grundhaltung: die Enttrivialisierung von vermeintlich
kulturell-gesellschaftlichen Selbstverständlichkeiten ist gerade Aufgabe kritischer Sozialwissenschaft, die wohlbegründete Störung ihre
Pflicht.

2.2. Individualtheoretischer Ansatz

Man könnte nun argumentieren, daß ein sozialwissenschaftlicher Zugang
zur Wirtschaft von dem handelnden Einzelmenschen, dem Individuum, aus
gewonnen werden sollte. Man könnte dabei anführen, daß alles, was in
der Gesellschaft, also auch in der Wirtschaft, geschehe, letztlich
Prozeß bzw. Resultat des Handelns der einzelnen Menschen sei. Wer
sonst sollte denn aktiv sein, Güter hervorbringen, Konflikte austragen, Güter verteilen und konsumieren, über Steuern und Zinsen
entscheiden, Erze abbauen, Absatzprognosen erstellen als jeweils ein
handelnder Mensch - gewiß auch in Kooperation, Interaktion und Kommunikation mit anderen? Wie sonst als über individuelle Nutzen- und
Präferenzschätzungen ergeben sich Werte und Preise der Güter und
Dienstleistungen?
Gegen solche Beispiele wird man kaum etwas einwenden können. Aber
welches Verständnis von Wirtschaft steht hinter einem solchen Ansatz?
Ist es tragfähig für die Untersuchung der Gesellschaftlichkeit konkret-historischer Ökonomien? Wir wollen im folgenden das Nachdenken
darüber anregen; eine hinreichende theoretische Würdigung ist hier
natürlich nicht zu leisten.

In zwei - allerdings verknüpfbaren - Versionen wird in der Literatur
das menschliche Individuum als Ausgangspunkt der Darstellung ökonomischer Strukturen und Prozesse gewählt: einmal unter Bezugnahme auf
das, was als "Bedürfnisse des Menschen" bezeichnet wird, zum anderen
unter Bezugnahme auf einen speziellen Typus menschlichen Handelns, den
zweckrationalen, ökonomisch-instrumentellen Wahlakt.

2.2.1. <u>Bedürfnisse als Ausgangspunkt?</u>

Es dürfte wohl die Mehrzahl der einführenden wirtschaftswissenschaftlichen Lehrbücher sein, die mehr oder minder reflektiert die Wirtschaft einer Gesellschaft in den menschlichen Bedürfnissen begründet
sieht (vgl. statt vieler anderer z.B. BASSELER/HEINRICH/KOCH 1981;
WÖHE 1973). BASSELER/HEINRICH/KOCH rechnen die Bedürfnisse sogar den
sog. "systemunabhängigen Grundtatbeständen" neben Produktion, Knappheit und Arbeitsteilung zu (a.a.O., S.38ff).
Der Bedürfnisbegriff ist seit seinem Gebrauch innerhalb des heutigen
Bedeutungsfeldes außerordentlich schillernd und unbestimmt; er ist ein
Verständigungskern auch in der Alltagssprache geworden. Er scheint
dort wie auch in der wissenschaftlichen Literatur jeweils legitimatorische Leerstellen zu besetzen. Er dient wechselweise entweder der
Kritik: etwas gehe an den "wahren Bedürfnissen" des Menschen vorbei -
oder der Affirmation: etwas entspreche den menschlichen Bedürfnissen
oder: die menschlichen Bedürfnisse seien nun einmal unbegrenzt. Der
große Bedeutungshof, der dann von den einzelnen Autoren versuchsweise
per eigener Definition jeweils eingegrenzt wird einerseits und die
ubiquitäre Verwendung dieses Begriffes andererseits verweisen auf zwei
für die Beurteilung dieser Kategorie wesentliche Sachverhalte.
Bedeutungsvielfalt heißt, daß dieser Begriff immer erst innerhalb von
konkreten Zusammenhängen, Kontexten, einen spezifischen Sinn erhält;
erst kontextbezogen wird sein Inhalt, das von ihm Bezeichnete, bestimmt. Er verweist damit empirisch gerade nicht auf etwas Gleiches,
sondern er ist abhängig von den sozialen Interaktions- und Argumenta-
tionszusammenhängen. Dies ist ein wichtiger Hinweis auf die Gesellschaftlichkeit von "Bedürfnissen" - sie sind offenbar gerade kein
"systemunabhängiger" Sachverhalt. Die ubiquitäre Verwendung dieses
Terms andererseits zeigt an, daß sich Menschen heute mit Hilfe dieses
Begriffes verständigen zu können glauben. Dies verweist ebenfalls auf
die Gesellschaftlichkeit des Begriffsinhaltes und zwar hier darauf,
daß der Rückbezug auf das Individuum - und zwar auf das Ansprüche
äußernde Individuum - allgemeinen Konsens findet; denn sonst wäre der
Begriff nicht in legitimatorische Argumentationen einbaubar. Da nun
Bedürfnisse nur gegen andere oder gegen "das System" reklamierbar sind

und nicht von dem Individuum gegenüber ihm selbst, verweist der praktische Gebrauch dieser Kategorie auf eine entwickelte Form der Gesellschaftlichkeit von Produktion und Distribution: das System oder die anderen produzieren und verteilen richtig oder falsch.

In der Verwendung der Bedürfniskategorie steckt also eine, so meist nicht mitreflektierte, doppelte Gesellschaftlichkeit: (1) daß dieser Begriff überhaupt als Ausgangspunkt gewählt wird, zeigt ein bestimmtes gesellschaftliches Weltbild an; dies ist der <u>ideologische Gesellschaftsbezug</u>. (2) Was inhaltlich jeweils als Bedürfnis gilt, ist gesellschaftlich bestimmt; dies ist der <u>substanzielle Gesellschaftsbezug</u>. Beide Sachverhalte schränken die Brauchbarkeit von Bedürfnissen als <u>Ausgangspunkt</u> sozio-ökonomischer Analyse ein: das, was durch eine bestimmte Gesellschaftsformation und durch eine bestimmte Wirtschaftsweise und ihr Niveau erst hervorgebracht wird, kann nicht als analytischer Ausgangspunkt dienen.

Der <u>ideologische Gesellschaftsbezug</u> der Bedürfniskategorie läßt sich auch begriffsgeschichtlich verdeutlichen (vgl. zur Begriffsgeschichte allgemein: KIM-WAWRZINEK/MÜLLER 1972). Das heutige Bedeutungsfeld des Bedürfnisbegriffes, das im großen Ganzen auf die VON HERMANNsche Definition von Bedürfnis als das "Gefühl eines Mangels mit dem Streben ihn zu beseitigen" (VON HERMANN 1870, S.5) zurückgeht, entwickelt sich erst seit Ende des 18. Jhs. mit den europäischen ökonomischen, politischen und geistigen Revolutionen. Verstand man zuvor in ökonomisch relativ statischen Gesellschaftsformationen mit ausgeprägten faktischen, technischen und sozialen Schranken von Konsum und Reichtum unter Bedürfnis noch "Bedürftigkeit", "Notdurft des Lebens", so bildet sich mit der ökonomischen, technischen, sozialen und geistigen Entschränkung ein an diese Sachverhalte adaptierter Bedürfnisbegriff aus. Der Individualisierung der Menschen innerhalb der bürgerlichen Weltanschauung entsprach eine Psychologisierung der Legitimation expandierender Wirtschaft. Der Mensch wird als permanent an Mangel leidend - als bedürfnishabend - begriffen. Bedürfnissteigerung, Entgrenzung von Bedürfnissen wird zentrales Thema. Der Weg zu einer Ökonomik, die die Wirtschaft unter dem "kalten Stern der Knappheit" (E. SCHNEIDER) stehen sieht, ist eingeschlagen. Wer Knappheit, Bedürftigkeit, als so ubiquitär begreift, muß eine Wirtschaft mit unbegrenztem Wachstum fordern. Der Weg bis zur Grenznutzenschule in der Nationalökonomie ist dann nicht mehr weit, die auch alle Wertbestimmung der Güter aus der Struktur individueller Präferenzen herleiten zu können glaubt.

Während die eben äußerst knapp skizzierte Entwicklung der Psychologisierung und Universalisierung der Bedürfniskategorie ihre eigene gesellschaftliche Eingebundenheit nicht mehr reflektieren kann und versucht, inhaltliche Bedürfnisinventare des Menschen überzeitlich und übergesellschaftlich zu erstellen, wird von MARX der <u>substanzielle Gesellschaftsbezug</u> bereits klar herausgearbeitet. Die große Bedeutung, die der Bedürfnisbegriff grundsätzlich hat, läßt ihn geistesgeschichtlich aber als demselben Zusammenhang, wie er oben angedeutet worden ist, zugehörig erscheinen (Vgl. allgemein zur Theorie der Bedürfnisse bei MARX: HELLER 1980).

Für MARX sind die Produktion von Mitteln zur Bedürfnisbefriedigung und die Erzeugung von neuen Bedürfnissen gleich ursprünglich "erste geschichtliche Tat" (MARX/ENGELS 1969, S.28). Bedürfnisse sind nach ihm weder naturgegeben noch statisch noch rein individueller Art. Bedürfnisse entwickeln sich in einem historischen und gesellschaftlichen Prozeß (Vgl. z.B. a.a.O., S.71). Besonders deutlich formuliert er:

"Unsere Bedürfnisse und Genüsse entspringen aus der Gesellschaft; wir messen sie daher an der Gesellschaft; wir messen sie nicht an Gegenständen der Befriedigung. Weil sie gesellschaftlicher Natur sind, sind sie relativer Natur" (MARX/ENGELS 1973, S.412).

Die Bedürfnisse sind damit aber auch nicht individueller Natur, wäre zu ergänzen. Vor allem die hochkomplexe, arbeitsteilige und auf Massenproduktion gerichtete moderne Wirtschaft wie die der Bundesrepublik Deutschland kann gar nicht mit individuellen Bedürfnissen begründet werden oder auf diese gerichtet sein. Sie kann - wenn überhaupt - nur auf Vorstellungen von standardisierten Bedürfnissen reagieren.

Wenn man akzeptiert, daß "Bedürfnisse" gesellschaftlich nicht nur geprägt, sondern ermöglicht und bedingt sind, kann man die vor allem im 19. Jahrhundert vieldiskutierte Frage nach "wahren" oder "falschen" Bedürfnissen nicht mehr stellen. Sie ist vielmehr zu ersetzen durch die Frage nach der "guten" oder "schlechten" Gesellschaft, die jeweils unterschiedlich zu beurteilende Bedürfnisse hervorbringt. Dies ist aber jetzt nicht inhaltlich zu diskutieren, da es uns in diesem Zusammenhang ja um methodische Fragen des Zugangsproblemes zur Wirtschaft in unserer Gesellschaft geht.

Es sollte aus dem bisher Gesagten deutlich geworden sein, daß man Bedürfnisse schon deshalb nicht als Ansatzpunkt wählen kann, weil sie Produkt dessen sind, was es zu erklären gilt. Hinzu kommt das Argument der Individualorientierung. Es ist nicht zu sehen, wie modernes Wirtschaftsgeschehen, das sich als äußerst komplexes System darstellt, von Bedürfnissen ausgehend überhaupt prinzipiell erfaßbar sein sollte, selbst wenn man konkrete Bedürfnisinventare erstellen könnte, wie das z.B. der vielzitierte MASLOW (MASLOW 1982/1954) versucht hat. Wie will man z.B. die Funktionsweise des Geldes, die Politik der Verbände, die Zusammenhänge zwischen Investitionsneigung und Zinsen, die Kapitalverwertungsprozesse usw. mit Hilfe eines bedürfnistheoretischen Konzeptes erklären?

Schließlich kann das einer Bedürfnistheorie inhärente Verhaltensmodell auch bei rein immanenter Betrachtungsweise nicht überzeugen: man stellt sich vor, daß empfundene Mangellagen Ungleichgewichte und damit Spannungen erzeugen, die für das Handeln Antriebsenergie mobilisieren. Danach müßte ein befriedigtes Bedürfnis handlungsneutral sein: solange ich z.B. Hunger habe, suche oder produziere ich Nahrung. Ganz offenbar aber suchen und produzieren auch satte Menschen Nahrungsmittel. Ich verweise auf die anthropologischen Ausführungen. Man könnte nun entgegnen - wie dies bereits FRANZ OPPENHEIMER in seinem "System der Soziologie" getan hat - daß es auch solche Bedürfnisse gäbe, "die aus der Vorbefürchtung eines künftigen Mangels bei gegenwärtiger Sättigung erwachsen" (OPPENHEIMER 1964, S.326). Wie leicht zu sehen ist, liegt damit aber keine bedürfnistheoretische Hypothese mehr vor, sondern es wäre eine Theorie erforderlich, die die hochkomplexen Erwartungsprozesse entfaltet, also eine kognitivistische Theorie. Überdies bliebe ein weiterer Einwand bestehen: daß Menschen nämlich bedürfnisentlastet wirtschaftlich aktiv werden: also in unserer heutigen Wirtschaft nicht jeder für sich in Erwartung morgigen Hungers heute Nahrungsüberschüsse produziert, sondern vielmehr diese Vorsorge an das System der Wirtschaft insgesamt delegiert. Ich erinnere an die Ausführungen zu dem Theorem der Trennung von Zwecken und Motiven sowie an

Überlegungen zur Verselbständigung der Bereiche des Mittelhandelns.
Erwartungstheoretische Konzepte finden wir nun in einem anderen individualtheoretischen Ansatz, den wir im folgenden knapp skizzieren.

2.2.2. "Ökonomisches Handeln" als Ausgangspunkt?

Da sich Bedürfnisse nicht verbindlich inventarisieren lassen und da
auch das Mangel-Spannungs-Antriebs-Modell nicht funktioniert, findet
man auch in der neueren Ökonomie zwar noch die Berufung auf Bedürfnisse, nicht aber eine bedürfnisorientierte Verhaltens- oder Handlungstheorie. Vielmehr hat sich die Wirtschaftswissenschaft umgestellt auf
die Zweck- oder Zielkategorie. Sie hängt dabei dann noch dem alten Be-
dürfniskonzept nach, wenn sie nach wie vor mit ROBBINS (1932, S.15)
einen Ansatz zweck-ökonomischen Handelns mit der Unbegrenztheit der
Bedürfnisse angesichts der Knappheit von Mitteln begründet.
Ausgangspunkte eines solchen, heute weit verbreiteten Ansatzes sind
individuelle Wahlakte, Entscheidungen, über Mittelverwendungen angesichts jeweils bestimmter, für die Theorie aber: beliebiger, Zwecke.
Da es dieser Theorie nur um die Entscheidungsabläufe, nicht aber um
die Entscheidungsinhalte geht, kann man sie als eine _formale Theorie_
bezeichnen; da diese Theorie bei den Strebungen des Handelnden ansetzt, gesetzte Zwecke möglichst gut zu erreichen, befaßt sie sich mit
dem Typ des "erfolgsorientierten" oder "strategischen Handelns" und
nicht mit Handlungen, die z.B. darauf aus sind, sich mit anderen zu
verständigen (vgl. zur Unterscheidung von erfolgsorientiertem und
verständigungsorientiertem Handeln: HABERMAS 1981). Ihr methodischer
Ansatzpunkt bleibt dabei das Individuum. Dieser sog. "methodologische
Individualismus" hat im Laufe der Zeit verschiedene Wandlungen erfahren. Ohne zu stark einem "Schubladendenken" zu verfallen, kann man
recht klar vier Versionen dieser Theorie unterscheiden (vgl. Übersicht 1).

Orientierung / Rationalitätsausprägung	"solipsistisch"	"interaktionistisch"
streng	ökonomische Entscheidungstheorie "homo oeconomicus"	Vertragstheorie "Organisationsmodell"
gemäßigt	"Erwartungs-Valenz-Theorie" "REMM"	Austauschtheorie "Marktmodell"

<u>Übersicht 1:</u> Vier Versionen individualistischer Handlungstheorie

Diese Differenzierung erfolgt anhand von zwei Kriteriumsvariablen: einmal kann man nach der theoretischen Orientierung Versionen identifizieren, die allein das "einsame" Individuum in einer Handlungssituation betrachten: dies sind "solipsistische Versionen". Auf der anderen Seite sind Konzepte zu finden, die sich gerade für den Fall interessieren, in dem mehrere Individuen aufeinandertreffen und ggf. Kontakt aufnehmen: dies sind "interaktionistische Versionen". Die zweite Kriteriumsvariable, nach der sich die vorhandenen Ansätze unterscheiden lassen, ist das Ausmaß an unterstellter Rationalität der Wahlakte. Diese vier Versionen sind in der Literatur alle gut dokumentiert, so daß wir uns hier auf eine knappe Umschreibung beschränken können (vgl. als Einstiegsliteratur mit vielen weiteren Literaturhinweisen folgende Titel: TIETZEL 1981; VANBERG 1975, 1982; OPP 1979; SCHANZ 1979; TRAPP 1986; McKENZIE/TULLOCK 1984).

2.2.2.1. Der "homo oeconomicus" und der "REMM"

Der "homo oeconomicus" ist ein Produkt der Evolution der bürgerlichen
Nationalökonomie. Als theoretische Hilfskonstruktion einmal erdacht,
hat er ein Eigenleben entwickelt, wurde immer einmal wieder totgesagt,
wird aber doch stets immer wieder gesichtet. Als bestinformierter,
seine eigenen Präferenzen genau kennender, Handlungsalternativen klar
abwägender und dann genau das Handlungsoptimum treffender Aktor ist er
eher homunculus als homo. Zwar dürfte er kaum jemals ernsthaft als
empirische Hypothese gemeint gewesen sein, aber als Idealbild hat er
in Teilen der Ökonomik gewiß gegolten. Die drei zentralen Elemente,
die ihn konstituieren sind: das Streben nach der Maximierung des
individuellen Nutzens, die Informiertheit über eigene Präferenzen und
alle relevanten Situationsbedingungen sowie die Verknüpfung von Zielen, Mitteln und Randbedingungen mit Hilfe formal rationaler Verfahren
(Kalkül, Berechnung, Abschätzung, Vergleich, mathematische Hilfsmetho-
den usw.). Während sich der Bedürfnisansatz auf mögliche Zielgrößen
ökonomischen Handelns bezog, richtet sich dieses Konzept auf die
Prozesse der Handlungsgenese, auf die Form der Transformation von Wün-
schen in Aktionen. Diesen Transformationsprozeß stellt man sich unter
dem Rationalitätsaxiom als einen Wahl- oder Entscheidungsprozeß vor,
der bewußt abläuft und mögliche Zwecke gegen vorhandene Mittel abwägt,
um entweder zu einer das Maximum an Zweckerfüllung garantierenden
Verwendung vorhandener Mittel zu gelangen oder um feststehende Zwecke
mit dem minimalen Mitteleinsatz zu erreichen. Wirtschaftlich ratio-
nales Handeln heißt also nicht nur die Wahl der Mittel nach Minimie-
rungsgesichtspunkten zu kalkulieren, sondern auch über die Verwendungszwecke und Verwendungsrichtungen planvoll zu entscheiden; dies
hat insbesondere MAX WEBER hervorgehoben (1964a, z.B. S.44). Das
Rationalitätsprinzip ist also ein Selektionsmechanismus, d.h. immer
auch ein Ausschlußprinzip.
Dadurch wird es soziologisch interessant: Welches sind die gesell-
schafts-kulturellen Voraussetzungen für die Geltung, für die Legitimation gerade dieses Prinzips? Das Rationalitätsprinzip ist ja selbst
auch ein selektiertes Prinzip, das aus der Menge möglicher Handlungs-
prinzipien sich heraus entwickelt hat. Hierzu hat insbesondere die

historische Soziologie durch die Arbeiten von MAX WEBER und WERNER
SOMBART Erhebliches zur Erhellung beigetragen. Wir kommen darauf später, unter dem Thema "Wirtschaftsgesinnung", noch zurück. Diese historisch-gesellschaftliche Relativierung des Rationalitätsprinzips zeigt
aber bereits eine Grenze seiner möglichen Relevanz: es ist - wenn
überhaupt - nicht ein universales, ubiquitäres, Prinzip, als das es in
dieser Theorietradition durchweg erscheint, sondern ein erklärungsbe-
dürftiges Prinzip, das nur für bestimmte Ökonomien in bestimmten
Gesellschaftsformationen Anwendungslegitimation besitzt.

Ein zweites Fragezeichen ist zu setzen hinter die Annahme, daß das
wirtschaftliche Handeln der Wirtschaftssubjekte in bewußten Wahlakten
besteht. Nach aller Erkenntnis der Verhaltenswissenschaften würde dies
die kognitive Kapazität der Akteure erheblich überfordern; wir haben
dazu bereits Entscheidendes im Kontext der anthropologischen Grundlagen gehört: Habitualisierung, Trivialisierung, Gewohnheitsbildung sind
zentrale Mechanismen der Entlastung des Menschen von Dauerreflexion;
dies dürfte u.a. insbesondere für das Konsumverhalten gelten, aber
natürlich auch für das Produktionsverhalten oder z.B. für politisches
Handeln. Überdies setzt das Rationalitätsprinzip voraus, daß der Ak-
teur ein klar identifizierbares, konsistentes Zielsystem hat sowie
vollständig informiert ist über die möglichen Mittel und über alle
möglichen Folgen, die die verschiedenen möglichen Handlungsalternativen zeitigen würden.
Bereits 1935 formulierte OSKAR MORGENSTERN - ein reputierter Ökonom
und Spieltheoretiker:

"Die unwahrscheinlich hohen Ansprüche, die an die intellektuelle Leistungsfähigkeit der Wirtschaftssubjekte gestellt werden, beweisen
zugleich, daß in den Gleichgewichtssystemen keine gewöhnlichen Menschen erfaßt werden, sondern mindestens untereinander genau gleiche
Halbgötter, falls eben die Forderung voller Voraussicht erfüllt werden
soll" (MORGENSTERN 1935).

Dieses Zitat verweist noch auf einen weiteren Sachverhalt: gerade die
unterschiedlich realisierbare Rationalität der Wirtschaftssubjekte,
die etwa durch ungleiche Informations- und Wissenbestände bedingt ist,
zeichnet offenbar für wesentliche Erscheinungen der wirtschaftlichen

Wirklichkeit verantwortlich. Information selbst kann damit zu einem
ökonomischen Gut werden.

Die Problemlage, wie sie durch Zielunklarheiten, begrenzte subjektive
Information und Voraussicht gekennzeichnet ist, hat in der Theorie zu
einer Revision des Modells absoluter Rationalität geführt. Seit den
bahnbrechenden Arbeiten von HERBERT SIMON, der dafür 1978 den Nobel-
preis für Wirtschaftswissenschaften erhielt, spricht man deshalb von
der "bounded rationality" – der begrenzten, eingeschränkten Rationalität – menschlichen Handelns (SIMON 1957).

Wir sind damit bei dem gemäßigten Abkömmling des radikalen homo oeconomicus. Allerdings erscheint einem diese Mäßigung wohl doch nur auf
der Oberfläche; denn "eingeschränkte Rationalität" heißt schließlich
nichts anderes als: "so gut wie in einer Situation möglich" zu entscheiden. Damit bleiben die Annahmen der Maximierung von Nutzen und
der formalen Rationalität erhalten; es wird letzlich nur die triviale
Einschränkung hinzugefügt: "nach Möglichkeit". Das Modell des "resour-
ceful, evaluative, maximizing man ("REMM") ist ebenso wie sein Vorläu-
fermodell ein rein formales, ungeschichtliches, ungesellschaftliches
Konzept, das auch von der Motivationspsychologie her Unterstützung
gefunden hat. Dort ist man nämlich ebenfalls von inhaltlichen bedürf-
nistheoretisch orientierten Ansätzen zu formalen Prozeßtheorien
übergegangen, besonders deutlich repräsentiert in der sog. "Erwar-
tungs-Valenz-Theorie" (vgl. statt vieler anderer z.B. WEINER 1972).
Auf dieses Konzept wird auch in der gegenwärtigen Soziologie und
Ökonomik zurückgegriffen (vgl. z.B. SCHANZ 1979; OPP 1979; TIETZEL
1981). Auch dort besteht die Vorstellung vom Menschen als einer Kal-
kulationsmaschine, wenn auch unter der Annahme begrenzten Wissens,
Vergeßlichkeit und situativ bedingter Ziele. Das Individuum handelt
demgemäß nach dem Prinzip des größten Erwartungsnutzens, der sich
durch additive bzw. multiplikative Kombination von Wertschätzungen
bestimmter Handlungsalternativen und ihren Folgen sowie der subjektiv
geschätzten Eintrittswahrscheinlichkeit gewünschter bzw. befürchteter
Folgen ergeben.

Das alte Modell des homo oeconomicus hat also eine psychologische-
empirische Relativierung erfahren. Die Grundintention des methodolo-

gischen Individualismus ist aber geblieben, Soziales nicht durch Soziales (DURKHEIM), sondern durch Rückbezug auf das agierende Individuum zu erklären. Ein solches Unterfangen bleibt - was in der Literatur vielfach kritisch angemerkt wurde (vgl. z.B. nur LAUTMANN 1985; TRAPP 1986) - in verschiedenen Hinsichten defizitär. Unter theorietechnologischem Aspekt ist dieses Konzept als empirisch leerer "Modellplatonismus" bezeichnet worden (vgl. LAUTMANN 1985, S.225). TRAPP formuliert seine Kritik wie folgt:

"Wenn aber Unternehmer, Arbeitnehmer, Konsumenten, Politiker, Verbandsmitglieder, Beamte, Ehegatten dadurch bestimmt werden, daß sie alle das Gleiche tun - ihren Nutzen maximieren -, so ist die allgemeine Kategorie der Nutzenmaximierung gerade <u>ungeeignet</u>, das Handeln eines <u>Unternehmers</u>, <u>Politikers</u>, <u>Künstlers</u> ... zu erklären. Das Urteil 'Der Politiker ist ein Nutzenmaximierer' provoziert die Frage: '<u>Was</u> <u>für</u> <u>einen</u> Nutzen maximiert er und <u>auf</u> <u>welchem</u> <u>Wege</u>?'" (TRAPP 1986, S.326f).

Damit bezieht sich TRAPP auf den formalen Charakter dieses Ansatzes. Das untersuchte Handlungsmodell soll sozusagen den "Algorithmus" erforschen, nach dem menschliches Handeln generiert wird. Wirtschaftssoziologisch wären aber darüberhinaus gerade die unterschiedlichen Inhalte von Interesse, die Personen unterschiedlicher Gruppen mit einem solchen "Algorithmus" kalkulieren. Überdies ist dieser Ansatz doch recht eng auf den mikrosozialen Bereich beschränkt. Eine vergleichende Analyse z.B. der ökonomischen Gesellschaftsformationen der Bundesrepublik Deutschland und England wäre nicht einmal im Ansatz konzipierbar, eine Erklärung der Funktionen des Geldes in Wirtschaftssystemen bliebe undurchführbar. Das heißt gerade das Gesellschaftliche an einer spezifischen Wirtschaft könnte nicht untersucht werden. Der psychologische Reduktionismus dieser Denkweise arbeitet eben mit einem zu engen Begriff der Ökonomie, nämlich dem der Ökonomie des Individuums, nicht aber derjenigen einer Gesellschaft.

2.2.2.2. "Organisationsmodell" und "Marktmodell" interagierender Individuen

Nun ist das Untersuchungsfeld des methodologischen Individualismus insofern über die Betrachtung des einsamen Individuums hinaus erweitert worden als versucht wird, auch <u>Interaktionen</u> zwischen Individuen mit der Theorie der Nutzenmaximierung zu erklären (vgl. dazu "klassisch": HOMANS 1961). Für die neuere Zeit sei dazu insbesondere auf die Arbeiten von VANBERG (1975, 1982) verwiesen, der diese theoretische Version gut aufgearbeitet hat. Danach kann man zwei Fassungen individualistischer Interaktionstheorie unterscheiden: ein vertragstheoretisches Organisationsmodell und ein austauschtheoretisches Marktmodell. Vertragstheorie und Austauschtheorie nun unterscheiden sich im Grad der angenommenen Rationalität bezüglich der Entstehung sozialer Strukturen.

Nach den Vorstellungen der Vertragstheorie, die bis auf ALTHUSIUS (1603) zurückgeht, entstehen gesellschaftliche Strukturen durch stillschweigende oder ausdrückliche Verträge der Individuen miteinander; sie entstehen durch bewußte Konsensprozesse.

Die Austauschtheorie ist dazu eine im Rahmen des individualistischen Ansatzes bleibende Gegenkonzeption, die gegenüber dieser rationalistisch-kontraktualistischen Theorie evolutionistisch argumentiert: Strukturen lassen sich nicht als rational geplante Verabredungen verstehen, sondern als aus den ungeplanten Konsequenzen individuellen Handelns im Verlaufe der Zeit sich entwickelnde; d.h. als zeitverbrauchende wechselseitige Anpassungsprozesse. Der Markt sowie der individuelle Nutzenkalkül werden somit zu einem generellen soziologischen Modell.

In der Sprache VANBERGS heißt dies: (S.47f):

"Grundgedanke des Austauschmodells ist, daß man zwischenmenschliche Beziehungen als Austauschbeziehung betrachten kann, als Beziehungen nämlich, in denen die Beteiligten einander irgendwelche Leistungen erbringen bzw. vorenthalten und sich auf diese Weise positiv bzw. negativ sanktionieren. Da Leistungen und Gegenleistungen sich in diesen Beziehungen gegenseitig bedingen, bildet das Interesse an den Leistungen anderer für den einzelnen das Motiv, selbst Leistungen zu erbringen, an denen diese anderen interessiert sind. Interaktions- oder Austauschprozesse erscheinen demnach als Prozesse wechselseitiger Verhaltensbeeinflussung und Verhaltenssteuerung, in denen Akteure sich in ihrem Verhalten gegenseitig kontrollieren und einander anpassen, und in denen sich allmählich bestimmte Verhaltensregelmäßigkeiten und

Ablaufmuster herausbilden. Die sozialen Strukturen, in denen sich diese Verhaltensregelmäßigkeiten niederschlagen, lassen sich daher im Sinne dieser theoretischen Perspektive auch als mehr oder minder komplexe Netzwerke aktueller und potentieller Austauschbeziehungen zwischen individuellen Akteuren analysieren" (VANBERG 1982, S.47f).

Austauschbeziehungen werden aufgenommen gemäß dem individuellen Nutzenkalkül: nur dann, wenn der andere mir nicht weniger bietet als ich geben muß, nur dann, wenn es keine bessere Alternative gibt, gehe ich mit ihm eine Austauschbeziehung ein. Da jeder so kalkuliert, muß also der Tausch für beide vorteilhaft sein.

Da man Tauschprozesse als Prozesse verstehen kann, in denen Leistungen und Sanktionen, d.h. Belohnungen oder Bestrafungen ausgetauscht werden, kann man sie zugleich als wechselseitige Lernprozesse verstehen. In diesem Sinne wäre der Markt auch als ein Lernmechanismus aufzufassen.

Auch diese Version der Individualtheorie ist vielfach kritisiert worden (vgl. TRAPP 1986), sodaß wir uns hier auf einige für unseren Zusammenhang wesentliche Bemerkungen beschränken können. Dieses Interaktionsmodell bleibt beschränkt auf kleinräumige Interaktionsdyaden und stellt kein Rüstzeug bereit für die Analyse volkswirtschaftlicher oder gar weltwirtschaftlicher Strukturen und Prozesse. Es ist überdies einerseits ahistorisch und gesellschaftsunspezifisch angelegt, aber dennoch andererseits in einer historisch-kontingenten Idee befangen, nämlich der Marktidee. Dies führt in mindestens zweierlei Hinsichten zu Problemen: man stellt sich soziale Interaktionen als Handeln innerhalb einer Marktstruktur vor. Das heißt doch aber, daß man dieses spezifische soziale Gebilde schlicht voraussetzt und es somit in seiner gesellschaftshistorischen Position und Funktion nicht mehr zum Thema machen kann. Und weiter, zweitens: man entlehnt das _allgemeine_ Sozialmodell der historisch-_besonderen_ Marktform. Das macht es unmöglich, mit Hilfe dieses Ansatzes eine ökonomisch-soziologische Theorie des Marktes selbst auszubilden, weil man sich dann theoretisch nur im Kreise drehte. Selbst wenn also die Grundannahme des Modells des nutzenkalkülisierenden Menschen empirisch wahr sein sollte, wäre aus wirtschaftssoziologischer Sicht genau dies ja erklärungsbedürftig und nicht bereits selbst als theoretisches Axiom verwendbar.
Schließlich erscheint dieses Modell stark unterkomplex: gerade die

Strukturen, die formativen Prinzipien, die handlungsleitenden Normen, die faktisch-materiellen Bedingungen, innerhalb derer und unter denen soziale Interaktionen vollziehbar sind und vollzogen werden, verweist diese Theorie in den Status nicht erklärter "Randbedingungen". Diese aber sind nicht als Ergebnis zweckrationalen Kalküls begreifbar und auch der Hinweis auf die nicht-intendierte Evolution sozialer Sachverhalte als Nebenfolge intentionalen Handelns <u>erklärt</u> noch nichts. Man muß also wohl übergehen zu Theorietypen, die auf einem höheren "Emergenzniveau" als der der Einzelaktion ansetzen. Das tut übrigens auch ein Großteil der Nationalökonomik. Dort nämlich werden z.B. wirtschaftspolitische Ziele wie "Gleichgewicht am Markt", "Preisniveaustabilität", "hohe Beschäftigungsquote", "außenwirtschaftliches Gleichgewicht", "optimale Allokation von Ressourcen", "Wettbewerbsfähigkeit der Wirtschaft" u.a.m. formuliert und auf dem Niveau der Volkswirtschaft als "System" auf ihre Erreichbarkeit hin untersucht. All' dies sind aber keine Zielgrößen, die aus individuellen Dispositionen abgeleitet, sondern Zielvariablen, die dem "System" der Wirtschaft selbst zuzurechnen sind. Genauso offenbar dürfte es sein, daß der größte Teil der produzierten Güter und der bereitgestellten Dienstleistungen nicht der Deckung individueller Bedürfnisse oder der Erreichung individueller Ziele dient, sondern den Erfordernissen der Wirtschaft selbst: Produktionsmittel und Dienstleistungen im Bereich der Waren- und Geldzirkulation, Verkehrsleistungen und Beratungsdienste sind dafür Beispiele.
Schließlich noch ein letztes Argument in diesem Zusammenhang: wenn man soziale Strukturen als "geronnene Muster" versteht, die im Laufe der Zeit als nicht-intendierte Folgen individuell-interaktionellen Handelns entstehen, braucht man zur Erklärung und Beurteilung ihrer Funktionen Bezugspunkte. Diese lassen sich aber, da es sich um "überindividuelle" Phänomene handelt, nur außerhalb der Individuen finden, z.B. als Lernfähigkeit eines Systems oder als Krisenanfälligkeit einer Wirtschaftsform, als Stabilität einer Gesellschaft o.ä.m..
Wir können damit zur Diskussion von Theorietypen übergehen, die in diesem Sinne auf einem "höheren Niveau" ansetzen. Dabei wäre es allerdings verfehlt, wollte man dem individualistischen Ansatz einen "methodologischen Kollektivismus" gegenüberstellen, wie das z.B. VANBERG

(1975) tut. Eine Theorie, die auf der Ebene des sozialen Systems ansetzt, hat es nämlich überhaupt nicht mit "Kollektiven" von Menschen aus "Fleisch und Blut" zu tun, sondern mit der Art und Weise der "Vergesellschaftung" von Menschen, der Steuerung ihres sozialen Verkehrs, also mit Formen, Strukturen und Prozessen sozialer Ordnung.
Wir verlassen jetzt also Versuche, die Wirtschaft soziologisch über ein Konzept individuellen ökonomischen Handelns erschließen zu wollen und wenden uns Ansätzen zu, die ausdrücklich sich bemühen, nicht die "Wirtschaft des Individuums", sondern die "Wirtschaft der Gesellschaft" zu untersuchen. Wir wollen uns im folgenden die Ansatzpunkte soziologischer Theorien verdeutlichen, die auf einem höheren Emergenzniveau ansetzen.

2.3. Systemtheoretischer Ansatz

Die methodologischen Individualisten waren soweit gegangen, nicht etwa nur einen bestimmten Bereich des menschlichen Lebens ökonomistisch erklären zu wollen, sondern alle Handlungen in allen Lebenssphären. Dies war bereits bei HOMANS (1961) angelegt und ist gegenwärtig besonders deutlich bei OPP sowie bei McKENZIE/TULLOCK entwickelt. Ökonomische Orientierung wäre damit ein gesellschaftlich ubiquitäres Phänomen. Demgegenüber ist u.a. einzuwenden, daß damit ein Zustand der Gesellschaft unterstellt - nicht etwa untersucht - wird, den man nur als pathologisch bezeichnen könnte: sollten wirklich bereits - wie viele kritische Sozialwissenschaftler der Tendenz nach befürchten (POLANYI 1977; HIRSCH 1980; HABERMAS 1981) - so gut wie alle menschlichen Lebensbereiche ökonomisch unterwandert worden sein? Ist alles - auch z.B. moralisches Handeln -zur Ware geworden, um die gefeilscht wird? Wie dem auch sei: eine solche Feststellung kann nicht <u>Ausgangspunkt</u>, sondern könnte allenfalls <u>Endergebnis</u> empirisch-theoretischer Forschung sein.
Wir wollen hier auch deshalb anders ansetzen. Wir fassen Wirtschaft nicht als ein im Sinne jener Theorietradition ubiquitäres und auch nicht als ein individualanalytisch faßbares Phänomen auf. Zwar ist festzustellen, daß man einen sinnvollen Begriff eines Typus "zweckra-

tional-instrumentellen Handelns" neben anderen Typen menschlichen Handelns bilden kann (vgl. z.B. HABERMAS 1981); sogleich ist aber anzufügen, daß man die Wirtschaft einer Gesellschaft nicht als Addition individueller zweckrationaler Handlungen zu begreifen vermag. Ja, es ist noch nicht einmal vorab ausgemacht, ob im Bereich der Wirtschaft überhaupt durchweg "zweckrational" gehandelt wird. Wir können also nicht einfach von einem Typ menschlichen Handelns verallgemeinernd auf Eigenschaften eines gesellschaftlichen Handlungsbereiches schließen. Diese Grunderkenntnis verdanken wir zweifellos der modernen Systemtheorie (vgl. allgemein zu dieser Problematik z.B. LUHMANN 1968; mit fast 20jähriger Verspätung hat nun auch HABERMAS diese Erkenntnisse nachvollzogen, vgl.HABERMAS 1986, S.382ff, vor allem S.388). Das Sprechen von der "Wirtschaft als System zweckrationalen Handelns" ist also ohne Sinn (so aber noch ULRICH 1986 im unkritischen Anschluß an den früheren HABERMAS). Die Systemtheorie bietet vielmehr eine echte Alternative zu individualistischen Handlungstheorien.

2.3.1. Grundelemente soziologischer Systemtheorie

Mehrfach habe ich in dem vorangegangenen Text von der Notwendigkeit zum Übergang auf ein "höheres Emergenzniveau" gesprochen; es wird Zeit, diese Aussage näher zu erklären, um in diesem Zusammenhang Elemente des Grundansatzes der Theorie sozialer Systeme zu erläutern. Natürlich ist es völlig ausgeschlossen, hier einen Überblick über Entwicklung und Stand der Systemtheorie zu vermitteln; nur auf die Grundblickrichtung kommt es hier an, um sodann auf Konzeptionierungen der Wirtschaft als soziales System eingehen zu können (vgl. zur Einführung in die soziologische Systemtheorie WILLKE 1982; JENSEN 1983). "Emergenz" bezeichnet ein Phänomen, das auftreten kann, wenn bestimmte "Einheiten", "Elemente" oder "Ereignisse" in einen Verknüpfungszusammenhang geraten und zwar dann, wenn diesem Verknüpfungszusammenhang Eigenschaften zukommen, die die Elemente nicht aufweisen und auch auf diese nicht zurückführbar sind: die Stabilität eines Gebäudes ist eine Eigenschaft der Verknüpfung, der Anordnung, der Struktur der Baustoffe: eine Eigenschaft der Architektur und nur mittelbar eine Eigenschaft der einzelnen Baustoffe oder deren Moleküle, Atome usw.. Dieselben Bauteile können in verschiedener Weise kombiniert werden, so daß Gebäude unterschiedlicher Stabilität entstehen. Oder: die Überlebensfähigkeit und evolutionäre Anpassungsfähigkeit einer Tierart ist eine Eigenschaft, die allein der Population dieser Tierart zukommt und nicht den Individuen; oder: die zyklische Krisenhaftigkeit ist ein Merkmal des Kapitalismus als "System" und nicht rückführbar auf das Handeln des einzelnen Unternehmers oder Konsumenten. Analog lassen sich dann Begriffe wie "emergente Strukturen" und "emergente Prozesse" bilden. Von Emergenz kann man also dann sprechen, wenn durch Verknüpfungen eine neue Einheit entstanden ist, die auf diesem Niveau für sich identifizierbar, also erlebbar und beschreibbar wird. Erlebbar und beschreibbar ist aber nur, was sich von anderem unterscheidet und was zumindest eine gewisse zeitliche Minimaldauer der Existenz aufweist. Wenn aber etwas sich, um erkennbar zu sein, von seiner Umgebung abheben soll und wenn es zumindest eine gewisse zeitlang seine Identität aufrecht erhalten soll, so muß diese Einheit über irgendeinen "Mechanismus" verfügen, seine Differenz zur Umgebung zu bewahren. Das ist (oder besser: scheint) bei nicht lebenden Gegenständen, Sachen, relativ leicht begreifbar zu sein: physikalische, chemische und technische Gegebenheiten sorgen (irgendwie) dafür, daß ein Stuhl ein Stuhl bleibt und sich nicht sogleich atomisiert. Bei lebenden und sozialen Einheiten erscheint uns im Alltagsleben dieses Problem natürlich selten größer zu sein als im Falle nicht lebender Gegenstände. Die Wissenschaft will nun dies aber genau wissen: wie schaffen es emergente Einheiten, sich zu erhalten, sich zu reproduzieren, sich zu verändern, ohne sich aufzulösen? Was leisten eigentlich emergente Einheiten für wen wodurch? Wir sind dabei bei dem Typ von Einheiten angelangt, den Systemtheoretiker "System" nennen.

Die gegenwärtige soziologische Systemtheorie, deren Hauptexponent in Deutschland NIKLAS LUHMANN ist (vgl. vor allem LUHMANN 1984), versteht nämlich unter (lebenden bzw. sozialen) Systemen gerade solche emergenten Verknüpfungszusammenhänge, die sich durch bestimmte Mechanismen der Selbstreproduktion von ihrer Umgebung abgrenzen und sich in ihrer Umwelt erhalten - sei es durch Stabilität, sei es durch Wandel. _Soziale_ Systeme liegen immer dann vor, wenn mit diesem Verknüpfungszu-

sammenhang Muster oder Ordnungsformen des sozialen Verkehrs mehrerer
Menschen entstanden sind; man kann auch vorläufig sagen: Muster oder
generative Prinzipien der sozialen Kommunikation sich entwickelt haben.

Soziale Systeme sind damit nicht Aggregationen oder Kollektive von
Menschen, sondern jeweils "thematisch" zentrierte Kommunikationszusam-
menhänge.

Soziale Systeme sind nicht erklärbar durch Rückbezug auf das intentio-
nale Handeln der einzelnen Individuen, sondern das, was den sozialen
Sinn einer Handlung ausmacht bestimmt sich erst durch das System:
nicht die Handlungen als "Elemente" konstituieren das System, sondern
das System ermöglicht Handlungen, bringt Handlungen mit bestimmtem
Sinn erst hervor - natürlich kann jede Handlung daneben ihren subjek-
tiv-individuellen Sinn besitzen, das wird sie meist auch, nur ist das
eben nicht Gegenstand der <u>soziologischen</u> Systemtheorie. So erhält z.B.
das Abhalten einer Vorlesung seinen Sinn überhaupt erst durch
Zurechnung zu den Systemen von Wissenschaft und Universität - welch'
individuellen Sinn der Vortragende auch immer sonst damit verbinden
mag; oder: die Herstellung eines Stuhles mag subjektiv für den Produzenten bedeuten, was es will - auch wenn er physisch dieselben "Handlungen" durchführt, wird das Handeln einen vollständig unterschiedlichen sozialen Handlungssinn haben, wenn er diesen Stuhl zu Hause in
Heimarbeit herstellt, in einem kapitalistischen Industriebetrieb, in
einem kooperativen Alternativbetrieb usw.. Unter sozialen Systemen
kann man sich "generative Programme" vorstellen, die Handlungen nicht
als Elementarbausteine enthalten, sondern die vielmehr Handlungen als
"Ereignisse" produzieren. Im Computerjargon gesprochen haben wir es
mit der "software" zu tun, also mit einem Verknüpfungsprogramm zur
Herstellung von Informationen.

Wir können uns das auch so klarmachen, indem wir uns vergegenwärtigen,
daß man eine Handlung ja überhaupt nur identifizieren, benennen und
ihr eine Bedeutung zumessen kann, indem man auf irgendein System Bezug
nimmt: das Herstellen eines Stuhles ist z.B. je nach Systembezug:
Arbeit, Naturumwandlung, individuelle Befriedigung, Herstellung eines
Gebrauchswertes, Herstellung eines Tauschwertes, Kosten, künstlerisch-
ästhetisches Werk, Manifestation einer bestimmten Kultur, Beschäfti-

gungstherapie, Ausbildung handwerklicher Fertigkeit, nervlich-muskuläre Tätigkeit des Körpers, Energieumwandlung, Faktorkombination u.v.a.m. Wenn in der Systemtheorie also von "Handlung" gesprochen wird, so ist streng genommen damit nur ein Handlungs<u>aspekt</u> gemeint, der in einem integrativen Sinn- und Funktionszusammenhang steht. Damit wird bereits angedeutet, daß die Systemtheorie bestimmte "Schnitte" legt, d.h. zwar etwas als Zusammenhang, als Ganzheit betrachtet, dafür aber anderes ausgrenzt, die Wirklichkeit zerschneidet. Die Kunst besteht nun darin, die "richtigen Schnitte" zu legen; d.h. aber auch, sich die Schnittmuster nicht einfach von dem Alltagsbewußtsein, das ja fraglos beständig schneidet, aggregiert, Systeme bildet, vorgeben zu lassen.

Die soziologische Systemtheorie stellt nun insofern ein Phänomen der Spiegelung moderner Gesellschaften dar, als sie annimmt, daß im Laufe der vergangenen 200-300 Jahre gesellschaftliche Verhältnisse entstanden sind, die überhaupt nur noch adäquat systemtheoretisch erfaßbar seien. Die Behauptung kann man sich dadurch verdeutlichen, daß man von relativ einfachen emergenten Kommunikationszusammenhängen wie Familien oder Diskussionsrunden, die es immer schon in irgendeiner Form gegeben hat, zu höherstufigen Systemen übergeht. Während man das, was z.B. in einer Seminardiskussion abläuft, auch noch recht gut verstehen und erklären kann mit Hilfe herkömmlicher sozialpsychologischer Kommunikationstheorie, man kann auch noch Bezug nehmen auf die Handlungsorientierung der Beteiligten, auf Theorien der Gruppendynamik, so haben wir es bereits auf der Ebene der Gesamtorganisation der Universität oder gar dem gesamten Handlungsbereich der Wissenschaft oder gar der Gesamtgesellschaft mit Phänomenen zu tun, die in ihrer Funktionsweise nun gar nicht mehr auf dieser theoretischen Ebene angesprochen werden können. Jene Theoriesprache ist dafür nicht konstruiert, die Phänomene sind dafür zu komplex. Und hier nun liegt das Hauptbetätigungsfeld moderner Systemtheorie: in der Analyse komplexer Systeme. "Komplexität" heißt nun nicht einfach "Vielschichtigkeit" - vielschichtig war der Mensch und waren seine Institutionen wohl immer - sondern eigentlich gerade das Gegenteil: hochgradige "Selektivität". Ein moderner Wirtschaftsbetrieb ist vor allem durch <u>Ausschluß</u> einer Vielzahl möglicher sozialer Bedeutungen und Beziehungen zu definieren:

er ist nicht Familie, nicht Wohlfahrtseinrichtung, nicht Disziplinaranstalt, nicht Vergnügen, nicht religiöse Veranstaltung, nicht politisches Forum usw., sondern er ist höchst selektiv gerade auf wenige Funktionen spezialisiert. Komplexität ist also ein Ausdruck der "Unwahrscheinlichkeit" der Entstehung und Aufrechterhaltung einer Vielzahl stark spezialisierter Teilsysteme, d.h. der Differenz zwischen dem, was eigentlich alles möglich wäre und dem was tatsächlich ist. In physikalischer Analogie gesprochen, geht es um den Sachverhalt, daß die in der Luft enthaltenen Gase nicht annähernd gleich verteilt sind im Raum, sondern sich je nach Gasart zusammentun und sich gegenseitig abgegrenzt erhalten, also der "Entropie" widerstehen. Dieser Zustand wäre in höchstem Maße unwahrscheinlich. So haben wir in unserer Gesellschaft organisierte Systeme ausdifferenziert wie Schulen, Krankenhäuser, Betriebe, Verwaltungen, Kirchen, die wiederum gesellschaftlichen Segmenten wie Wirtschaft, Bildungswesen, Politik usw. zuzuordnen sind und sich - das ist das eigentlich Erstaunliche - stets als gleiche reproduzieren. Die Universität Trier z.B. wird aller Wahrscheinlichkeit nach auch in einem Jahr noch die Universität Trier sein nicht etwa ein Einwohnermeldeamt.

Als "höherstufig" sind nun solche Systeme zu bezeichnen und zu analysieren, die über Mechanismen verfügen, ihre eigene Selektivität gegenüber der Umwelt zu steuern. Wie sie das leisten, ist zentrales Untersuchungsgebiet der soziologischen Systemtheorie. Solche sozialen Systeme vollbringen durch Abgrenzung, durch thematische Konzentration, durch Abstraktion von den allermeisten Aspekten eines Phänomens jeweils spezifische Koordinationsleistungen menschlicher Handlungen. Indem Menschen zu solchen Abstraktionsleistungen fähig sind, können sie innerhalb selektiver Systembezüge jeweils spezifische Hochleistungen vollbringen. Nur wenn der Betrieb nicht zugleich Familie ist, läßt er sich zweckspezifisch organisieren, nur wenn man unterscheiden kann zwischen Geschäft und Freundschaft, ist eine Geldökonomie entwickelbar usw. Soziale Systeme verkoppeln nur jeweils bestimmte Handlungsfolgen miteinander und vernachlässigen andere. Eine moderne "Systemgesellschaft" ist also eine auf vielfache Weise durchschnittene, segmentierte und über "technische" Systemmechanismen reintegrierte Gesellschaft. All' das ist aber nur möglich, wenn die Menschen, die durch eine

solche Gesellschaft miteinander in Beziehung stehen, diese Trennungen
in Bewußtsein und Handeln auch vollziehen, nicht Beruf und Vergnügen,
Politik und Wirtschaft, Seminarbetrieb und "Klönschnack" miteinander
verwechseln. Die Auftrennung des sozialen Lebens in Systeme setzt ein
auftrennendes Bewußtsein voraus; dies wird in unserer Gesellschaft
natürlich von klein auf anerzogen. In diesem Sachverhalt liegt aber
bereits ein Problem dieser Art von Systemtheorie begründet: sie kann
nur die der Alltagspraxis einer Gesellschaft zugrundeliegenden Bewußt-
seins-, Wissens- und Deutungsstrukturen widerspiegeln, sie kann diese
nicht überschreiten und kann deshalb keinen Bezugspunkt für eine
kritische Analyse finden. Die Möglichkeit eines "falschen Bewußtseins"
kann sie nicht in Betracht ziehen; sie kann damit gesellschaftliche
Ideologien selbst nur reproduzieren und wird damit immanenter Bestandteil des generativen Reproduktionsmechanismus der Systemgesellschaft.

2.3.2. Die These von der Ausdifferenzierung der Wirtschaft als ein eigenständiges Teilsystem der Gesellschaft

Wenn man nun Wirtschaft als ein soziales System spezieller Art analysieren will, muß man von der Auffassung ausgehen, daß eine solche
identifizierbare, abgeschlossene Einheit in der Gesellschaft vorhanden
ist oder genauer: daß eine solche immer wieder von Menschen reproduziert wird. Inzwischen zum Gemeingut gewordene Unterstellung der Systemtheorie ist, daß sich mit der Entwicklung der modernen Gesellschaft seit dem 17. Jh., insbesondere aber seit Ende des 18. Jhs.,
Wirtschaft als ein Unter- oder Teilsystem der Gesellschaft heraus
entwickelt habe. Dabei habe es sich gegenüber anderen sich ebenfalls
ausdifferenzierenden Teilsystemen, wie z.B. Politik und Bildungswesen,
relativ verselbständigt und lasse sich nun nach Prinzipien und Mechanismen der Selbststeuerung und Selbstreproduktion analysieren. Beschreibungen und Interpretationen dieses Prozesses, die z.B. bei
LUHMANN (1970, 1981, 1983, 1984) nachlesbar sind, berufen sich dabei
u.a. auf POLANYI (1978; so z.B. explizit LUHMANN 1981, S.397, FN 26).
Dies geschieht aber nur z.T. zu Recht - genauer gesagt: nur zur Hälfte. Zunächst ist es richtig, daß POLANYI zeigt, daß und wie sich mit

dem Aufkommen der bürgerlich-kapitalistischen Marktökonomie Wirtschaft
als gesellschaftlicher Handlungsbereich aus der Einbindung in die
traditionale Gesellschaftsstruktur herauslöst. Aus einer "embedded
economy" wird eine "disembedded economy". Lassen wir dazu POLANYI
einmal selbst zur Worte kommen:

"Die neuere historische und anthropologische Forschung brachte die
große Erkenntnis, daß die wirtschaftliche Tätigkeit des Menschen in
der Regel in seine Sozialbeziehungen eingebettet ist" (POLANYI 1978a,
S.75). "Handlungsantriebe entspringen einer Vielzahl von Quellen:
Sitte und Tradition, öffentlichen Pflichten und privaten Verpflichtun-
gen, religiösem Gehorsam und politischer Staatstreue, gesetzlicher
Verordnung und administrativer Regelung..." (POLANYI 1978b, S.116).
Nun aber vollzog sich der Wandel mit "überraschender Abruptheit":
"Die Vorherrschaft der Märkte entstand nicht graduell, sondern als
qualitativer Umschlag des ganzen Systems." Nach drei Prinzipien des
ökonomischen Liberalismus wurde die Marktwirtschaft organisiert: "daß
Arbeit den Wertgesetzen des Markts unterworfen wird; daß die Verfügbarkeit von Geld durch einen selbstregulierenden Mechanismus geregelt
wird; daß Güter im freien Handelsverkehr von Land zu Land fließen
können, ohne auf Rücksicht auf die Folgen" (POLANYI 1978b, S.117).
Mit der Entstehung der Marktökonomie ist "die Wirtschaft nicht mehr in
die sozialen Beziehungen eingebettet..." (POLANYI 1878a).

Soweit kann man sich auf POLANYI berufen, wenn man einen Nachweis für
die These der Ausdifferenzierung der Wirtschaft als eigenständiges
System anführen möchte. Nun geht aber das zuletzt angeführte Zitat wie
folgt weiter:

"..., sondern die sozialen Beziehungen sind in das Wirtschaftssystem
eingebettet. ...Sobald das wirtschaftliche System in separate Institutionen gegliedert ist, die auf spezifischen Zielsetzungen beruhen
und einen besonderen Status verleihen, muß auch die Gesellschaft
selbst so gestaltet werden, daß das System im Einklang mit seinen
eigenen Gesetzen funktionieren kann. Dies ist die eigenwillige Bedeutung der bekannten Behauptung, eine Marktwirtschaft könne nur in einer
Marktgesellschaft funktionieren" (POLANYI 1978a, S.89).

Im weiteren beschreibt POLANYI dann, wie alle Lebensbereiche ökonomi-
siert werden; insbesondere die "Kommodifizierung" (d.h. daß "Zur-Ware-
Machen") von Arbeit und Boden trägt dazu bei. Wir kommen inhaltlich
darauf später noch zurück; für unseren jetzigen Zusammenhang ist es
nur wichtig festzustellen, daß POLANYI zwar die Entstehung der Ökonomie als ein eigenständiges System darstellt, aber nicht als eines
neben anderen, sondern als dominantes System in der modernen Gesellschaft, das alle anderen Lebensbereiche infiltriere und sich so

unterordne. Es ist nicht untypisch für die Systemtheorie, daß sie
diejenigen Stückchen aus den Forschungen anderer herausklaubt, die sie
gerade verwenden kann, daß sie aber insbesondere die kritischen Pointen abschneidet.

Die Vorstellung einer separat mit eigenen Kategorien beschreibbaren
Ökonomie entwickelt sich im übrigen auch seit dem 17. Jh. parallel zur
realökonomischen Evolution in der wissenschaftlichen Literatur. Die
ersten wirtschaftswissenschaftlichen Arbeiten entstehen im 17. Jh.
unter dem wiederentdeckten griechischen Titel der "Politischen Ökonomie", d.h. unter dem Gedanken der Übertragung hauswirtschaftlichen
Handlungswissens auf die Staatswirtschaft des merkantilistischen Fürstentums (A. DE MONTCHRESTIEN: "Traite de l'oeconomie politique",
1615). Interessanterweise ereignet sich dies in einer historischen
Epoche, in der Mittel und Verfahren für eine zunehmende Rationalität
des ökonomischen Handelns weiterentwickelt werden: das Geldwesen, das
rationale Recht, die Buchführung. Es handelt sich um eine Zeit, in der
ein Kapital im Zentrum steht, das über ökonomische Transaktionen, die
letztlich in mehr Geld sich niederschlagen sollen, die Chance hat
vergrößert zu werden: dies ist der Haushalt des absolutistischen
Fürsten. Über eine Lehre zur Mehrproduktabschöpfung im Inneren durch
Steuereinnahmen und durch das Betreiben von Manufakturen, sowie durch
eine Lehre von der Politik der Handelsbilanzüberschüsse versucht nun
die aufkommende Wirtschaftswissenschaft das Handlungswissen dafür
bereitzustellen.

Nun aber mit der bürgerlichen Revolution, den sich relativ schnell
weiterentwickelnden Produktionstechnologien, der Entbindung ökonomischen Handelns aus religiösen und ständischen Schranken erweist sich
der staatliche Merkantilismus als Fessel für die ökonomische Entfaltung des Bürgertums. Die Wirtschaftslehre spiegelt diese revolutionären Prozesse wider, wird selbst deren Ideologie, die in der Lage ist,
die Wirklichkeit zu legitimieren und die in ihr angelegten Tendenzen
zu verstärken. Dabei bleibt bis heute ein Dauerproblem bestehen: ist
die Wirtschaft ein ausdifferenziertes Subsystem der Gesellschaft mit
eigenen Gesetzmäßigkeiten, eigenen Strukturen und Prozessen, so daß

man auch in der Theorie innerhalb einer reinen Ökonomik diese Sachverhalte isoliert abbilden und erklären kann? Oder ist die unterstellte
Selbständigkeit der ökonomische Sphäre eine Ideologie und ist die ihr
entsprechende Theorie dies ebenfalls? Dieser Grundstreit zwischen
reiner Ökonomie und gesellschaftsbezogener Sozio-Ökonomik ist bis
heute unentschieden.

Die Physiokraten Frankreichs, also die ersten wirtschaftsliberalisti-
schen Theoretiker, etwa in der Person von FRANCOIS QUESNAY (1694-
1774), hatten als erste versucht, die theoretischen Grundlagen zur
Legitimation des bürgerlichen Marktkapitalismus zu legen: diese be-
standen darin, daß sie vier entscheidende Bedingungsprinzipien für
isolierendes Systemdenken formulierten:

(1) Selbständigkeit des ökonomischen Systems (geschlossenes Kreislauf-
    modell)
(2) Abstrakte Flußgrößen: Waren- und Geldströme zwischen Aggregationen
    von Wirtschaftssubjekten (z.B. Landwirtschaft, Gewerbe)
(3) Entfesselung von staatlichen/rechtlichen Interventionen
(4) Naturphilosophisch-metaphysische Begründung/Legitimation.

Hier zeichnet sich bereits die später weiter ausgeführte Konzeption
ab, die Wirtschaft als ein rein selbstreferentielles Subsystem zu
betrachten, d.h. als ein geschlossenes System, das seine input-,
throughput und output-Prozesse in sich selbst durchführt. Die libera-
listisch-kapitalistische Wirtschaftsweise setzt sich nun aber keineswegs friktionslos im Laufe der letzten 300 Jahre durch; vielmehr ist
dieser Evolutionsprozeß durchaus bis heute krisenhaft und zwar sowohl
im Hinblick auf die gesellschaftliche Legitimation als auch im Hinblick auf die ökonomischen Funktionen selbst.
Die Theorie der Wirtschaft spiegelt auch diese krisenhaften Prozesse
wider; man kann vermutlich zeigen, daß jeweils in Krisenphasen der
Gesellschaftsbezug der Ökonomie stärker thematisiert wird, während
sich in Ruhephasen eher die reine Ökonomik durchsetzt. Dies ist natürlich eine Frage der Legitimation wie auch eine der Macht. Ich kann
hier die Geschichte des Dauerstreits der Wirtschaftstheorie nicht
nachzeichnen; es geht mir hier nur darum, darauf hinzuweisen, daß die
rasante Entwicklung der ökonomischen Theorie seit Ende des 18. Jahr-

hunderts bis heute als Indikator für die Ausbildung eines Bewußtseins von der Existenz einer separat analysierbaren und steuerbaren Wirtschaft angesehen werden kann. Das Trennungsdenken setzt sich durch und dürfte einen Selbstverstärkungseffekt für die Wirtschaft gehabt haben. Die auf den letzten Seiten wiedergegebene Skizze dieser Sachverhalte dürfte ausreichen, den realen Hintergrund der systemtheoretischen Konzeptionierung von Wirtschaft zu erhellen, so daß wir nun kurz darstellen können, wie einzelne systemtheoretische Versionen Wirtschaft als System beschreiben.

2.3.3. Wirtschaft und Gesellschaft bei PARSONS/SMELSER

PARSONS und SMELSER geben ihrem vor 30 Jahren erschienenen Buch "Economy and Society" den Untertitel "A Study in the Integration of Economic and Social Theory". Sie streben eine stärker sozialtheoretisch orientierte Analyse der Wirtschaft an zur Ergänzung, z.T. auch zur Reinterpretation von Konzepten und Theorien der Nationalökonomie. Ihr Ansatz ist dabei - wie der von PARSONS überhaupt - zugleich handlungs- und systemtheoretisch. Primär sind sie an der Beantwortung der allgemeinen Frage interessiert, wie in einer Gesellschaft das Handeln der Menschen gesteuert, aufeinander abgestimmt, integriert wird. Ökonomie wird nun als ein Aspekt von Handlungen aufgefaßt und es wird gefragt, wie in komplexen Gesellschaften die Koordination dieses Handlungsaspektes erfolgt. Die Antwort finden PARSONS/SMELSER in der Identifizierung eines spezifischen Teilsystems der Gesellschaft, dem sie diese Funktion zuschreiben. PARSONS/SMELSER rechtfertigen die Anwendung ihrer allgemeinen Theorie sozialer Handlungssysteme damit, daß sie sagen: auch ökonomische Handlungen lassen sich als soziale Handlungen interpretieren und deshalb mit Hilfe des analytischen Instrumentariums der Soziologie untersuchen. Zunächst nämlich läßt sich eine ökonomische Aktion, ebenso wie eine Aktion in anderen sozialen Interaktionszusammenhängen, als Beitrag, als Leistung - "performance" - gleichsam als "input" in ein System begreifen: jede Produktionshandlung z.B. ist an ökonomischen Größen orientiert und beeinflußt ebenfalls andere Handlungen im System. Weiter hat jede Handlung Konsequenzen, die auf den Aktor zurückkommen; sie ruft "Sanktionen" hervor. Die Erwartung solcher Sanktionen orientiert das Handeln. Das Erleben von Sanktionen führt zu Lernprozessen. Ohne Schwierigkeiten lassen sich ökonomische Handlungen in dieser Weise verstehen. PARSONS/SMELSER unterbreiten darüber hinaus eine Reihe weiterer Uminterpretationen, die ich aber hier jetzt nicht mehr behandeln kann. Was macht nun die Wirtschaft als ein Subsystem der Gesellschaft aus? Zur Beantwortung dieser Frage muß man an einer theoretisch vorgelagerten Stelle ansetzen. PARSONS/SMELSER sind, so wurde bereits gesagt, an der sozialen Regulierung des Handelns interessiert. Handeln von Menschen überhaupt, so die zugrundeliegende Auffassung, orientiert sich an Werten, Normen, Zielen und an den verfügbaren Mitteln. Auf allgemeinster Ebene läßt sich die "Organisation" dieser einzelnen Komponenten Teilsytemen zuordnen, die sich auf je unterschiedlichen Aggregationsniveaus befinden:

- für den Wertebereich habe sich ein kulturelles Teilsystem herausgebildet, das primär die Funktion der Bewahrung allgemeiner Wertemuster erfüllt ("Latent Pattern Maintenance")

- für den Normenbereich sei ein soziales Teilsystem ("Gesellschaft") identifizierbar, dessen Primärfunktion in der Integration der sozialen Handlungen besteht ("Integration")

- Ziele bilden sich in den Persönlichkeitssystemen der Individuen, deren Funktion somit in der Ausbildung von Zielorientierungen, Motivstrukturierung usw. zu finden ist ("Goal Attainment")

- die Mittel und Ressourcen des Handelns finden ihre letzte Basis in dem organischen System des Menschen, dessen Funktion deshalb in der Anpassung an die Umwelt gesehen wird ("Adaptation").

Wenn man die vier Grundfunktionen entsprechend sortiert, kommt man zu dem vielzitierten "AGIL-Schema".

Jedes dieser Teilsysteme muß wieder die bereits auf der allgemeinsten
Ebene zu findenden vier Funktionen erfüllen, wenn es "funktionieren"
und bestehen soll: es muß Mechanismen zur Bewahrung der eigenen
Grundstruktur, zur Integration seiner Elemente, zur Formulierung und
Verfolgung von Zielen sowie zur Anpassung der bzw. an die Umwelt
ausbilden. Dies leisten diese Teilsysteme wiederum durch Subsystembil-
dung. Eines der Subsysteme des gesellschaftlichen Teilsystems ist nun
die Wirtschaft.

Diese ist dadurch zu verstehen, daß man sie als dasjenige Subsystem
ansieht, das primär auf die Lösung gesamtgesellschaftlicher Anpas-
sungsprobleme gerichtet ist. Ziel dieses Subsystems ist die Versorgung
der Gesellschaft mit allgemeinen Ressourcen, insbesondere mit Einkommen, mit Gütern und Diensten als Mittel der Bedürfnisbefriedigung.
Wirtschaft wird dabei nicht - das ist entscheidend - unmittelbar auf
individuelle Bedürfnisbefriedigung bezogen, sondern auf die gesellschaftliche; die Zuweisung der von der Wirtschaft produzierten Ressourcen ist dann als ein gesamtgesellschaftlicher Prozeß zu verstehen,
der durch die Intervention anderer Subsysteme gesteuert wird; z.B.
durch politische Macht, das System der sozialen Schichtung, die
Strukturen und Prozesse im System der Familie. Die weiteren drei
primären Subsysteme der Gesellschaft sind dann:

- Das _politische Subsystem_ ("polity") mit der Funktion, die erforderlichen Leistungen der Zielformulierung und Zielverfolgung sicherzustellen; wie z.B. Wohlstand; das politische System arbeitet dabei
  hauptsächlich mit dem Medium Macht.

- Das _integrative Subsystem_ mit der Hauptaufgabe der Stabilisierung,
  Institutionalisierung und der Reproduktion der kulturellen Wertemuster. Es arbeitet vornehmlich mit den Mitteln der sozialen Kontrolle zur Erreichung von Wertkonsens und "Solidarität".

- Das _Subsystem mit der Funktion der Strukturbewahrung_ und Spannungs-
  bewältigung bezieht sich im Unterschied zum integrativen System
  nicht auf die Beziehungen zwischen Handlungseinheiten, sondern auf
  die Prozesse innerhalb der Handlungseinheiten, also z.B. auf die
  motivationale Lage der Akteure, gesellschaftliche Erwartungen zu
  erfüllen.

Damit haben wir ein komplexes System von interdependenten Systemverschachtelungen vor uns (vgl. Übersicht 2).

Allgemeines Handlungssystem

L		Gesell.-syst.	I
Kulturelles System		ökonom. System — A / Syst. d.Struk-turbew. — L	pol. Syst. — G / I — Integr. System
Persönlich-keitssystem		organisches System	
G			A

Übersicht 2: Verschachtelung von Teilsystemen nach
PARSONS/SMELSER

Auch das wirtschaftliche Subsystem muß natürlich alle die
Grundfunktionen erfüllen und dafür Mechanismen entwickeln; diese sehen
PARSONS/SMELSER wie folgt:

- Anpassungsfunktion: ökonomisches Subsystem der Kapitalbildung
- Zielverfolgungsfunktion: ökonomisches Subsystem der Produktion und
        Distribution
- Integrationsfunktion: ökonomisches Subsystem der Organisation durch
        unternehmerisches Handeln der Faktorkombination
- Strukturerhaltungsfunktion: ökonomisches Subsystem der Herstellung
        von physischen, kulturellen und motivationalen
        Ressourcen.

Wie wenig der immer wieder geäußerte Vorwurf gegen eine systemtheoretische Analyse der Wirtschaft gerechtfertigt ist, die Systemtheorie
analysiere die Wirtschaft isoliert, von der Gesellschaft (vgl. statt

vieler anderer BUSS 1985, S.99f), PARSONS/SMELSER treffen kann, wird
bereits angesichts dieser Theoriekonstruktion offenbar. Wirtschaft
wird ja gerade als ein Subsystem der Gesellschaft begriffen. Gesellschaft kann damit nicht "Umwelt" von Wirtschaft sein, sondern Wirtschaft _ist_ (ein Teil der) Gesellschaft. Das Verhältnis von Wirtschaft
und Gesellschaft zueinander ist nach dieser Konzeption auch nicht das
zweier Systeme, die - als auf gleicher Ebene befindlich - überhaupt
miteinander Austauschbeziehung aufnehmen könnten - man darf die analytischen Niveaus nicht verwechseln. Die Darstellung z.B. von BUSS
(1985, S.71, Abb. 6) ist somit ohne Sinn. Mit PARSONS/SMELSER läßt
sich festhalten, daß das Verhältnis von Wirtschaft und Gesellschaft
weder ein Verhältnis zwischen zwei gleichrangigen Systemen, noch ein
Innen-Außen-Verhältnis ist, sondern ein Teil-Ganzes-Verhältnis. Noch
deutlicher wird die Haltlosigkeit des Vorwurfs einer zu stark isolie-
renden Betrachtungsweise der Wirtschaft durch eine Systemtheorie wie
die von PARSONS/SMELSER, wenn man sich das relativ komplexe Gefüge von
Interdependenzen ansieht, das die Autoren zwischen der Wirtschaft und
den weiteren Teilsystemen untersuchen. Die Übersicht 3 enthält eine
freie Übertragung der entsprechenden Graphik bei PARSONS/SMELSER
(1972, S.68). Die Analyse der Binnenverhältnisse und der grenzüber-
schreitenden Prozesse ist dann Gegenstand des Buches der Autoren.
Dieser Inhalt ist hier natürlich nicht referierbar; der interessierte
Leser sei auf das Original verwiesen.
Mit diesem Ansatz haben wir gegenüber der rein individualtheoretischen
Handlungstheorie fraglos eine komplexere und realitätsgerechtere be-
grifflich-theoretische Erfassung der Wirtschaft einer Gesellschaft an
der Hand. Die Wirtschaft wird unmittelbar als gesellschaftlich eingebettet gesehen, nicht als privat-individuelle Veranstaltung. Beziehungen zu anderen gesellschaftlichen Bereichen werden thematisiert, so
daß dieses theoretische Niveau beizubehalten ist. Kritisch wäre neben
dem Formalismus dieser Theorie zu vermerken, daß sie wenig sensibel
ist für eine historisch-dynamische Analyse und Positionsbestimmung der
Wirtschaft und ihren Formen. Zudem wird zwar "irgendwie" moderne
Gesellschaft abgebildet, die Einheit bestimmter Gesellschaftsformationen, wie die des Kapitalismus z.B., wird aber nicht auf soziologische
Kategorien gebracht. In theorie-technischer Hinsicht bleibt die Her-

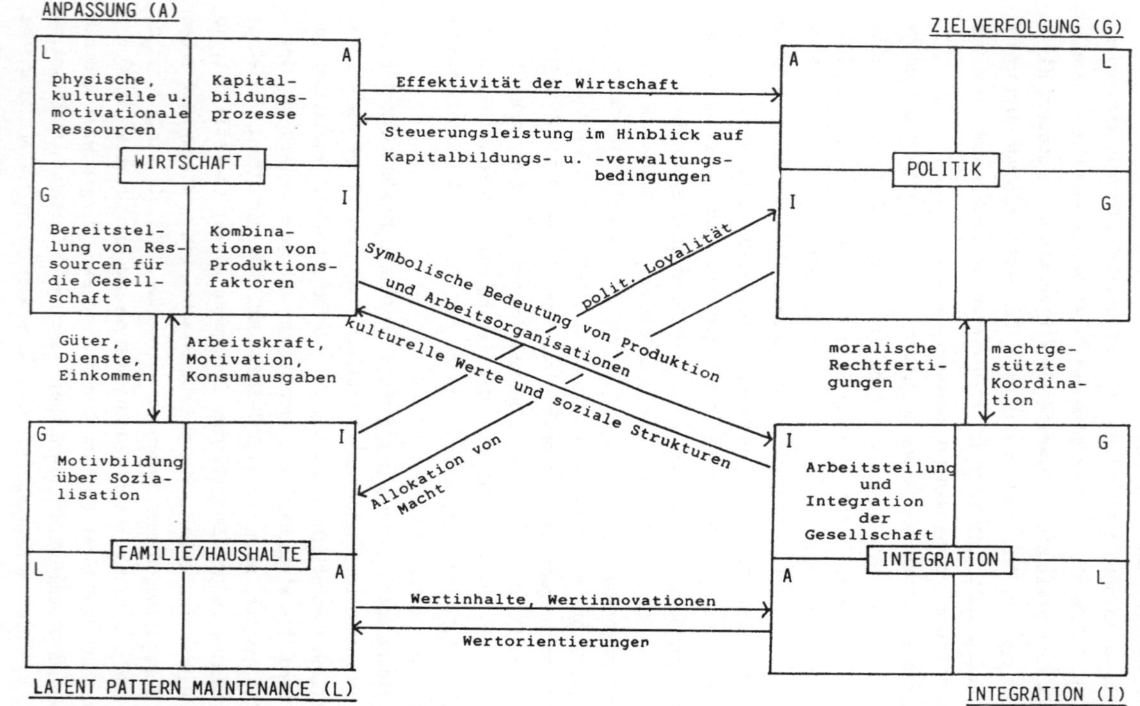

Übersicht 3: Interdependenzen zwischen den gesellschaftlichen Teilsystemen nach PARSONS/SMELSER

leitung von Systemfunktionen aus Komponenten der Handlungsorientierung unbefriedigend, weil damit der Übergang von dem einen zum anderen Emergenzniveau unklar bleibt. Damit aber hängt der Systembegriff in der Luft: was macht Wirtschaft als System aus?

2.3.4. <u>Wirtschaft als System bei LUHMANN</u>

Im Vergleich zu der gegenwärtigen Forschungslage in der Systemtheorie, auf die in Andeutungen einleitend (vgl. Abschnitt 2.3.) hingewiesen wurde, erscheint die Theorie von PARSONS/SMELSER noch sehr "traditionalistisch": sie knüpft bewußt an ältere soziologische und ökonomische Theorien an und signalisiert eher in der Begriffswahl als inhaltlich einen theoretischen Umbruch. Die Systemtheorie ist noch kein autonomes Konzept. Dies hat Vorteile der Vergewisserung in bekanntem Denken, Vorteile der theoretischen Kontinuität, der geringeren Abstraktheit und damit der größeren begrifflichen Nähe zur sozialen Realität. In der Theoriekonstruktion stellt sich diese traditionalistische Einbindung aber eher als Hemmschuh dar, als Inkonsequenz. Insbesondere wegen der theorie-technischen Mängel und Unklarheiten bei PARSONS hat nun LUHMANN eine Weiterentwicklung der soziologischen Systemtheorie seit Mitte der 60er Jahre unternommen und ist heute zu einer Fassung gelangt, die ihre Haupttheoreme nicht aus der Soziologie, sondern aus der Allgemeinen Systemtheorie und der biologischen Systemtheorie entnimmt. Dies führt zu einer "Radikalisierung" des systemtheoretischen Ansatzes und damit zu einer höchst spezifischen Sicht der Wirtschaft als System.
Im folgenden geht es uns um den theoretischen Ausgangspunkt, nicht bereits um inhaltliche wirtschaftssoziologische Erkenntnisse; auf solche kommen wir in den nachfolgenden Kapiteln zu sprechen.

In einem älteren Aufsatz versucht LUHMANN noch implizit an anthropologische Kenntnisse, die auch wir vorn knapp umrissen haben, anzuknüpfen, um sich einen Begriff von Wirtschaft zu machen. Er formulierte nämlich:

"Letzlich scheint es bei allem Wirtschaften nicht um bestimmte, abgrenzbare Bedürfnisse zu gehen, sondern um die Möglichkeit, eine Entscheidung über die Befriedigung von Bedürfnissen zu vertagen, die Befriedigung trotzdem gegenwärtig schon sicherzustellen und die damit gewonnene Dispositionszeit zu nutzen. So gefaßt, liegt das Grundproblem der Wirtschaft in der Zeitdimension; alles Leben verläuft in der unaufhebbaren Gegenwart. Wirtschaft vermag durch Öffnung, Erschließung und Pazifierung einer Zukunft dieser Gegenwart einen Spielraum für Dispositionen und damit auch für Rationalität erschließen: man kann Bedürfnisse und Bedürfnisbefriedigung nur in dem Maße spezifizieren, als man einen Teil von ihnen aufschieben und in der Zukunft sicherstellen kann" (LUHMANN 1970, S.206).

Da dies im Grunde eine ahistorische, gesellschaftsunspezifische Bestimmung von Wirtschaft ist, sucht LUHMANN die historische Besonderheit der Wirtschaft in der modernen Gesellschaft in der Ausdifferenzierung der Wirtschaft als relativ selbständiges Teilsystem der Gesellschaft. Diese Auffassung sei durch die Entwicklung des Geldes, der Monetarisierung der Wirtschaft also, erfolgt. An dieser theoretischen Stelle setzt LUHMANN in neuester Zeit wieder an, nachdem er sich die Grundkonstruktionen der gegenwärtigen allgemeinen und biologischen Systemtheorie erarbeitet hatte. Der von LUHMANN übernommene Grundgedanke stammt aus der Theorie lebendiger Systeme, vor allem aus der Theorie der Biologen MATURANA und VARELA (vgl. z.B. MATURANA 1981). Systeme werden darin als in sich geschlossene Wirkungszusammenhänge beschrieben, die sich selbst reproduzieren, d.h. über eigene Programme, Einheiten, Mechanismen und Elemente verfügen, die genau diese Grundstrukturen und Grundelemente selbst wieder herstellen (der menschliche Organismus reproduziert sich beständig neu und gleich; er wird nicht durch Dritte "technisch" produziert - natürlich bedarf es dazu etlicher Ressourcen von außerhalb, aber diese muß er selbst an seinen Körper assimilieren). Dieses Vermögen bzw. dieser Prozeß wird "Autopoiesis" genannt. LUHMANN setzt nun diese Theorie auf den Gegenstandsbereich der Gesellschaft um, indem er fragt, aus welchen "Elementen", die sich selbst reproduzierende Gesellschaft bestehe und wie sie sich erhalte. Er gelangt auf diese Weise zum Begriff und Phänomen der Kommunikation. Sehr klar von ihm selbst formuliert heißt das:

"Die Gesellschaft ist ein autopoietisches System auf der Basis von sinnhafter Kommunikation. Sie besteht aus Kommunikationen, sie besteht nur aus Kommunikationen, sie besteht aus allen Kommunikationen. Sie reproduziert Kommunikation durch Kommunikation. Was immer sich als Kommunikation ereignet, ist dadurch Vollzug und zugleich Reproduktion der Gesellschaft" (LUHMANN 1984a, S.311).

Kommunikation wird dabei von LUHMANN nicht einfach als ein Transportvorgang von Nachrichten von einem Sender zu einem Empfänger verstanden (wie in der Wirtschaftszweigsystematik der amtlichen Stellen der Bundesrepublik, wo Nachrichten- und Kommunikationstätigkeit zur Rubrik "Verkehr" gehören), sondern Kommunikation wird als Einheit von drei Prozessen aufgefaßt (vgl. LUHMANN 1984b, S.193ff): (1) Kommunikation ist Mitteilungsverhalten, also eine besondere Form sozialen Handelns, so daß man fragen kann: wer teilt wem wie mit Hilfe welcher Medien wozu was mit? Wieso wird mitgeteilt und kein anderer Handlungstyp gewählt? (2) Kommunikation ist Information, d.h. sie hat für den Empfänger einen, sei es auch noch so marginalen, Überraschungswert. (3) Kommunikation beinhaltet irgendeine Erwartung seitens des Senders in bezug auf die Reaktion durch den Empfänger; sie soll etwas bewirken, d.h. sie soll wiederum anschließende Kommunikation hervorbringen. Alle drei Teilprozesse sind selektiver bzw. selegierender Art und insofern erklärungsbedürftig und nicht trivial.
Da LUHMANN nun auch Wirtschaft als ein soziales System begreifen und untersuchen will, muß er natürlich mit dem Elementtyp "Kommunikation" arbeiten. Wir wollen im folgenden das Grundkonzept aus einigen Zitaten rekonstruieren, die wir auch noch für einige kritische Bemerkungen benötigen werden.
Einführend heißt es zunächst:

"Auf Wirtschaft bezogene Kommunikation ist in allen Gesellschaftsformationen nötig, weil man sich über Zugriff auf knappe Güter verständigen muß. Sie ist in entsprechend vielfältigen Formen möglich. Das Ausdifferenzieren eines besonderen Funktionssystems für wirtschaftliche Kommunikation wird jedoch erst durch das Kommunikationsmedium Geld in Gang gebracht, und zwar dadurch, daß sich mit Hilfe von Geld eine bestimmte Art kommunikativer Handlungen systematisieren läßt, nämlich Zahlungen. In dem Maße, in dem wirtschaftliches Verhalten sich an Zahlungen orientiert, kann man deshalb von einem funktional ausdifferenzierten Wirtschaftssystem sprechen, das von den Zahlungen her dann auch nichtzahlendes Verhalten, z.B. Arbeit, Übereignung von Gütern, exklusive Besitznutzungen usw. ordnet" (LUHMANN 1983, S.154).

Weiter, in einem anderen Text:

"Aufgrund ihrer monetären Zentralisierung ist die Wirtschaft heute ein streng geschlossenes, zirkuläres, selbstreferentiell konstituiertes System insofern, als sie Zahlungen vollzieht, die Zahlungsfähigkeit (also Gelderwerb) voraussetzen und Zahlungsfähigkeit schaffen. Geld ist insofern ein vollständig wirtschaftseigenes Medium..." (LUHMANN 1986, S.103).

Dies wird noch einmal bestätigt:

"Als Letztelemente eines solchen Wirtschaftssystems haben <u>Zahlungen</u> besondere Eigenschaften. ... Ein System, das auf der Basis von Zahlungen als letzten, nicht weiter auflösbaren Elementen errichtet ist, muß daher vor allem für immer neue Zahlungen sorgen. ... Die Wirtschaft ist demnach <u>'autopoietisches' System</u>, daß die Elemente, aus denen es besteht, selbst produzieren und reproduzieren muß" (LUHMANN 1983, S.155).

Auf abstraktem theoretischen Niveau werden diese Bestimmungen von Wirtschaft als System nochmals ausführlich formuliert in dem Aufsatz von 1984 (LUHMANN 1984a).

Dieses gesamte Grundkonzept, auf dem alle weiteren Ausführungen LUHMANNs zur Wirtschaft als System ruhen, beinhaltet m.E. ein zentrales Problem, aus dem alle kritischen Eigenheiten resultieren. Dieses Problem sehe ich in der Aufhebung der Trennung von zwei verschiedenen Ebenen, die LUHMANN selbst zunächst unterschieden hatte. In dem zuerst zitierten Text ist nämlich - gut nachvollziehbar - von "<u>auf</u> Wirtschaft bezogener Kommunikation" die Rede, später dann nur noch von Kommunikation mit Hilfe von Geld/Zahlungen/Preiscode <u>im</u> System Wirtschaft. Werden zunächst also Gegenstand (Wirtschaft) und Medium (Geld) der Kommunikation unterschieden, so fallen sie bereits kurz darauf zusammen, um dann den systemtheoretischen Aspekt von <u>Wirtschaft selbst</u> in dem monetären Kommunikationssystem <u>über</u> Wirtschaft zu sehen. Damit wird Zahlung zu einem Element des Systems Wirtschaft, obwohl es nach LUHMANNs eigener Eingangsformulierung eigentlich Element eines kommunikativen Systems sein müßte, das etwas <u>über</u> Wirtschaft mitteilt, wirtschaftliche Ereignisse codiert und wirtschaftliches Handeln beeinflußt, alles dies aber nicht selbst <u>ist</u>. Es wäre eher ein "Metasystem" bezüglich Wirtschaft. Diese Verwechslung der Ebenen hat natürlich durchschlagende Bedeutung für die adäquate Erfassung der Wirtschaft einer Gesellschaft. Mit Hilfe der LUHMANNschen theoretischen Konzeptionierung kann man über die realen Prozesse, die in der Wirtschaft ablaufen, ebensowenig aussagen, wie über die sozialen. Während PARSONS noch bemüht war, die Nationalökonomie soziologisch zu ergänzen, fällt LUHMANN hinter die gegenwärtige Nationalökonomie zurück, indem er seine Theorie vollständig "entsoziologisiert", er einen "ökonomistisch-monetaristischen" Ansatz vorschlägt. Er sitzt damit dem "Geldschleier" (E. SCHNEIDER) moderner Wirtschaft auf und setzt Erkenntnisfortschritte z.B. von MARX aufs Spiel, der die "Entschleierung" der Ökonomie einer Gesellschaft ja bereits weit vorangetrieben hatte. Ja, im Gegenteil, LUHMANN wirft der MARXschen Theorie sogar vor, sie hätte "die Funktion des Geldes im Kontext von Wirtschaft und Gesellschaft (nicht) zureichend geklärt.." (LUHMANN 1984a, S.309). Nun gerade das ist MARX am wenigsten vorhaltbar. Wir kommen inhaltlich darauf später zurück.

Wenn man zunächst der Meinung sein konnte, daß mit der Grundkategorie der Kommunikation ein soziologischer Ausgangspunkt gefunden ist, so erweist sich diese in der hier vorliegenden Umdeutung als eine Kategorie, die für die volkswirtschaftliche Gesamtrechnung (als Darstellung aller Zahlungen) von Relevanz ist, wohl kaum für eine soziologische Analyse. Was ist an Zahlungen gesellschaftlich? In Bezug auf das Geldmedium wäre die Wirtschaft im übrigen schon seit 500 Jahren ein eigenständiges System; gerade die gesellschaftliche Formbestimmtheit der Ökonomie und die ökonomische Formbestimmtheit der Gesellschaft fallen bei einem Zahlungsansatz durch das zu grobe analytische Sieb. Man kann eine Wirtschaft mit diesem Konzept auch nur noch dann als "kapitalistisch" bezeichnen, "wenn und soweit sie Zahlungen an die Wiederherstellung der Zahlungsfähigkeit der Zahlenden bindet, also vor allem auch über Investitionen unter dem Gesichtspunkt ihrer Rentabilität entscheidet" (LUHMANN 1986, S.109). Dieser Sachverhalt hat natürlich mit Kapitalismus überhaupt nichts zu tun; die Formulierung zeigt nur die Unfähigkeit dieses Ansatzes, zu einer sozialökonomisch-soziologischen Kategorienbildung zu gelangen. Ebensowenig ist es ertragreich, von "Mehrwertabschöpfungsbedürfnissen des Kapitalisten" zu reden (LUHMANN 1984a, S.313, Hervorhebung von mir, K.T.), als wenn dieses typisch für den Kapitalismus wäre oder zu sagen, "Profit tritt dann ein, wenn die Zahlung dem Zahlenden selbst zugute kommt" (ebenda); sozialökonomisch leerer kann man den Sachverhalt wohl kaum noch formulieren.

Das Grundproblem scheint in der Anlage der LUHMANNschen Fassung der Theorie autopoietischer Systeme überhaupt zu liegen: wenn man Wirtschaft als ein sich auf der Basis von Zahlungen selbst reproduzierendes System begreift, kann man system_theoretisch_ nur versuchen, dieses System aus sich selbst heraus - nach Münchhausenart - zu erklären. Man kann also nur eine ökonomische Theorie der Ökonomie, bzw. hier genauer: eine Zahlungstheorie der Zahlungen, entwickeln und nicht z.B. eine politische, soziologische, kulturelle Theorie der Ökonomie. Wenn das System sich - gemäß der apriorischen Annahme - selbst determiniert, sind eben Erklärungen nur in ihm selbst zu suchen. Damit aber gerät das, was gerade erst erklärt werden soll, zur sich selbst zirkulär bestätigenden Voraussetzung und damit zu einer "petitio principii". Somit wird die Theorie selbst zu einem autopoietischen System, die den Bezug zu ihrem Gegenstand verliert, wie LUHMANN die Verwechselung von Gegenstand und Prozeß der Kommunikation unterlaufen ist. Wie die "Wirklichkeit" durch ein Sprachsystem, das sich nur noch selbst beobachtet, verdrängt wird, zeigt ein Formulierungslapsus (oder ist dies gar keiner?): LUHMANNs "Überlegungen zielen darauf ab, den _Faktor_ Arbeit (...) durch den _Begriff_ der Codierung von Kommunikation zu ersetzen" (LUHMANN 1984a, S.310, Unterstreichung von mir K.T.). Ein Wort soll an die Stelle eines realen Faktors treten!

Die kommunikations-systemtheoretische Perspektive ist für LUHMANN die fachspezifische Perspektive der _Soziologie_; d.h. andere Perspektiven in Bezug auf Gesellschaft sind möglich und erforderlich, wenn man die ganze Wirklichkeit erfassen möchte. Eine perspektivische Sicht ist nun für sich keinesfalls negativ kritisierbar; wir können ja tatsächlich immer nur Ausschnitte wählen. Fatal wird es aber dann, wenn wiederum eine Ebenenverwechslung die Folge ist, d.h. wenn man sich nicht bewußt bleibt, daß man nur _eine_ Perspektive gewählt hat und wenn man das unter dieser Perspektive künstlich-theoretisch Konstruierte für die ganze Wirklichkeit nimmt. Diese "Reifizierung" unterläuft aber LUHMANN: es wird damit nicht nur die Ebene des gesellschaftlichen

Kommunikationssystems mit der Ebene der Gegenstände der Kommunikation verwechselt, sondern darüber hinaus noch die Ebene des (soziologisch-selektiven) Sprechens über das Kommunikationssystem mit der Ganzheit der <u>Gegenstände</u>. Sehr deutlich wird dies, wo LUHMANN auf ökologische Probleme eingeht (LUHMANN 1986). Wenn man, wie er, durch <u>Definition</u> Gesellschaft nur auf der Kommunikationsebene betrachtet, ergeben sich folgende Aussagen durch logische Ableitung – allerdings ohne empirischen Wert: "Ökologische Gefährdung" ließe sich als "Kommunikation über Umwelt bezeichnen, die eine Änderung von Strukturen des Kommunikationssystems Gesellschaft zu veranlassen sucht" (ebenda, S.62, dort kursiv). Abgesehen davon, daß in dieser Definition Strukturänderung und Gefährdung in problematischer Weise gleichgesetzt werden und auch abgesehen davon, daß in dieser Definition ja bereits eine Kommunikation über Umwelt (die die Gesellschaft gefährdet) vorausgesetzt wird (wo, wenn nicht in der Gesellschaft, findet diese Kommunikation mit Strukturänderungsabsichten denn sonst statt??), wird die theoretische Zirkularität in folgenden Aussagen besonders deutlich:

"Es geht nicht um die vermeintlich objektiven Tatsachen: daß die Ölvorräte abnehmen, die Flüsse zu warm werden, die Wälder absterben, der Himmel sich verdunkelt und die Meere verschmutzen. Das alles mag der Fall sein oder nicht der Fall sein, erzeugt als nur physikalischer, chemischer oder biologischer Tatbestand jedoch keine gesellschaftliche Resonanz, solange nicht darüber kommuniziert wird. Es mögen Fische sterben oder Menschen, das Baden in Seen oder Flüssen mag Krankheiten erzeugen, es mag kein Öl mehr aus den Pumpen kommen und die Durchschnittstemperaturen mögen sinken oder steigen: solange darüber nicht kommuniziert wird, hat dies keine gesellschaftlichen Auswirkungen. Die Gesellschaft ist ein zwar umweltempfindliches, aber operativ geschlossenes System. Sie beobachtet nur durch Kommunikation. Sie kann nichts anderes als sinnhaft kommunizieren und diese Kommunikation durch Kommunikation selbst regulieren. <u>Sie kann sich also nur selbst gefährden</u>" (LUHMANN 1986, S.62f).

Dies alles sind natürlich keine empirisch gehaltvollen Aussagen, sondern durch rein logische Operation gewonnene Tautologien. Wenn man die theoretische Begriffskonstruktion einmal nachvollzieht und anstelle von "Gesellschaft" ihre Definition als Kommunikationszusammenhang setzt, wird nichts weiter gesagt als: solange nicht über tote Fische und tote Menschen kommuniziert wird, wird nicht über sie kommuniziert. Und weiter: "Das Sprachsystem über Gesellschaft kann sich nur selbst

gefährden", oder noch präziser: die soziologische Theorie (LUHMANNs)
kann sich nur selbst gefährden (z.B. indem sie zur Aufnahme nicht-
kommunikativer Gesellschaftselemente gezwungen werden könnte). Bezüglich der Berücksichtigung ökologischer Gefährdung in der Wirtschaft
konstruiert LUHMANN vollkommen analog zu seinen allgemeinen Ausführ-
rungen: ökologische Bezüge der Wirtschaft ließen sich nur herstellen,
wenn sie in der Sprache des Geldes (der Preise) formuliert würden. Als
ob nicht die reale Wirtschaft _immer_ die Natur _faktisch_ zum Gegenstand
hätte - mit oder ohne Geld! Der Bezug zur natürlichen Umwelt ist als
solcher stets vorhanden, völlig unabhängig davon, ob es überhaupt Geld
als Medium gibt oder nicht - und er ist immer in seinem Modus durch
die Art der Gesellschaftsformation bedingt. Wirtschaftliches Handeln
selbst "thematisiert" Natur unweigerlich: die Wirtschaft "spricht"
stets über die Natur. Ökologische Diskussionen sollten deshalb nicht
bei dem Oberflächenschleier des Geldmechanismus (allein) ansetzen (sie
können natürlich darauf zurückkommen), weil jeder Eingriff _dort_ ja das
gesamte System ununtersucht und unverändert ließe, ja sogar an dessen
Reproduktion mitwirkte.
Auch in dieser Hinsicht wird deutlich, daß und wie eine so zugeschnit-
tene Theorie gesellschaftliche Ideologie widerspiegelt. Die theoretische Radikalisierung einer bestimmten systemtheoretischen Perspektive bedeutet _insofern_ einen Rückschritt gegenüber PARSONS/SMELSER,
die Wirtschaft vielschichtiger in sich selbst und in ihrer gesellschaftlichen Einbettung erfassen konnten. Die Kosten der theoretischen
Perfektionierung sind also relativ hoch.

2.3.5. Wirtschaft als System bei HABERMAS

Kommen wir nun wieder zurück zur Ausgangsfrage systemtheoretischen
Denkens in der Soziologie: wie wird soziale Ordnung "hergestellt"?
Oder besser: wie wird _komplexe_ (im o.a. Sinne) soziale Ordnung geleistet? Diese Frage, die so alt ist wie soziologisches Denken (nicht:
die Soziologie) überhaupt, ist die Frage nach der Koordination von
Handlungen, Handlungseinheiten, sozialen Gruppen, individueller und
kollektiver Produktion u.a.m., oder fachmännischer ausgedrückt: die

Frage nach der "gesellschaftlichen Synthesis". HABERMAS nun begreift moderne Gesellschaften als "systemisch stabilisierte Handlungszusammenhänge sozial integrierter Gruppen" (HABERMAS 1981, Bd.2, S.228). In der Explikation dieser knappsten Formel wird sein theoretischer Ansatz und darin die Stellung der Wirtschaft als System deutlich.

Wie PARSONS unterscheidet HABERMAS Persönlichkeit, Gesellschaft und Kultur - allerdings begreift er diese nicht als Systeme wie jener, sondern als "strukturelle Komponenten der sozialen Lebenswelt" (HABERMAS 1981, Bd.2, S.209ff). Wie LUHMANN begreift HABERMAS Wirtschaft als ein ausdifferenziertes System mit einem eigenen Medium - dem Geld - allerdings sieht er das, was man in der Gesellschaft als "System" beschreiben kann, beschränkt auf Wirtschaft und Politik, auf Bereiche, die ein "technisches" Steuerungsmedium ausgebildet haben (für die Politik ist dies formale Macht). Darin erschöpfen sich aber bereits die Gemeinsamkeiten mit den beiden zuvor behandelten Autoren.

HABERMAS setzt seine Theorie durchweg in binärer Struktur an: Zweistufigkeit, Dualität, Dichotomie und Entzweiung sind die zentralen Modi der Kategorienbildung (die folgende Darstellung ist vor allem orientiert an HABERMAS 1981, 2. Bd. sowie an HABERMAS 1986). Die soziale Wirklichkeit läßt sich nach HABERMAS bezüglich der Gegenwartsanalyse wie auch bezüglich ihrer evolutorischen Entstehung mit einem zweistufigen Konzept begreifen, indem in Handlungstypen einerseits und in soziale Ordnungsformen andererseits unterschieden wird. Auf der einen Seite gibt es wieder zwei Handlungstypen, nämlich das "verständigungsorientierte, kommunikative Handeln" und das "strategische, am Erfolg orientierte Handeln". Das erstere ist auf die Herstellung von Konsens mit anderen aus, dient der Erzielung und Reproduktion gemeinsamer Überzeugungen, Werte, Normen, Deutungen usw. Das strategische Handeln dagegen ist auf die Erreichung von Zwecken gerichtet, auf Erfolg im Sinne individueller Präferenzen. Soziale Ordnungsformen haben die Funktion der Koordination von Handlungen. Man kann nun gemäß HABERMAS unterscheiden, ob die Koordination der Handlungen über die Handlungsintentionen bzw. Handlungsorientierungen läuft - das wäre ein verständigungsorientierter Modus, der möglich wird durch Aufbau einer gemeinsamen Lebenswelt von Mythen, Normen, Deutungen usw. vermittelst Sprache. Andererseits kann die Koordination abstrakter, technischer, ablaufen und zwar über die Re-Integration von Handlungs<u>folgen</u>, seien sie nun intendiert oder nicht (wobei allerdings mit zunehmender Komplexität der Gesellschaft die meisten Handlungsfolgen gar nicht mehr intendiert sein können, sie sind gar nicht absehbar, K.T.). Diese Koordinationsform beschreibt HABERMAS mit dem Begriff des Systems dann, wenn sie über ein eigenes ausgebildetes Koordinationsmedium, ein Steuerungsmedium, läuft: im ökonomischen System über Geld, im politischen System über formale Macht. Die beiden Ordnungsformen unterscheiden sich also gemäß der Dichotomie: sprachliches versus entsprachlichtes Medium. Die erste Form der Koordination - die lebensweltliche - wird "Sozialintegration", die zweite "Systemintegration" genannt (beides in Anlehnung an LOCKWOOD). Die Prozesse der verständigungsorientierten Sozialintegration leisten dabei die "symbolische Reproduktion" der sozialen Wirklichkeit, die Prozesse der folgenverkoppelnden Systemintegration beziehen sich auf die materielle Reproduktion des sozialen Lebens. Eindeutige Zuordnungsmöglichkeiten von Handlungstypen zu sozialen Ordnungsformen gibt es nach der gründlichen Revision durch HABERMAS (1986) nicht mehr, so daß man z.B. die Wirtschaft nicht als System erfolgsorientierten oder gar: zweckrationalen Handelns beschreiben kann. Der Systembegriff ist nun nach HABERMAS sowohl deskriptiv als auch kritisch bzw. sowohl analytisch als auch essentialistisch verwendbar; dies sind zwei weitere binäre Kategorisierungen. Um diese zu verstehen, muß man allerdings von der begriffslogischen Stufe seiner Theorie zu der inhaltlich-historischen übergehen; auch auf dieser wird weiter mit Begriffspaaren gearbeitet. HABERMAS rekonstruiert den Entstehungsprozeß des modernen (westlichen) Gesellschaftstyps als einen Prozeß des Wachstums einerseits von Rationalität, andererseits von Komplexität. Dieser Doppelprozeß führt zu einer Entzweiung von "Lebenswelt" und "System" durch Ausdifferenzierungsprozesse 1. und 2. Ordnung sowie letztlich zu einer sozialen Doppelnatur: zur 1. Natur der Lebenswelt und zur 2. Natur des Systems. Damit noch nicht genug: der bei PARSONS noch rein analytisch verwendete Systembegriff (als rein theoretisches Werkzeug) erhält nun essentialistische Qualität, d.h. die Wirklichkeit selbst verhalte sich so, als ob sie Systemtheorie praktiziere: die Theorie spiegelte dies nunmehr nur wider (vgl. meine Ausführungen oben). Während in der Systemtheorie selbst - etwa bei LUHMANN - der Systembegriff ausschließlich in diesem Sinne <u>des-kriptive</u> Verwendung findet, will HABERMAS ihn zudem kritisch einset-zen. Das will ihm dadurch gelingen, daß er durch kritische Konfron-tation der Idee kommunikativer Rationalität mit den Funktionsweisen verselbständigter Systeme zu einer Analyse pathologischer sozialer Verhältnisse vordringt. Während die Systemtheorie selbst keine kriti-sche Instanz mehr entwickeln kann, will er diese aus einer Theorie kommunikativen Handelns gewinnen.

Während die Explikation dieser letzten wichtigen These uns hier ent-schieden zu weit führen würde, muß der eben nur höchst abstrakt ange-rissene Entwicklungszuammenhang noch näher erläutert werden, damit die gesellschaftliche Position und Qualität der Wirtschaft, wie HABERMAS sie sieht, klarer wird (vgl. dazu ausführlicher HABERMAS 1981, 2. Bd., S.229ff). HABERMAS stellt sich die Entwicklung zur Moderne so vor, daß in traditionalen Gesellschaften die Handlungen vollständig lebenswelt-lich integriert waren, was natürlich gerade nicht heißt: bewußt durch kommunikatives Handeln in geordneten Diskursen entworfen, sondern vielmehr gerade unbewußt. Der Prozeß der abendländischen Entwicklung sei nun als ein Prozeß des Wachstums an Rationalität rekonstruierbar (durchaus mit Bezug auf MAX WEBER); d.h. als ein Prozeß der zunehmen-den reflexiven Verfügbarkeit nicht nur der Natur, sondern auch der sozialen Ordnung. Dieser Prozeß läuft natürlich über Versprachlichung ab. Im Zuge dieser "Rationalisierung der Lebenswelt" entwickeln sich als Prozesse der Ausdifferenzierung erster Ordnung <u>Kultur</u> (als inte-grativer sozialer Wissens- und Überzeugungsvorrat), <u>Gesellschaft</u> (als Muster der Integration durch legitime Ordnungen) und die <u>Idee der Persönlichkeit</u> (als in der Gesellschaft möglich werdende Individuali-tät). Mit diesen Rationalitätssteigerungen wird nun ein Komplexitäts-wachstum möglich, so daß von einem bestimmten Punkt an sich soziale Koordinationsmechanismen ausbilden, die diesen Verhältnissen eher ent-sprechen. Eine Welthandelswirtschaft ist z.B. mit Hilfe des Mediums Geld koordinierbar und nicht über kommunikatives Handeln in Form von Sprache. Der Kapitalismus ist nur möglich auf der Basis einer entwik-kelten Geldwirtschaft usw. Diejenigen Handlungen und Ereignisse, die mit Hilfe der Medien Geld (Wirtschaft) und formale Macht (Politik) koordiniert werden, bilden nun jeweils Subsysteme der <u>Gesellschaft</u>, die sich als Modus der Integration durch legitime Ordnungen ja bereits entwickelt hatte und zwar als "Ausdifferenzierungen 2. Ordnung". Durch Abspaltung aus der zunächst lebensweltlich konstituierten "Gesellschaft" entwickeln sich also Muster, die als Systeme sich selbst reproduzieren und von der Wissenschaft als solche beobachtet und wiederum beschrieben werden können. Diese Abspaltung ist sozusagen "der Sündenfall": die Systeme entwickeln nun eine Eigendynamik und ein Wachstum, welche lebensweltlich nicht mehr einholbar sind, im Gegenteil: die Systeme dominieren zunehmend die Totalität der gesellschaftlichen Wirklichkeit. Sie haben sich "entkoppelt", emanzipiert und kehren als Herrscher, Unterwerfer, als "Kolonialisatoren" wieder zurück. Sie werden zur zweiten, allerdings dominanten, Natur moderner Gesellschaften. Die anthropologische Möglichkeit der Trennung von Zwecken und Motiven (siehe vorn) führt somit zu einer pathologischen Trennung der Welt, indem sich die Systeme der Institutionen und Organisationen verselbständigen. HABERMAS wörtlich: ..."die Rationalisierung der Lebenswelt ermöglicht eine Steigerung der Systemkomplexität, die so hypertrophiert, daß die losgelassenen Systemimperative (z.B. der Zwang zur Kapitalakkumulation, K.T.) die Fassungskraft der Lebenswelt, die von ihnen instrumentalisiert wird, sprengen" (HABERMAS 1986, 2.Bd., S.232f). Gleichwohl können die Systeme nur vermeintlicherweise autonom oder gar autark existieren: sie bleiben faktisch an nichtsystemhafte, z.B. an moralische soziale Konsensformen gebunden. Für die Analyse gelte allerdings, daß sich die ökonomischen Zusammenhänge auf dieser gesellschaftlichen Stufe der Differenziertheit auf "eine angemessene Weise nur noch unter der Beschreibung mediengesteuerter Systeme (erschließen)" (HABERMAS 1986, S.387).

HABERMAS ist also der Auffassung, daß man die Wirtschaft in modernen Gesellschaften nur noch systemtheoretisch adäquat begreifen kann. Allerdings dürfte es nicht bei einer bloß widerspiegelnden Beschreibung der Selbstbeschreibung des Systems (wie bei LUHMANN) bleiben, sondern im Sinne einer kritischen Sozialwissenschaft sind die Strukturen, Funktionen und Folgen dieses Systems an den Pathologien zu messen, die der Lebenswelt zugefügt werden; sie sind zu messen an dem gesellschaftlich vorhandenen Potential an kommunikativer Rationalität, d.h. an Möglichkeiten einer verständigungsorientierten Rekonstruktion und Transformation, hier: des ökonomischen Handelns (vgl. dazu auch ULRICH 1986).

Es kann hier nicht um eine Gesamtwürdigung des theoretischen Ansatzes und der inhaltlich-materiellen Aussagen gehen, sondern es kommt in diesem Kapitel ja auf den theoretischen Bezugspunkt allein an. Hinsichtlich dieser Fragestellung ist zunächst festzustellen, daß HABERMAS zwar einen Systembegriff impliziert und auch den Terminus "System" beständig verwendet, ohne allerdings eine System_theorie_ auch nur im Ansatz zu entwickeln. Da er sich sowohl von PARSONS wie auch von LUHMANN distanziert, entsteht hier noch ein großer Nachholbedarf der Theorieentwicklung. Zumindest scheint es manchmal so, als ob HABERMAS doch an einigen Punkten LUHMANN folgen würde; das ist aber wohl nur in eklektischer Weise möglich. Die theoretische Integration der Systemtheorie steht bei HABERMAS also noch aus. Wir haben also zwar eine theoretische Positionierung von Wirtschaft vorliegen, aber keine materielle Soziologie der Wirtschaft als System bis auf einige Ausführungen zum Geld als Steuerungsmedium. Auch der HABERMASche Ansatz bleibt auf der symbolischen Steuerungsebene von Wirtschaft, er dringt nicht in die materiell-realen Strukturen und Prozesse vor. Er ist m.E. auch nur vermeintlicherweise auf die kapitalistische Gesellschaftsformation bezogen; nichts von dem, was spezifisch für diese Produktionsweise gilt, wird wirklich angesprochen: Geldsysteme etwa gab es auch schon vordem und gibt es auch heute anderswo.
HABERMAS begreift sich als an MARX anschließend und ihn modernisierend: "das Modell, das ich dabei vor Augen hatte, war MARXens Analyse der Durchsetzung der kapitalistischen Produktionsweise" (HABERMAS 1986, S.389; vgl. im übrigen HABERMAS 1981, 2.Bd., z.B. S.251, insbes. S.489ff). Seine Theorie bleibt aber zu abstrakt und bezüglich der Wirtschaft zu unausgeführt; sie ist überdies zu wenig materialistisch, als daß man diesen Willen von HABERMAS eindeutig nachvollziehen könnte. Dies macht natürlich seine Arbeit keineswegs vernachlässigbar. Nur nach seiner Revision von 1986, nach der sich Wirtschaft nicht mehr als System zweckrationalen Handelns beschreiben läßt, bleibt hier solange bezüglich des Systembegriffs eine Leerstelle, wie nicht eine Alterna-

tive formuliert worden ist. Aber damit nicht genug: der von HABERMAS angedeutete Systembegriff erfaßt sozusagen nur, wenn überhaupt, die "halbe" Wirtschaft. Er legt einen analytischen Schnitt, der die Materie von der Information trennt: nur der abstrakte Prozeß der Koordination durch Geld wird betrachtet, obwohl HABERMAS behauptet, damit den Bereich der "materiellen Reproduktion" erfaßt zu haben. Die materielle Seite kann auch nicht mit dem Lebensweltkonzept erfaßt werden, das ja erst recht auf die symbolische Seite ("symbolische Reproduktion") beschränkt ist. Das war bei MARX anders. Es ist hinsichtlich des Systemkonzepts deshalb gerade nicht gerechtfertigt, dessen Perspektive so, wie HABERMAS dies tut zu kennzeichnen: "Unter dem Systemaspekt stellen sich Gesellschaften im ganzen als das dar, was MARX materialistisch den Stoffwechselprozeß der Gesellschaft mit der Natur genannt hat" (HABERMAS 1986, S.383). Die obige Darstellung sollte gezeigt haben, daß dies nun ganz und gar nicht der Fall ist. Das "essentialistisch" verstandene Systemkonzept spiegelt das Phänomen der realen Abstraktion medienvermittelter ökonomischer Prozesse von den lebensweltlichen wie auch von den materiellen und natürlichen Grundlagen nur wider. Das kritische Regulativ des Lebensweltkonzepts verbleibt auf der Ebene der Kommunikation und vermag ebenfalls zu den Gegenständen der Kommunikation nicht vorzudringen. Es ist insofern ein formales Konzept und zwar eines, das für den "Stoff", der geformt wird unsensibel ist. Hier nun setzt die materialistische Theorie an.

2.4. **Materialistischer Ansatz**

Die Systemtheorie, wie sie zur Zeit in Deutschland bei LUHMANN gepflegt wird und der Systembegriff, wie HABERMAS ihn verwendet, haben den Boden unter den Füßen verloren. Es scheint nicht nur so, als ob die Menschen ständig nur Geld gegen Geld miteinander austauschen würden, statt Produkte bzw. Dienste (Waren) gegen Geld, sondern es wird auch der Anschein erweckt, daß die Soziologie zur Naturgrundlage allen Wirtschaftens, zu Gebrauchswerten und -unwerten von Produkten, zum realen individuellen und gesellschaftlichen Lebensprozeß, soweit dieser auch ökonomisch bedingt ist, nichts zu sagen hätte, dies nicht ihr Problembereich wäre. Zudem wird das Gesichtsfeld eingeschränkt auf das, was man "formelle" Wirtschaft nennt, also auf das, was sich im Bruttosozialprodukt aufsummiert. Damit übernimmt die Soziologie den Standpunkt der politischen Alltagspraxis statt diesen zu transzendieren. Sie ist damit in einem doppelten Sinne ein "formelles" Konzept: sie bezieht sich nur auf die formelle "Lichtwirtschaft" und nicht z.B. auf die "Schatten- und Eigenwirtschaft" und sie bezieht sich nur auf die (monetäre) Form dieser Wirtschaft, nicht aber auf deren Inhalt. Aber selbst auf derjenigen Ebene, die diese Systemtheorie anvisiert, bleiben alle Mechanismen im Dunkeln, die Triebfedern, Motiv, genetisches Programm sind; alle Mechanismen, die bewirken, daß die Wirtschaft sich selbst reproduziert, werden nicht thematisiert, sondern die Selbstreproduktion wird nur auf der Oberfläche abgebildet.

Die Systemtheorie trifft zwar prinzipiell das für eine adäquate Erfassung der Wirtschaft einer Gesellschaft erforderliche Emergenzniveau, aber m.E. nicht die ganze ins Blickfeld zu nehmende Substanz dieses gesellschaftlichen Bereiches. Sie bleibt angesiedelt auf einer bestimmten Ebene, die wir später als "Steuerungsebene" ökonomischer Prozesse bezeichnen werden.

Wir sind der Auffassung, daß eine Reihe von Defiziten modernen systemtheoretischen Denkens vermeidbar ist, wenn man doch wieder auf "unmoderne" Theorie zurückgreift, und zwar auf die materialistische Theorie, wie sie von MARX entwickelt wurde. Anhand von dessen Erkenntnissen läßt sich nicht nur ein allgemeiner gehaltvoller Begriff von Wirtschaft als Gesamtkomplex der materiellen (Re-)Produktion einer Gesellschaft und ihren Individuen bilden, sondern darüber hinaus die gesellschaftliche Formbestimmtheit der Ökonomie sowie die ökonomische Formbestimmtheit der Gesellschaft erkennen. Auch der materialistische Ansatz argumentiert auf einem gesellschaftlichen Emergenzniveau.

Im folgenden sollen wieder knapp die Ansatzpunkte dieses Konzeptes umrissen werden, wobei es uns auch hier noch nicht um die Darlegung inhaltlicher Erkenntnisse geht (als einführende Sekundärliteratur sei exemplarisch verwiesen auf BADER u.a. 1980; MANDEL 1968; ALTHUSSER/BALIBAR 1972; SCHMITZ 1984).

2.4.1. <u>Grundansatz der materialistischen Theorie der Wirtschaft</u>

Der Grundansatz materialistischen Denkens in der Soziologie besteht
darin, den realen Lebensvollzug, die tatsächlichen Lebensformen, die
wirkliche Praxis der Menschen zum Ausgangspunkt zu nehmen und nicht
eine davon losgelöst gedachte Sphäre von Ideen, Vorstellungen, Selbst-
beschreibungen (Materie und Geist werden als grundsätzlich nicht
trennbar unterstellt). Dieser reale Lebensvollzug spielt sich mehr
oder weniger bewußt ab, stets aber in allen menschlichen Gesellungs-
formen: sozial strukturiert, und zwar in dem Sinne, daß es sich um
(selbst-) reproduktionsfähige Strukturen handelt. Der wirkliche Lebensvollzug ist Selbstreproduktion. Diese vermeintlich neue Erkenntnis
(vgl. MATURANA, LUHMANN) ist absolute Grundlage des MARXschen Materialismus. Der menschliche Lebensprozeß ist die unauftrennbare Einheit
des Doppelprozesses von naturhaft-materieller <u>und</u> gesellschaftlicher
Reproduktion. Inhalt (Stoff) und Form sind immer nur zwei <u>Aspekte</u>
derselben Sache: der Stoff hat zwangsläufig eine Form, jede Form
bedarf eines tragenden Stoffes. Man kann nun ohne weiteren Begründungsaufwand gewiß für die Auffassung Konsens erzielen, die besagt,
daß die Wirtschaft derjenige Bereich einer Gesellschaft ist, in der
die Produktion der materiellen Lebensgrundlagen der Individuen und der
Gesellschaft erfolgt (natürlich umfaßt jeder Begriff "Produktion" auch
die Distribution, natürlich erfaßt er nicht nur die Güter, sondern
auch die Dienstleistungen). Wirtschaft ist also einerseits Lebensvollzug zur materiellen Ermöglichung von Lebensvollzug. In diesem
Sinne gehört sie zur <u>Praxis</u> - durchaus in der Aristotelischen Begriffsfassung (vgl. z.B. ARISTOTELES 1965, I. 1254a) - und ist damit
Bestandteil der "Autopraxis" - nicht "Autopoiesis" - der Lebenstotali-
tät. Wirtschaft ist aber auch andererseits Produktion im Sinne von
"Hervorbringung" von "poiesis" (ebenda), wenn man die Lebenstotalität
in Unterbereiche aufteilt: die Wirtschaft reproduziert sich unter
dieser Perspektive nicht nur selbst, sondern bringt Produkte für die
Lebensfähigkeit anderer Bereiche hervor, z.B. für die Politik, die
Kunst, die Bildung. Worauf es hier im Moment nur ankommt, ist die
Doppelqualität von Wirtschaft auch in dieser Hinsicht festzumachen:
Wirtschaft ist Praxis (Lebensvollzug) <u>und</u> Produktion. Sie läßt sich

damit nicht - wie bei HABERMAS - als ein von der "Lebenswelt" "abge-
hängtes System" begreifen. Auf dieser Grundlage sind die folgenden
Aussagen von MARX gut nachvollziehbar:

"Alle Produktion ist Aneignung der Natur von seiten des Individuums
innerhalb und vermittelst einer bestimmten Gesellschaftsform" (MARX
1974, S.619).
"Die erste Voraussetzung aller Menschengeschichte ist natürlich die
Existenz lebendiger menschlicher Individuen. Der erste zu konstatie-
rende Tatbestand ist also die körperliche Organisation dieser Individuen und ihr dadurch gegebenes Verhältnis zur übrigen Natur ... Alle
Geschichtsschreibung muß von diesen natürlichen Grundlagen und ihrer
Modifikation im Laufe der Geschichte durch die Aktion der Menschen
ausgehen.
Man kann die Menschen durch das Bewußtsein, durch die Religion, durch
was man sonst will, von den Tieren unterscheiden. Sie selbst fangen
an, sich von den Tieren zu unterscheiden, sobald sie anfangen, ihre
Lebensmittel zu produzieren, ein Schritt, der durch ihre körperliche
Organisation bedingt ist. Indem die Menschen ihre Lebensmittel pro-
duzieren, produzieren sie indirekt ihr materielles Leben. ... Diese
Weise der Produktion ist nicht bloß nach der Seite hin zu betrachten,
daß sie die Reproduktion der physischen Existenz der Individuen ist.
Sie ist vielmehr schon eine bestimmte Art der Tätigkeit dieser Individuen, eine bestimmte Art, ihr Leben zu äußern, eine bestimmte Lebens-
weise derselben" (MARX/ENGELS 1969, S.20f).
"Die Arbeit ist zunächst ein Prozeß zwischen Mensch und Natur, ein
Prozeß, worin der Mensch seinen Stoffwechsel mit der Natur durch seine
eigene Tat vermittelt, regelt und kontrolliert" (MARX 1968, S.192).
"Die Natur ist der organische Leib des Menschen, nämlich die Natur,
soweit sie nicht selbst menschlicher Körper ist. Der Mensch lebt von
der Natur, heißt: die Natur ist sein Leib, mit dem er in beständigem
Prozeß bleiben muß, um nicht zu sterben" (MARX, MEW Ergänzungsband I,
S.516).
"Welches immer die gesellschaftlichen Formen der Produktion, Arbeiter
und Produktionsmittel bleiben stets ihre Faktoren. Aber die einen und
die anderen sind dies nur der Möglichkeit nach im Zustand ihrer
Trennung voneinander. Damit überhaupt produziert werde, müssen sie
sich verbinden. Die besondere Art und Weise, worin diese Verbindung
bewerkstelligt wird, unterscheidet die verschiednen ökonomischen Epochen der Gesellschaftsstruktur" (MARX 1963, S.42).

Nach der materialistischen Auffassung ist Wirtschaft also Assimilation
von Natur an den Menschen als Bestandteil der Natur. Diese spielt sich
als "Stoffwechselprozeß" ab, der stets eine bestimmte Form hat, welche
Ergebnis der praktischen Interaktionstätigkeit der Menschen ist und
sich insofern als gesellschaftliche Form bezeichnen läßt. Damit geraten zugleich die Reproduktionsprozesse des biologischen Lebens und die
ihrer gesellschaftlichen Form sowie die Beziehungen zwischen diesen

beiden Seiten derselben Sache ins Blickfeld der Analyse. Wenn man dies auf eine Formel bringen will, kann man sagen: die "dialektische Koevolution von Form und Inhalt ökonomischer Praxis" ist zentrales Thema.

Eine wissenschaftliche Aufgabe entsteht nun nach dem materialistischen Ansatz aus der Tatsache heraus, daß die allermeisten Kräfte, Prozesse, Prinzipien, Mechanismen, die Formbestimmungsleistungen erbringen und Reproduktionen von Strukturen ermöglichen bzw. bewerkstelligen den agierenden Individuen nicht bewußt sind, daß ihr Bewußtsein u.U. sogar "falsch" ist, weil es sich z.B. auf bloße Erscheinungen der Ökonomie, nicht aber auf das dahinterstehende "Wesen" bezieht. So wäre z.B. die Beschreibung einer ökonomisch bestimmten Gesellschaft als "Industriegesellschaft" auf der bloßen Erscheinungsebene angesiedelt; "Industriegesellschaft" ist ein bloß deskriptiver Begriff. Die Bezeichnung "Kapitalismus" dagegen wäre eine auf das Wesen vordringende analytische Interpretation derselben Gesellschaft. Der sozialwissenschaftlichen Analyse der Ökonomie wächst damit eine Ent-Deckungs- und Aufklärungsaufgabe zu. GODELIER formuliert dies wie folgt:

"Den Materialismus von MARX als epistemologischen Horizont der theoretischen Arbeit in den Sozialwissenschaften wählen, heißt sich dazu verpflichten, das unsichtbare Netz der Ursachen, die die Formen, die Funktionen, die Verbindungsweise, die Hierarchie, das Auftauchen und Verschwinden bestimmter sozialer Strukturen miteinander verbinden, aufzufinden auch auf Wegen, die noch gefunden werden müssen, zu durchlaufen" (GODELIER 1973, S.8).

Die Aufgabe ist also rekonstruktiver Art: die verborgene sozio-ökonomische Logik ist in theoretischen Begriffen zu extrahieren und nachzubilden, die jeweiligen gesellschaftlich-konkreten Erscheinungen sind als Momente dieser zu begreifen. Mit Hilfe welcher Basiskategorien MARX dies versucht, ist nun zu zeigen.

2.4.2. Grundkategorien der materialistischen Analyse der Wirtschaft

Die Grundkategorien der materialistischen Analyse der Wirtschaft sind z.T. explizit, z.T. dem Sinne nach bereits alle genannt worden. Es kommt hier noch darauf an, sie systematisch zu bestimmen. Dies ist keinesfalls so einfach, wie es scheinen mag. Der MARXsche Gebrauch seiner Grundbegriffe ist Wandlungen unterworfen gewesen und er hat sich nicht immer in der wünschenswerten begrifflichen Klarheit ausgedrückt. Eine ausführliche werkgeschichtliche Rekonstruktion kann hier natürlich nicht erfolgen; dafür sei auf die bereits angegebene Literatur und weitere dort zu findende Quellen verwiesen (zudem noch auf: ENGELBERG/KÜTTLER 1978). Im folgenden geht es dabei zunächst nur um die allgemeinen Grundbegriffe und noch nicht um diejenigen, die die spezifische Produktionsweise des Kapitalismus betreffen. Die Basiskategorien, die im folgenden erläutert werden sollen sind: Arbeit, Produktionsweise, Produktivkräfte, Produktionsverhältnisse und Gesellschaftsformation.

o Arbeit

Für eine materialistische Theorie der Wirtschaft ist menschliche Arbeit der absolut fundamentale Sachverhalt. Arbeit ist grundlegender Bereich des menschlichen Lebensvollzuges, menschlicher Praxis. Gemäß der oben bereits skizzierten materialistischen Denkweise läßt sich Arbeit soziologisch nur begreifen, indem man den ersten - <u>allgemeinen</u> - Doppelcharakter der Arbeit konstatiert (ein weiterer Doppelcharakter ergibt sich erst in der kapitalistischen Produktionsweise): Arbeit ist zugleich physischer Lebensvollzug der Individuen <u>und</u> sozialer Handlungsprozeß. Arbeit ist damit sowohl einerseits ein Elementarprozeß der selbstreproduzierenden Natur als auch andererseits durch die Gesellschaft formierter und diese wiederum formierender Elementarprozeß <u>sozialen</u> <u>Handelns</u>. Arbeit bezieht sich somit auf die Physis des Menschen wie auch auf seine von ihm selbst konstruierte Sozialität. Damit ergibt sich durch Kreuztabellierung eine vierfache Bestimmung von Arbeit (vgl. Übersicht 4).

Als physischer Lebensvollzug dient Arbeit sowohl der physischen Reproduktion des Individuums wie der (Re-) Produktion der materiellen Lebensgrundlagen der Gesellschaft in Gestalt von materiellen Gütern, die gesellschaftlichen Reichtum oder auch eine Gefährdung der Gesellschaft darstellen können (Investitionsgüter, Schulen, Verkehrseinrichtungen, Energieversorgungseinrichtungen usw.). Als soziales Handeln

Handlungs- bezug Hand- lungs- aspekt	Individuum	Gesellschaft
Arbeit als physischer Lebensvollzug	physische Repro-duktion des Indi-viduums	(Re-)Produktion des gesellschaft-lichen Reichtums in Gestalt materi-eller Güter
Arbeit als soziales Handeln	"Produktion" des Individuums als Subjekt mit eigener Identität	(Re-)Produktion der Formen des gesell-schaftlichen Verkehrs

<u>Übersicht 4:</u> Dimension des materialistischen Arbeitsbegriffs

ist Arbeit ein entscheidender Faktor der Bestimmung der sozialen Identität des Individuums und zugleich (re-)produktiv in Bezug auf die Form der gesellschaftlichen Verhältnisse, d.h. in Bezug auf Normen, Werte, kurz gesagt: auf die symbolische und stratifikatorische Struktur des Zusammenlebens. Diese vier Bezüge sind nur analytisch unterscheidbar, faktisch aber bilden sie eine unauftrennbare Lebens-form. Arbeit selbst ist ewiges Naturerfordernis der Menschen, ihre konkreten Inhalte und Formen aber variieren erheblich. MARX hat des-halb sein Hauptwerk auch nicht "Die Arbeit", sondern "Das Kapital" genannt, weil es ihm gerade nicht um diese ahistorische und ungesell-schaftliche, anthropologische Seite von Arbeit ging, sondern um die Arbeit formierenden Gesellschaftsverfassungen, um ein bestimmtes ge-sellschaftliches Verhältnis der Menschen zueinander, das er "Kapital" nennt (dazu später mehr). Da "Arbeit als solche" anthropologische Konstante ist, aber auch weil der Arbeitsbegriff ein Handlungsbegriff ist, kann eine sozio-ökonomische Analyse der Wirtschaft mit dieser Kategorie nicht auskommen. Deshalb ist der <u>analytische Grundbegriff</u> der materialistischen Theorie auch ein anderer; und zwar ein Begriff, der sowohl die jeweilige historisch-gesellschaftliche Besonderheit als auch das adäquate Emergenzniveau trifft. Dies ist der Begriff der "Produktionsweise".

o Produktionsweise

Der <u>Sachverhalt</u> um den es geht, ist gesellschaftliche <u>Arbeit</u> - die
<u>theoretische Grundkategorie</u> zur Analyse dieses Bereichs auf gesell-
schaftlichem Emergenzniveau ist die der <u>"Produktionsweise"</u>. Man muß
wegen der zentralen Stellung dieser Kategorie bedachtsam sein, um sie
nicht zu oberflächlich zu rezipieren, wie dies immer wieder geschieht.
Eine Bestimmung, die etwa sagt, die Produktionsweise bestehe aus
"Produktivkräften" und "Produktionsverhältnissen", wobei die Produktivkräfte "das Arrangement der physischen und technischen Aspekte der
wirtschaftlichen Aktivität" seien, die "Produktionsverhältnisse ...
die Beziehungen der Menschen untereinander, um wirtschaften zu können"
(so BUSS 1985, S.30; ähnlich aber auch LITTEK/RAMMERT/WACHTLER 1982,
S.16f), greift viel zu kurz. Dies wäre ja nun wirklich keine theoretisch gehaltvolle Fassung dieser Grundkategorie. Solche Wiedergaben
des MARXschen Begriffes sind zwar nicht ganz falsch, aber eben so
oberflächlich, daß man sich eigentlich wundern müßte, woher die Kritik
der Politischen Ökonomie von MARX ihre analytische Kraft bezieht (im
folgenden können wir nur eine knappe, einführende Skizze geben, vgl.
zu einer ausführlichen Rekonstruktion ALTHUSSER/BALIBAR 1972, 2. Bd.
sowie GODELIER 1973, z.B. S.26ff; zu einem großen Teil orientieren wir
uns an folgender Quelle: MARX 1953, S.375f; der Vertiefung und Weiter-
führung dient: ENGELBERG/KÜTTLER 1978).
Die Kategorie der Produktionsweise ist bei MARX sehr viel tiefer
angelegt und hat eine insgesamt außerordentlich schwere theoretische
Fracht zu tragen. Diese Fracht besteht im wesentlichen aus drei Arten
von Leistungen, die diese Kategorie erbringen soll:
- sie soll eine analytische Beschreibung von Wirtschaftsverfassungen
  ermöglichen, die von der bloßen Erscheinung weg zum "Wesen" hin vordringt (1)
- sie soll eine Typologisierung von Wirtschaftsverfassungen ermöglichen, um Vergleiche historischer und gesellschaftlicher Art durchführen zu können, insbesondere um zu einer Aussage bezüglich der
  historischen Abfolge von Produktionsweisen zu gelangen (2)
- sie soll so angelegt sein, daß sie die innere Dynamik von Wirt-

schaftsverfassungen erfassen kann und zwar sowohl die Dynamik der Selbstreproduktion der Produktionsweisen selbst wie auch (und gerade) die Evolution oder gar die Revolution von Produktionsweisen, d.h. die Transformationsdynamik von einer Produktionsweise in eine andere (3).

Bei alledem soll sie die Einheit von Praxisform und Praxisinhalt menschlicher Arbeit bezeichnen.

<u>Zu (1)</u>: "Produktionsweise", so wurde oben gesagt, läßt sich nur äußerst oberflächlich als Einheit technischer Produktionsmittel plus soziale Beziehungen zwischen den Produzenten deuten. Dieses sind bloß formale Begriffe. MARX entwickelt dagegen die Bedeutung dieses Terminus aus einem Sachverhalt heraus, der die Beziehungen des arbeitenden Individuums zu drei Komponenten der Lebenspraxis qualifiziert: zu der äußeren Natur, zu seinen Mitmenschen und zu sich selbst. Der Grundsachverhalt, der das Wesen einer Produktionsweise ausmacht, ist das Verfügungsverhältnis zu diesen drei Komponenten: das Zugehörigkeitsverhältnis zur konkreten äußeren Natur und zur Gesellschaft sowie die Verfügung über die "Eigentümlichkeit" der eigenen Individualität. Das Wesen besteht zusammengefaßt in den "Eigentumsverhältnissen" - allerdings in einem vollkommen <u>unjuristischen</u> Sinne. "Eigentum" meint vielmehr Aneignungsverhältnisse gegenüber der Natur, Verfügungsverhältnisse über Arbeitsmittel und Arbeitsprodukte, Herr zu sein über seine eigene Person. Dazu einige zentrale Belegzitate:

"Alle Produktion ist Aneignung der Natur ..." (MARX 1953, S.9)
"Das Individuum verhält sich zu sich selbst als Eigentümer, als Herr der Bedingungen seiner Wirklichkeit" (ebenda, S.375).
"Eigentum meint also ursprünglich nichts anderes als Verhalten des Menschen zu seinen natürlichen Produktionsbedingungen als ihm gehörigen, als den seinen, als mit seinem eigenen Dasein vorausgesetzte; Verhalten zu denselben als natürlichen Voraussetzungen seiner selbst, die sozusagen seinen verlängerten Leib bilden" (ebenda, S.391).

Und:

"Das Eigentum meint also Gehören zu einem Stamm (Gemeinwesen) (in ihm subjektiv-objektive Existenz haben) ... (ebenda, S.392).

Die drei oben extrahierten Komponenten: Natur, Gemeinschaft und Selbst
finden ihr Gemeinsames, ihre Einheit also in bestimmten Eigentumsfor-
men, die als "lebendige Wirklichkeit in einer bestimmten <u>Weise der
Produktion</u>" (ebenda, S.394) erscheinen. Bezüglich aller drei Komponenten können diese Eigentumsverhältnisse variieren. Bestimmte Ausprägungen dieser Variation und ihrer Kombinationen machen dann unterschiedliche Produktionsweisen aus. Die Eigentumsverhältnisse im Sinne
von Verfügungs- und Aneignungsverhältnissen lassen sich nun gemäß der
typischen Doppelstruktur materialistischen Denkens in reale (stoffliche, inhaltliche) Aneignungsverhältnisse einerseits und formale
(besser: formative) Aneignungsverhältnisse andererseits unterscheiden.
Die realen Aneignungsverhältnisse in einer Gesellschaft drücken sich
z.B. aus in den verwendeten Arbeitsmitteln, der Art der Arbeitsteilung, in den Quantitäten und Qualitäten der Arbeitsprodukte, den
Kooperations- und Verteilungsverhältnissen. Dabei handelt es sich um
reale Arten und Weisen des Vollzugs von Arbeit und der Aneignung der
Arbeitsprodukte (vgl. Übersicht 5).

<u>Übersicht 5:</u> Elemente der realen Aneignungsverhältnisse

Gemäß der oben eingeführten Unterscheidung in drei Komponenten der
Arbeitspraxis kann man von realen Aneignungsverhältnissen bezüglich
der Natur, bezüglich der Mitmenschen und bezüglich des Individuums
selbst sprechen (Übersicht 6).

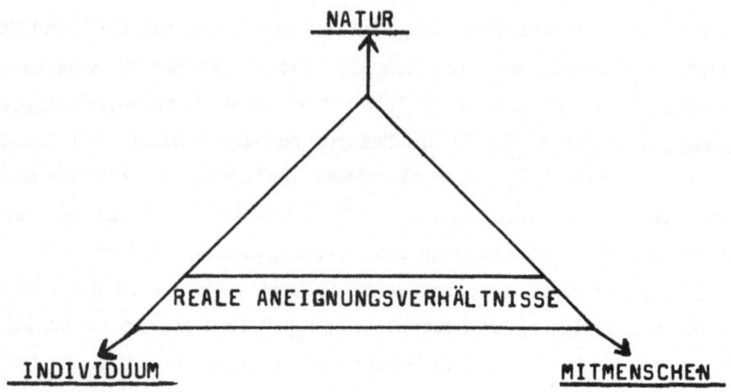

Übersicht 6: Die reale Ebene der Wirtschaft

- die realen Aneigungsverhältnisse bezüglich der Natur drücken sich im
Werkzeuggebrauch, im Wissen um Naturprozesse, im Achten oder Mißachten ökologischer Zusammenhänge (bewußt oder unbewußt), in den von
der Natur bereitgestellten Ressourcen usw. aus

- die realen Aneignungsverhältnise bezüglich der Mitmenschen sind
hinsichtlich zweier Dimensionen zu unterscheiden: nach der Art der
Teilung der Arbeit (z.B. nach Alter, Geschlecht, Befehl und Ausführung, Können und Geschicklichkeit): wem ist welche Arbeit "zu eigen"? - sowie nach der Art der "Wiedervereinigung" arbeitsteilig
erstellter Produkte durch Kooperation, (Re-)Distribution, Austausch,
Kauf/Verkauf usf.

- die realen Aneigungsverhältnisse bezüglich des agierenden Individuums selbst drücken sich aus in dem Ausmaß und der Qualität der
Kontrolle, die das arbeitende Individuum selbst über die Mittel,
Verfahren, Modalitäten und Gegenstände der unmittelbaren Produktion
auszuüben in der Lage ist. Inwieweit sind diese Elemente des Produktionsprozesses "sein Eigen" - nicht bloß juristisch, sondern vielmehr "eigen" im Sinne von authentisch?

Auf dieser realen Ebene lassen sich fraglos bereits ökonomische Prozesse und Strukturen beschreiben - nur das "eigentlich Soziologische"

oder eher MARX entsprechend: das "Politische" an der Ökonomie fehlt
noch: nämlich die formative Ebene. Diese sieht man einem realen Produktionsprozeß nicht unbedingt an, zumindest nicht auf den ersten
Blick. MARX: "Eine Baumwollspinnmaschine ist eine Maschine zum Baum-
wollspinnen. Nur in bestimmten Verhältnissen wird sie zu <u>Kapital</u>"
(MARX 1973, S.407). Das heißt, die sozio-ökonomische Bedeutung, die
Funktionsweise der Wirtschaft in der Gesellschaft, erschließt sich
keinesfalls durch bloßes Beobachten auf der realen Ebene, sondern
erst, wenn man nach der formativen Gesellschaftsstruktur fragt. Neben
die realen Aneignungsverhältnisse treten also die formalen oder: formativen Aneignungsverhältnisse (Übersicht: 7).

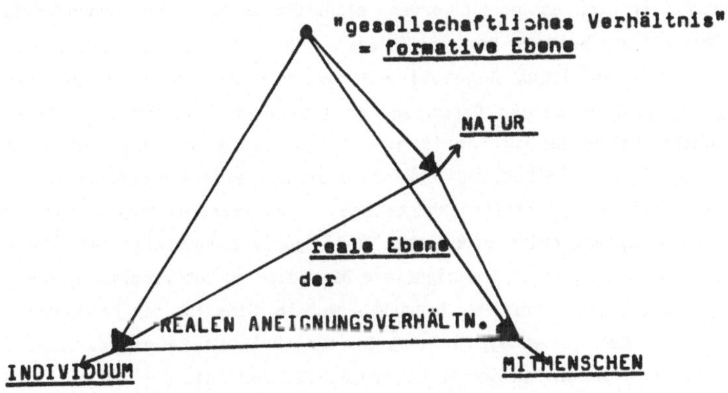

<u>Übersicht 7:</u> Reale und formative Ebene der Wirtschaft

Die formalen Aneignungsverhältnise regulieren die realen, sie ordnen
jene, erhalten sie aufrecht, ermöglichen sie, behindern sie - wie jede
Form einem Stoff durch Begrenzung Sinn gibt, ihn aber auch einengt.
Andererseits kann eine Form nicht ohne Inhalt existieren, sie braucht
einen (adäquaten!) Träger. Aber auch: wenn der Stoff nach eigenen
Gesetzmäßigkeiten wächst, kann er seine Form sprengen, sich neue
Formen suchen. Es muß noch konkreter geklärt werden, was unter "forma-
len Aneignungsverhältnissen" zu verstehen ist.

Stellen wir uns einen Maschinenschlosser in einem mittelgroßen Industriebetrieb vor. Auf der realen Ebene eignet er sich über seine
Qualifikationen (seine Material- und Werkstoffkenntnisse z.B.) den
Produktionsprozeß eines bestimmten Gutes an: er hantiert real mit
Maschinenteilen, Werkzeugen, Zwischenprodukten; er setzt sich mit der
äußeren Natur und ihren Gesetzmäßigkeiten auseinander; er hat die
reale Kontrolle über den Arbeitsprozeß. Auf der formativen Ebene wird
dies in unserer Gesellschaft ganz anders aussehen: nichts von alledem,
was wir eben aufgeführt haben, "gehört" ihm: es "gehorcht" ("gehören"
und "gehorchen" haben den gleichen Wortstamm) ihm zwar real, aber
nicht formal: weder Arbeitsmittel, noch Arbeitsgegenstände, noch Arbeitsprodukte, über die er real verfügt, gehören ihm, er verwertet sie
nicht. Er kann entlassen werden, seine Qualifikationen können wertlos
werden, der Betrieb kann in Konkurs gehen: alles dies hat er nicht
selbst in der Hand. Regulative Strukturen und Prozesse auf dieser
Ebene gehören zu den formalen Aneignungsverhältnissen einer Gesellschaft, deren Berücksichtigung erst das Ganze in den Blick geraten
läßt. Diese Ebene hat zwei Unterdimensionen: einmal handelt es sich um
die sozialen Herrschaftsverhältnisse, z.B. Klassenverhältnisse. Formale Aneignung heißt hier jetzt auch: juristisches Eigentum. Daneben
ist aber eine zweite, schwierigere Dimension zu unterscheiden, die wir
später noch ausführlicher behandeln werden. Dies ist die Dimension der
"gesellschaftlichen Synthesis". Dieser abstrakte Ausdruck soll die
Form bezeichnen, in der in einer Gesellschaft die Koordination, die
"Wiedervereinigung", arbeitsteilig separat produzierter Güter erfolgt.
Dabei sind nicht die realen Aneignungsprozesse der jeweils von anderen
erzeugten Produkte gemeint, sondern es ist die Ebene der Steuerung
dieser Austauschprozesse angesprochen. Es geht um die Form, die die
Produkte, aber auch die Austauschenden annehmen müssen, um überhaupt
Tauschverhältnisse konstituieren zu können. Damit dies an dieser Stelle nicht zu abstrakt bleibt, ein Beispiel: in unserem sozio-ökonomischen Gesellschaftstyp müssen die meisten Produkte die Form der Ware
annehmen, um überhaupt getauscht werden zu können; zudem müssen die
Tauschkontrahenten in bestimmte Rollen, Käufer bzw. Verkäufer, schlüp-
fen; die Produkte müssen eine bestimmte Wertform annehmen, sie müssen
in irgendeinem Tauschwert ausdrückbar sein. In einer bäuerlichen,

autarken Familienwirtschaft wird auch bei hohem Arbeitsteilungsgrad
natürlich auf ganz andere Weise die "Wiedervereinigung" der arbeitsteilig erzeugten Produkte bewerkstelligt, etwa durch bloßen realen
Austausch. Im Zentrum der Analyse auf der Ebene der formalen Aneignungsverhältnisse steht bei MARX deshalb die Klassenstruktur unter dem
Aspekt der formalen Eigentums- und Herrschaftsverhältnisse (Verfü-
gungsmachtverhältnisse) wie eben auch die Analyse der Warenform: "Das
Kapital" läßt MARX beginnen mit dem Kapitel: "Die Ware".

o Produktivkräfte und Produktionsverhältnisse

Der Begriff der Produktionsweise bezeichnet also die jeweilige historisch-gesellschaftliche Einheit der realen und formalen Aneignungsverhältnisse. Erst nach dieser grundsätzlichen Klärung können wir zu den
geläufigen Begriffen "Produktivkräfte" und "Produktionsverhältnisse"
kommen. Es wäre eine falsche, obwohl durchweg anzutreffende Vorstellung, den Begriff "Produktionsweise" aus einer additiven Verknüpfung
dieser beiden Termini gewinnen zu können. Eine Produktionsweise setzt
sich aber nicht aus Produktivkräften und Produktionsverhältnissen
zusammen. Es ist vielmehr umgekehrt: Produktivkräfte und Produktionsverhältnisse sind zwei Seiten derselben "Medaille": der Produktionsweise. Der Ausdruck "Produktivkräfte" bezeichnet dabei die _realen_, der
Ausdruck "Produktionsverhältnisse" die _formalen_ Aneignungsverhältnisse. Der Terminus "Produktivkraft" ist bei MARX auf der Ebene der
Oberflächenbeschreibung wechselnd. Teils wird er im Sinne von Arbeitsproduktivität gebraucht, teils bezeichnet er die Faktoren, die die
Arbeitsproduktivität bestimmen, teils umfaßt er alle "Produktionsfaktoren" einschließlich der menschlichen Arbeitskraft. Mit unserer theoretischen Rekonstruktion haben wir aber einen relativ klaren Begriff
gewonnen: die realen Aneignungsverhältnisse bezüglich Natur, Mitmenschen und dem arbeitenden Individuum selbst. Der Terminus "Produktionsverhältnisse" dagegen umfaßt die Beziehungen zwischen den unmittelbaren Produzenten und dem formalen Eigentümer der Produktionsbedingungen bzw. der Produkte sowie die Formen, unter denen sich die gesellschaftliche "Synthesis" vollzieht. Produktionsverhältnisse zu
untersuchen heißt also nach denjenigen Institutionen zu forschen, die

jeweils eine dominante regulative Funktion übernehmen. GODELIER formuliert dies so:

(Die Frage ist also, wann eine soziale Instanz) "unbedingt die Funktion der Produktionsverhältnisse übernehmen muß, d.h. genauer: nicht ihre Rolle als ein Organisationsschema dieses oder jenen Arbeitsprozesses, sondern die Kontrolle über den Zugang zu den Produktionsmitteln und zu den gesellschaftlichen Arbeitsprodukten ist entscheidend; und diese Kontrolle bedeutet gleichzeitig gesellschaftliche Autorität und Sanktionsgewalt, also politische Verhältnisse" (GODELIER 1973, S.50).

Und: "Unter welchen Bedingungen und aus welchen Gründen übernimmt irgendeine Instanz die Funktionen der Produktionsverhältnisse und kontrolliert die Reproduktion dieser Verhältnisse und damit die Reproduktion der sozialen Verhältnisse in ihrer Gesamtheit?" (ebenda)

<u>Zu (2):</u> Die Kategorie der Produktionsweise bildet ein theoretisches Konstrukt, mit dessen Hilfe Wirtschaftsverfassungen untersucht und unterschieden werden können. Da es in der materialistischen politischen Ökonomie um eine gesellschaftswissenschaftliche und nicht z.B. um eine technikgeschichtliche Analyse geht, richtet sich das Interesse primär auf die formative Ebene; dies aber nicht, weil die reale Ebene weniger wichtig wäre, sondern weil die Qualität der Beziehungen zur Natur, zu den Mitmenschen und der Individuen zu sich selbst eben durch die Herrschafts- und Austauschverhältnisse geformt ist. Die einzelnen Produktionsweisen werden deshalb von MARX auch nach den formalen Aneigungsverhältnissen benannt, z.B. "asiatische", "germanische", "feudale" oder "kapitalistische" Produktionsweise. Diese können wir natürlich nicht inhaltlich referieren. Dabei muß aber beachtet werden, darauf ist schon mehrfach hingewiesen worden, daß bestimmte formale Aneignungsverhältnisse erst möglich oder gar historisch erforderlich werden auf der Grundlage bestimmter <u>realer</u> Verhältnisse: ohne naturale Bindung an Grund und Boden kein Feudalismus, ohne technische Chancen zur Akkumulation von Reichtum und ohne Mobilität der Produktionsfaktoren kein Kapitalismus.

o Gesellschaftsformation

Wenn es aber keine beliebigen Kombinationen von Ausprägungen auf der realen und der formalen Ebene der Produktion gibt, sondern Korrespon-

denzverhältnisse, die erst die Einheit einer Produktionsweise ausmachen, liegt es auf der Hand zu sagen, daß es innerhalb ein und derselben Gesellschaft wohl stets mehrere Produktionsweisen zugleich geben
muß. So bietet z.B. in der Bundesrepublik Deutschland der Gegenwart
nur ein Teil der Produktionsbedingungen die Möglichkeit zur Ausbildung
kapitalistischer Verhältnisse. Diese sind z.B. nicht gegeben in dem
gesamten Bereich des öffentlichen Dienstes, des kleinen Handwerks und
Handels, der Freien Berufe, der Landwirtschaft. Jede historisch-konkrete gesellschaftliche Ökonomie besteht aus einer Mixtur verschiedener Produktionsweisen. Diese Mixtur wird in der materialistischen
Politischen Ökonomie als "Gesellschaftsformation" bezeichnet (vgl.
dazu ausführlich: ENGELBERG/KÜTTLER 1978). Hier nun behauptet MARX:

"In allen Gesellschaftsformen ist es eine bestimmte Produktion, die
allen übrigen, und deren Verhältnisse daher auch allen übrigen, Rang
und Einfluß anweist. Es ist eine allgemeine Beleuchtung, worein alle
übrigen Farben getaucht sind und (welche) sie in ihrer Besonderheit
modifiziert" (MARX 1953, S.27).

Diese These ist einmal erforderlich, um überhaupt bestimmte ökonomische Gesellschaftsverfassungen relativ eindeutig beschreiben und bezeichnen zu können, zudem hat sie aber einen wesentlichen, überprüfbaren empirischen Gehalt: man kann nach dominanten Produktionsweisen
suchen, Ablösungsprozesse und Übergangsformen zum Thema machen, die
relative Position nicht dominanter Produktionsweisen zur dominanten
erforschen usw.

Zu (3): Dies führt uns zur dritten Leistung, die die Kategorie der
Produktionsweise erbringen soll: die Rekonstruktion gesellschaftlicher
Dynamik. Dabei müssen zwei Typen von Dynamiken des sozio-ökonomischen
"Systems" unterschieden werden: die Reproduktionsdynamik (a) und die
Transformationsdynamik (b). Beide sind vor dem Hintergrund des materialistischen Basisaxioms zu sehen: "Alles, was existiert, alles was
auf der Erde und im Wasser lebt, existiert nur, lebt nur vermittelst
irgendwelcher Bewegung" (MARX 1972, S.128). Der Ausdruck "Produktionsweise" ist deshalb nicht statisch, sondern dynamisch zu verstehen.

(a) Das, was ich als "Reproduktionsdynamik" bezeichnet habe, kommt gut in einer Definition von GODELIER zum Ausdruck:

"Als Produktionsweise ... bezeichnen sie die zur Selbstreproduktion
fähige Verbindung der Produktivkräfte und der spezifischen gesellschaftlichen Produktionsverhältnisse, die die Struktur und die Form
des Produktionsprozesses und die Zirkulation der materiellen Güter
innerhalb einer historisch bestimmten Gesellschaft determinieren"
(GODELIER 1973, S.26).

Damit wird also die soziologisch äußerst relevante Frage danach gestellt, wie und wodurch ein "System" sich selbst reproduziert; denn
die relative Stabilität von Gesellschaftsformen ist ja zunächst einmal
empirisch ganz offenbar. Dieser Frage werden wir in dem systematischen
Teil bezüglich der kapitalitischen Produktionsweise weiter nachgehen
und sie deshalb hier inhaltlich nicht weiter verfolgen. Es muß nur auf
der kategorialen Ebene festgehalten werden, daß "Produktionsweise"
meint: "dynamische Reproduktionsweise der realen und formalen Aneignungsverhältnisse".

(b) Das, was mit "Transformationsdynamik" bezeichnet worden ist, wurde
von MARX an einer klassisch gewordenen Textstelle besonders prägnant
formuliert: in der Vorrede zur Kritik der Politischen Ökonomie (MARX
1974, S.8f) und dürfte so bekannt sein, daß wir hier uns ein Zitat
ersparen können. Es geht unter dem Aspekt der Transformationsdynamik
um dreierlei: erstens um die innere Dynamik von Produktionsweisen, die
zu ihrer eigenen Überwindung führt: die industriellen Produktivkräfte
entwickeln sich z.B. soweit, daß eine rein privatkapitalistische An-
eignungs- und Austauschform inadäquat wird. Zweitens geht es um einen
Wechsel in der Rolle der Dominanz einer bestimmten Produktionsweise
für eine bestimmte Gesellschaftsformation: zunächst nur vereinzelt
auftretende feudale Verhältnisse setzen sich so durch, daß man von
"Feudalismus" als einer bestimmten Gesellschaftsformation sprechen
kann. Drittens geht es unter dem Thema der Transformationsdynamik um
die wichtige Frage nach der Entwicklungsrichtung, also darum, ob die
sozio-ökonomische Entwicklung von Gesellschaftsformationen insgesamt
eine Richtung aufweist, ob es sich um einen gerichteten Prozeß handelt. Diese Frage hat MARX bejaht und zwar in der Weise, daß er sich
die Kette von Transformationsprozessen als eine Entwicklung zu immer

stärker ausgebildeter Emanzipation des Menschen gegenüber der Natur, gegenüber seinen Mitmenschen und gegenüber sich selbst ansieht, also bezüglich aller drei Komponenten der Arbeitspraxis. Dieser Befreiungsprozeß führt bezüglich der Natur zu einer weitgehenden Beherrschung der Naturgesetze statt einer Unterworfenheit durch die Natur. Er erfolgt im wesentlichen durch technische Entwicklungen. Dafür ist der Kapitalismus ein wesentliches Durchgangsstadium. Bezüglich der Mitmenschen tendiere der Befreiungsprozeß zu einer Auflösung von Herrschafts- und Klassenverhältnissen bis hin zur kommunistischen Gesellschaft von Gleichen. Bezüglich des Individuums selbst heißt Befreiung die mündige Verfügung über sich selbst in Bezug auf Bedürfnisse, Arbeit, Leben überhaupt. Dann wäre die Korrespondenz von Form und Inhalt soweit entwickelt, daß innere Widersprüchlichkeiten in der Produktionsweise zumindest nicht mehr zu weiteren Transformationen führen, was allerdings _innere_ Weiterentwicklungen nicht ausschließt. Kommunismus wird von MARX ja nicht als Zustand, sondern als Prozeß begriffen (vgl. z.B. MARX/ENGELS 1969, S.35).

Wie sich unschwer bereits an der _relativen_ Ausführlichkeit der Darstellung des materialistischen Ansatzes schließen läßt, bin ich der Auffassung, daß diese auch heute noch tragfähige theoretische Instrumente für die Soziologie der Wirtschaft bereitstellt. Im weiteren Verlauf der Darstellung werden wir deshalb systematisch auf solchen Grundkonzepten aufbauen, aber diese durchaus noch ergänzen und modifizieren, wo es erforderlich erscheint.

3. Zusammenfassung

Die Aussagen der vorangegangenen Abschnitte dieses Kapitels lassen sich knapp wie folgt zusammenfassen:

- Zwar ist ein _anthropologischer_ Ansatzpunkt für eine Soziologie der Wirtschaft nicht spezifisch genug, trotzdem kommt man ohne eine anthropologische Grundlage auch in dieser soziologischen Disziplin nicht aus.

- Zwar bietet ein <u>bedürfnisbezogener</u> Ansatz für eine Soziologie der
Wirtschaft keinen geeigneten Bezugspunkt, das heißt aber keinesfalls, daß Bedürfnisse vollkommen vernachlässigbar wären; sie müssen
nur einen soziologischen Ort erhalten.

- Zwar setzt der <u>methodologische Individualismus</u> auf einem ungeeigne-
ten Emergenzniveau an, aber trotzdem sind die individuellen Hand-
lungspositionen und Handlungsausführungen in eine Soziologie der
Wirtschaft einzubauen - nämlich als zu erklärende.

- Zwar blenden gegenwärtige <u>systemtheoretische</u> Konzepte sowohl lebensweltliche Bezüge als auch die materiell-stoffliche Seite der Ökonomie einer Gesellschaft aus, aber trotzdem kann unter der Steuerungsperspektive komplexer Ereigniskoordinationen auf sie zurückgegriffen
werden.

- Zwar erweist sich der <u>materialistische</u> Ansatz als vielversprechend,
weil er für die Erfassung der ökonomischen Realität adäquate Kategorien anbietet, aber trotzdem muß er an manchen Stellen "moderni-
siert" werden. Ausführungen dazu erfolgen in den verbleibenden Teilen des Buches.

B Entwicklung eines Bezugsrahmens für die weitere Darstellung

Unsere Sprache ist ein sehr unzureichendes Instrument zur Abbildung
komplexer Sachverhalte: sie muß eine umfassende Totalität zeitlich
sequentialisieren: was "eigentlich" gleichzeitig ist, kann nur nacheinander erzählt werden. Das heißt aber, daß zugleich sachliche Trennungen vorgenommen werden müssen, die dem Gegenstandsbereich aus prinzipiellen Gründen unaufhebbar unangemessen sind. Hinzu kommt noch ein
weiteres: es muß nicht nur sequentialisiert und somit zerlegt werden,
sondern die Sprache selbst kann niemals - ebenfalls aus prinzipiellen

Gründen - die Wirklichkeit total erfassen. Einmal bezeichnet jedes
Wort zwangsläufig, das ist sein Sinn, nur einen Teil, einen Aspekt der
Wirklichkeit. Die Verknüpfung mehrerer Wörter ergibt deshalb keine
realitätsgetreue Abbildung, weil die Wirklichkeit selbst nicht gemäß
den Regeln der Sprachgrammatik aufgebaut ist. Zudem hat die Sprache
aus grundsätzlichen Gründen insgesamt eine geringere Komplexität als
die gesellschaftliche Wirklichkeit: sie ist nämlich Teil der Wirklichkeit - und ein Teil kann nicht komplexer sein als die Ganzheit.
Aber anders können wir hier nichts mitteilen. Wir könnten zwar die
Darstellung um andere Medien ergänzen, z.B. mit Produkten der bilden-
den Kunst und der Literatur; dies ist aber aus technischen Gründen in
diesem Buch nicht möglich. Alles, was im folgenden nacheinander dargestellt wird, ist also als eine "synchrone Totalität" zu denken. Die
analytischen Auftrennungen dürfen nicht ontologisch mißverstanden
werden. Auch um diesem vorzubeugen, dient der im folgenden zu entwik-
kelnde Bezugsrahmen. Er soll überdies einen systematischen Zugang zur
Wirtschaft einer Gesellschaft eröffnen und dabei helfen, Einzelphä-
nomene sozio-ökonomisch zu lokalisieren, ohne daß wir in diesem Buch
in der Lage wären, diesen Bezugsrahmen insgesamt befriedigend auszu-
füllen.

1. Begriff der Wirtschaft

"Wirtschaft" wollen wir hier nicht über einen bestimmten Typus des
Handelns definieren: "erfolgsorientiertes", "nutzenmaximierendes" Han-
deln ist auch in nicht-ökonomischen Bereichen der Gesellschaft anzutreffen, z.B. in der Politik oder im Erziehungs- und Bildungwesen.
Zudem wären m.E. auch nicht-erfolgsorientierte, sondern z.B. kommuni-
kative Handlungen zur Abstimmung von Produktionszielen Aktionen im
Bereich der Ökonomie. "Wirtschaft" wollen wir auch nicht über das
Steuerungsmedium Geld definieren, wie dies die Systemtheorie LUHMANNs
tut. Einmal würden wir uns damit Vergleichsmöglichkeiten mit anderen
Wirtschaftsformen begeben, die nicht Geld in unserem heutigen Sinne
verwenden. Das "tertium comparationis" würde fehlen in dieser Art von
Systemtheorie. Außerdem halten wir aus den bereits dargelegten Gründen

diese Konzeptionierung für unzureichend. Vielmehr bleiben wir bei der schon mehrfach angeführten Bestimmung: <u>Wirtschaft ist der Bereich der materiellen Reproduktion einer Gesellschaft</u>, d.h. derjenige Bereich, der den materiellen Fortbestand der Gesellschaft bewerkstelligt. Diese Reproduktion bezieht sich auf der realen Ebene zum einen auf die physische Reproduktion der Individuen (z.B. vermittelst Konsumgütern) zum anderen auf die gesellschaftliche Infrastruktur (z.B. vermittelst Gebrauchs- und Investitionsgütern), jeweils ergänzt um die entsprechenden Dienstleistungen. Als Prozeß der Reproduktion eines Teils der Gesellschaft (des materialen, nicht z.B. des politischen, nicht des künstlerischen), ist Wirtschaft ein gesellschaftlicher Prozeß. Als solcher nimmt er historisch-gesellschaftsrelative Formen an. Überdies ist Wirtschaft, da Teilprozeß des gesamtgesellschaftlichen Prozesses, verbunden mit den übrigen gesellschaftlichen Bereichen. Damit entsteht die Frage nach der außerökonomischen Bestimmtheit von Ökonomie und der ökonomischen Bestimmtheit der außerökonomischen Bereiche der Gesellschaft. Dies sind z.B. Fragen nach der "Ko-Evolution" und "Ko-Reproduktion" verschiedener gesellschaftlicher Subsysteme.

Wirtschaft ist über ihre reproduktive Produktion für die Gesamtgesellschaft bestimmt worden. Damit ist aber noch nicht die Binnenstruktur der Wirtschaft angesprochen. Auch die Wirtschaft als "System" wird ja reproduziert. Wie dies geschieht, sollte eine Hauptfrage der Soziologie der Wirtschaft sein. Wie wird eine bestimmte Produktionsweise aufrechterhalten? Dies ist die zentrale Themenstellung u.a. des sogenannten "regulationstheoretischen Ansatzes", bei dem wir einige Anleihen vornehmen werden (vgl. AGLIETTA 1979; LIPIETZ 1985). Dieser theoretische Ansatz ist in den vorliegenden Ausarbeitungen allerdings zu speziell auf den Typ der kapitalistischen Gesellschaftsformation zugeschnitten, als daß er unmittelbar in ein allgemeines Konzept von Wirtschaft übernommen werden könnte. Deshalb möchte ich zunächst nur die grundsätzliche theoretische Idee aufgreifen, nach den reproduktionswirksamen gesellschaftlichen Regulationsmechanismen in Bezug auf jeweils bestimmte Produktionsweisen zu fragen. Diese möchte ich mit zwei weiteren theoretischen Ideen verbinden: der MARXschen Grundkategorie der Produktionsweise selbst (vgl. das vorausgegangene Kapitel) sowie mit einer theoretischen Idee der biologischen Systemtheorie MATURANAs (vgl. den folgenden Abschnitt).

2. Analytische Ebenen des Bezugsrahmens

2.1. Wirtschaft als System des gesellschaftlichen Stoffwechselprozesses

Wirtschaft ist ein prozessierendes, also dynamisches System. Nicht nur metaphorisch läßt es sich als ein System beschreiben, das den gesellschaftlichen Stoffwechselprozeß durchführt. Durch den Stoffwechsel wird die materielle Basis jeglichen Lebens erschaffen und erhalten. Stoffwechsel heißt Veränderungen von Stoffen, die außerhalb des Systems vorhanden sind durch assimilative Aneignung, d.h. durch Transformation in solche Stoffe, die von dem System aufnehmbar sind: in systemeigene Stoffe sowie in solche, die abzuscheiden sind. Genau in diesem Sinne ist jegliche historisch-konkrete Wirtschaft ein spezielles System, das jeweils nur bestimmte Stoffe aus der Natur unter Anwendung bestimmter Qualifikationen des Menschen in jeweils bestimmte Güter und Dienstleistungen transformiert unter Abscheidung wieder je spezifischer von dem System nicht aufnehmbarer Stoffe. So werden nur bestimmte wirtschaftliche Systeme Dampfmaschinen oder Automobile herstellen, nicht aber mehr Raddampfer oder Steinäxte. Jegliches System hat auch seine bestimmte Verwertungsökonomie, d.h. mehr oder minder effiziente Aneigungen der Natur, mehr oder minder schädliche Abscheidungen nicht verwerteter Betandteile. Die Art und Weise der Assilimation hängt also von der Qualität und dem Grad der Akkomodation eines Systems an seine Umwelt ab. Ein erstes, einfaches Bild der Wirtschaft läßt sich wie in der Übersicht 8 dargestellt zeichnen.

Damit der Stoffwechselprozeß in Gang gebracht und in Gang gehalten wird, sind Investitionen erforderlich in Gestalt von Energie und Information, um einmal auf der abstraktesten Ebene zusammenfassend zu formulieren (jede soziale Struktur von Rollen, Normen usw. läßt sich als eine informationelle Struktur beschreiben). Es handelt sich also

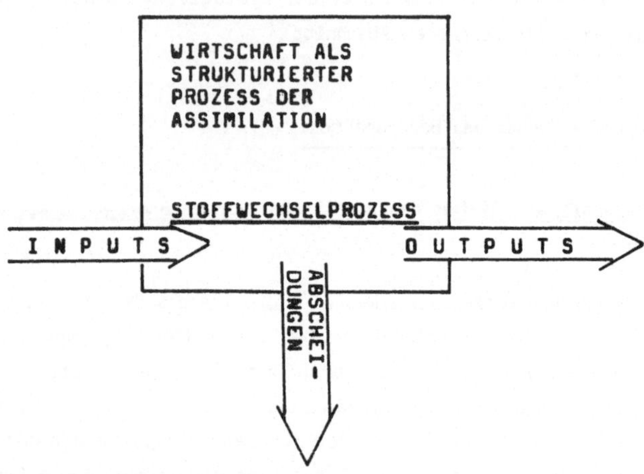

Übersicht 8: Die reale Stoffwechselebene der Wirtschaft

um energieverbrauchende und geordnete, in Strukturen ablaufende Prozesse. Man kann diese vermutlich durchaus in Analogie zur Physik als "dissipative Prozesse und Strukturen" bezeichnen und untersuchen (vgl. dazu: PRIGOGINE 1979). Das hätte den Vorteil, daß man sich nicht an inadäquaten ökonomischen Gleichgewichtsmodellen zu orientieren hätte, ohne die Problematik der Stabilität von Prozessen - jenseits eines Gleichgewichts - aus den Augen verlieren zu müssen.

2.2. Formveränderungen in und Formierung von Stoffwechselprozessen

Der Stoffwechselprozeß ist ein Vorgang, der also selbst aufrechterhalten werden muß in einer bestimmten Form und der zugleich eine Formveränderung der eingehenden Stoffe vornimmt. Diese Formveränderung der "Inputs" kann unter zwei Aspekten betrachtet werden: (1) auf der materialen Ebene werden Rohstoffe in Gebrauchs- oder Verbrauchsgüter umgewandelt. (2) Die Produkte selbst können - unter bestimmten Produk-

tionsweisen - neben ihrer materialen Gestalt z.B. noch die Form von
Waren oder Werten annehmen. Dazu später mehr. Sowohl die materialen
Formveränderungen als auch diejenigen, die für spezifische Zirkula-
tionsweisen erforderlich werden, sind also abhängig von den realen und
den formalen (formativen) Aneignungsverhältnissen in dem Sinne, wie
wir diese Kategorie im letzten Kapitel eingeführt haben. Wir gelangen
dann zum Bild der Übersicht 9:

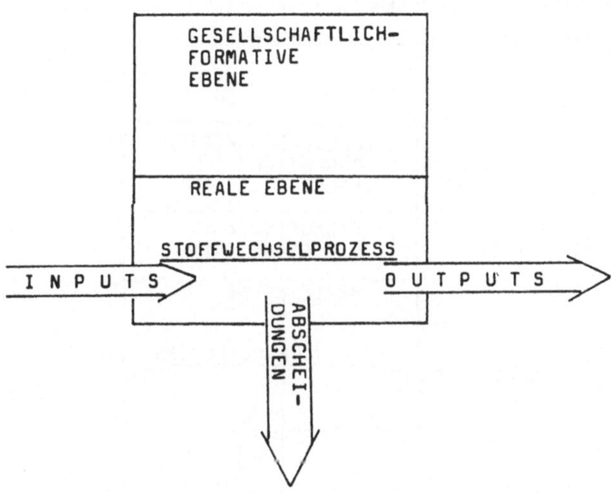

<u>Übersicht 9:</u> Reale und gesellschaftlich-formative Ebene

2.3. Differenzierung der formalen Ebene

In komplexen Wirtschaftssystemen läßt sich die formale Seite einer
Produktionsweise weiter differenzieren als dies explizit in der MARX-
schen Theorie geschieht. Man kann einmal nach den Koordinations- und
Steuerungsmechanismen der realen Stoffwechselprozesse fragen, also
z.B. danach, wie Steuerungsinformationen weitergegeben werden, welche
Informationsmedien eingesetzt werden, welche Eigenschaft die Produkte
unter diesem Aspekt erhalten. Das ist diejenige Ebene, die wir mit der

LUHMANNschen Systemtheorie kennengelernt haben. Wir wollen sie im folgenden "ökonomische Steuerungsebene" nennen. Daneben aber muß weiterhin das interessieren, was sozusagen die "verborgene", aber gleichwohl formierende Gestalt einer Produktionsweise ausmacht: was ist das "Feudalistische" am Feudalismus, was ist das "Kapitalistische" am Kapitalismus, welches sind die gesellschaftlich-formativen und reproduktiven Prinzipien? Diese Ebene nennen wir im folgenden: "gesellschaftlich-formative Ebene". Sie fungiert - bildlich gesprochen - als "software", als steuerndes (selbst)reproduktives Programm einer Produktionsweise. Wir gelangen zur Übersicht 10:

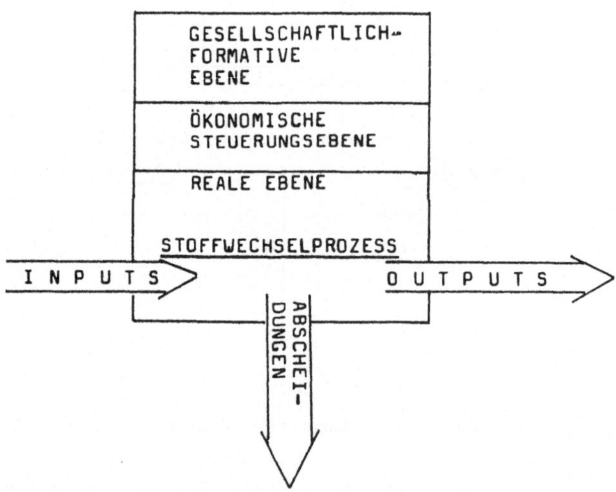

Übersicht 10 Reale, ökonomische Steuerungs- und gesellschaftlich-formative Ebene

2.4. Die Regulation der Reproduktion einer Produktionsweise

Die Soziologie der Wirtschaft, so wurde schon mehrfach festgestellt, sollte sich nicht nur für die reproduktive Funktion der Wirtschaft im

Hinblick auf die Gesellschaft interessieren, sondern auch und gerade für diejenigen Einrichtungen und Prozesse, die zur Aufrechterhaltung - wie auch zum Wandel - einer bestimmten Produktionsweise beitragen. Wie später noch inhaltlich zu zeigen sein wird, ist die Wirtschaft als ein System nur begrenzt in der Lage, sich selbst zu reproduzieren. Sie bedarf vielmehr einer Vielzahl außerökonomischer, gleichwohl aber auf die Ökonomie bezogener Institutionen und Ideologien. Ohne vorgreifen zu wollen, sondern nur um ein gewisses Vorverständnis hier bereits zu entwickeln, sei zu bedenken gegeben, daß unsere heutige Wirtschaftsform ohne umfangreiche Staatstätigkeit, ohne ein ausgebautes Rechtswesen, ohne angepaßte Mentalitäten der Menschen überhaupt gar nicht funktionsfähig wäre. Um diesen Aspekt zu berücksichtigen, greifen wir auf die Grundidee der Regulationstheorie zurück (vgl. LIPIETZ 1985; AGLIETTA 1979) und ziehen schließlich eine Ebene ein, die wir im folgenden "regulative Ebene" nennen. Das Gesamtsystem von realer Ebene, ökonomischer Steuerungsebene, gesellschaftlich-formativer Ebene und regulativer Ebene bildet eine "ökonomische Gesellschaftsformation". Die Übersicht 11 zeigt den bisherigen Stand unserer Differenzierung.

2.5. "Organisation", "Struktur" und "Ereignisse" einer ökonomischen Gesellschaftsformation

Bei der Darstellung des materialistischen Ansatzes hatten wir auch mit den alten philosophischen Unterscheidungen von "Wesen" und "Erscheinung" bzw. "Form" und "Inhalt" gearbeitet. Wenn man diese materialistisch reinterpretiert, darf man sie nicht gleichsetzen mit einer Differenzierung in "Idee" und "Materie". "Wesen" und "Form" sind vielmehr beide materialistisch zu fassen. Innerhalb der Kategorie der Produktionsweise wurde dies mit dem Begriff der Aneignungsverhältnisse versucht. Das "Wesen" einer gesellschaftlichen Wirtschaftsverfassung liegt danach in den formalen Aneignungsverhältnissen. Diese Beziehungen definieren das System als Einheit, d.h. sie machen die unverwechselbare Identität eines bestimmten Systems aus. Damit wurde

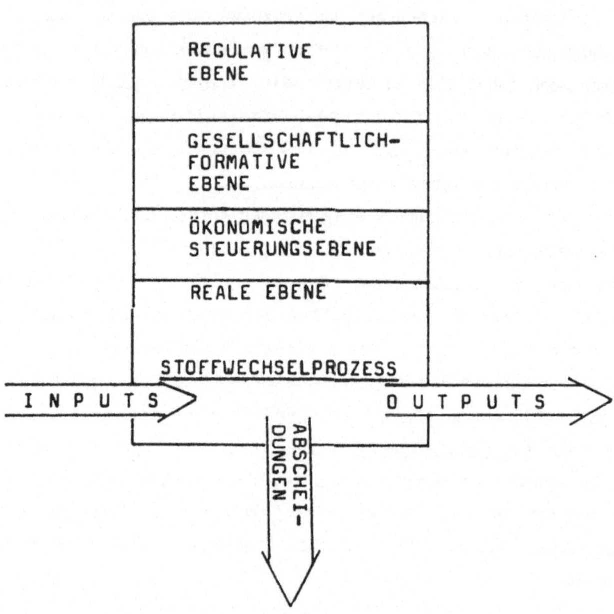

<u>Übersicht</u> <u>11:</u> Die Ebenen des Bezugsrahmens insgesamt

versucht, die Eigenheiten <u>und</u> den Reproduktionsmodus zugleich zu erfassen. Um uns dieses klar zu machen, hatten wir bereits auf einen
modernen Begriff, auf die Metapher des "Programms" bzw. der "software"
zurückgegriffen. Damit war zwar eine Vorstellung von dem Begriff des
"Wesens" einer bestimmten Wirtschaft gewonnen worden, aber noch keine
von der "Erscheinung". Vielmehr besteht darin gerade ein Problem der
MARXschen Theorie. Dieser hat einen einheitlichen, stringenten Begriff
von Kapitalismus entwickelt, aber seine Voraussagen bezüglich der
Entwicklung des kapitalistischen Systems sind nicht zuletzt deshalb
Fehlprognosen gewesen, weil er zwar das verborgene Programm entschlüs-
selt hat, aber nicht an die Vielzahl der mit diesem Programm kompatib-
len konkreten Erscheinungsformen des Kapitalismus hinreichend gedacht
hat. Um solche Sachverhalte auf theoretische Kategorien zu bringen,
greifen wir auf eine Grundidee zurück, die MATURANA innerhalb seiner

materialistischen Theorie lebender Systeme an zentraler Stelle entwickelt hat. Wir tun dies, ohne in einen Biologismus des Sozialen zu verfallen, d.h. ohne vollständige Übernahme seines Konzepts von "Autopoiesis", wie dies LUHMANN versucht hat (vgl. oben). Wir gehen also durchaus bewußt eklektisch vor (wir beziehen uns hier auf folgende Texte: MATURANA 1981, S.24ff; MATURANA 1982, z.B. S.139f, 157f, 183ff).

Zur Beschreibung eines Systems bedient MATURANA sich zweier grundlegender, in dieser spezifischen Bedeutung von ihm entwickelter Kategorien: der "Organisation" und der "Struktur". Der Begriff der "Organisation" ist nun gut geeignet, das "Wesen" (in einem nichtidealistischen, sondern materialistischen Sinn) eines Systems zu bezeichnen. Dies ist deshalb möglich, weil dieser Terminus zweierlei erfaßt: erstens meint er dasjenige, was eine Einheit als Einheit definiert: das "Kätzische" einer Katze, das "Kapitalistische" eines Kapitalismus, das "Universitäre" einer Universität usw. Zweitens umfaßt dieser Begriff den reproduktiven Mechanismus eines Systems, nicht aber die jeweils kontingente Erscheinungsweise einer Einheit. "Organisation" bezieht sich also auf Beziehungen, Verhältnisse - auf Relationen und zwar auf die "wesentlichen". Er meint also gleichsam das genetische Programm, den genetischen Code eines Systems, seinen Bauplan, seine Architektur.

Der <u>Strukturbegriff</u> dagegen erfaßt die konkrete Erscheinungsweise, die konkrete Materialisierung eines Programms und damit all' die individuellen Besonderheiten, die bestimmten Katzen, die bestimmten Universitäten, die bestimmten kapitalistischen Wirtschaften. Die Organisation bestimmt zwar das Wesen eindeutig, für die konkreten empirischen Erscheinungsweisen setzt sie aber nur Bedingungen, Beschränkungen, "constraints". Es besteht also eine kontingente Beziehung zwischen Organisation und Struktur eines Systems, d.h. eine Variationen zulassende Bedingheitsbeziehung. Diese Grundidee scheint mir für die Analyse von Produktionsweisen bzw. ökonomischen Gesellschaftsformationen sehr hilfreich zu sein. Erst auf der Basis dieser Unterscheidung kann man verstehen, daß und wie ein und dieselbe prinzipielle Produktionsweise u.U. sehr unterschiedliche konkret-empirische Wirtschaftspraxen erlauben kann, ohne ihre Identität zu verlieren. Es läßt sich nach strukturellen Spielräumen von Programmen fragen u.a.m. Man kann evolutionstheoretisch sogar argumentieren, daß die "strukturelle" (biologisch: die "phänotypische") Elastizität eines Systems bei gegebener Organisation (biologisch: "Genotyp")die Überlebensfähigkeit der Produktionsweise bestimmt: je anpassungsfähiger der Kapitalismus auf der Strukturebene, desto größer die Chance des Fortbestehens dieser Produktionsweise als solcher. Wenn man ökonomische Gesellschaftsformationen untersucht, wäre also jeweils zu fragen, wo Wandlungen sich vollziehen: auf der Strukturebene oder auf derjenigen der Organisation oder gar auf beiden.

Als dritte Ebene wäre noch - über MATURANA hinaus - die <u>Ereignisebene</u> einzuführen. Ereignisse in sozialen Systemen sind nicht Handlungen, sondern vom System jeweils hervorgebrachte "Leistungen": ein bestimmtes Sortiment an Gütern, Gewinne der Unternehmen in bestimmter Höhe, Arbeitslosigkeit bestimmten Ausmaßes, tote Fische im Rhein, Preisniveaus bestimmter Größenordnung usw. Zwischen Struktur- und Ereignisebene besteht also wieder eine Kontingenzbeziehung: Ereignisse können innerhalb derselben Struktur variieren, bedingt und begrenzt zugleich durch die Struktur, die selbst bedingt und begrenzt ist durch die Organisation. Wir hätten also ein dreistufiges Systemmodell, dessen theoretische Ausformulierung uns aber hier endgültig zu weit wegführen würde.

Wir gehen nun nicht von der apriorischen Unterstellung aus, daß man die Wirtschaft als ein autopoietisches, d.h. als ein sich selbst autonom reproduzierendes System begreifen kann, wie das in der Theorie lebender Systeme MATURANAs formuliert wird. Vielmehr sind wir der Auffassung, daß die Wirtschaft einer Gesellschaft nicht allein lebensfähig in dem Sinne ist, daß das selbstreproduktive Programm nur in der Wirtschaft als System selbst liegt. Stattdessen nehmen wir an, daß ein Teil der "Organisation" zwar in der gesellschaftlich-formativen Ebene angelegt ist, diese aber eine reproduktive Einheit mit Elementen der regulativen Ebene bildet. In beiden Ebenen zusammen haben wir die "Organisation" der Wirtschaft zu suchen. Wirtschaft ist damit zwar ein "semi-autopoietisches", im übrigen aber ein "heteropoietisches" System im Sinne von ZELENY (vgl. z.B. ZELENY in: MATURANA 1981, S.14), ein System, daß auch von anderen Systemen mitreproduziert wird, wie es im

übrigen auch ein "allopoietisches" System insofern ist, als es einen
Überschuß über die bloße Selbtreproduktion für Dritte produzieren muß
– das ist im übrigen ja gerade die Funktion von Wirtschaft, die völlig
unbeachtet in der LUHMANNschen Fassung von Wirtschaft als autopoietisches System bleibt.

2.6. Dynamik einer Wirtschaft

Unter dem Aspekt der Dynamik einer Wirtschaft als System können wir
nunmehr zusammenfassend und in Erweiterung der oben dargestellten
Differenzierung folgende Teildynamiken unterscheiden:

– die prozessierende Dynamik: dies ist der Arbeitsprozeß der Wirtschaft als Stoffwechselprozeß selbst, der als "dissipativer Prozeß"
  verstanden werden kann und der in der Erzeugung von Ereignissen
  besteht

– die Reproduktionsdynamik des Systems selbst: diese besteht erstens
  in dem Vorgang der identischen Reproduktion des genetischen Programms einer Produktionsweise, der Reproduktion der "Organisation"
  vermittelst der "Organisation" sowie zweitens in dem Vorgang der
  (nicht-identischen) kontingenten Reproduktion der Struktur der Wirtschaft, d.h. ihrer konkreten Erscheinungsweise

– die Transformationsdynamik des Systems: diese besteht in dem Prozeß
  des Wandels/der Revolution der "Organisation" des Systems und damit
  der Produktionsweise selbst.

Bis auf die letzte Dynamik laufen alle anderen Dynamiken stets parallel als sich wechselseitig ermöglichend und bedingend.

Nachdem nun gewisse Grundvorstellungen dargelegt worden sind, wollen
wir uns nacheinander den einzelnen Ebenen konkreter zuwenden. Der
Leser darf dabei allerdings keine vollständige Ausführung des eben

skizzierten theoretischen Programms erwarten. Wir haben damit nur unser Grundverständnis offengelegt. Eine stringente und umfassende Durchführung würde die Kapazität eines Einführungsbändchens überfordern. Wir greifen im folgenden also nur einige ausgewählte, zentrale Problembereiche heraus.

C Elemente einer systematischen Analyse der Wirtschaft

Dieses Kapitel dient dazu, auf der Basis der vorstehend entwickelten Systematik in einige ausgewählte Sachverhalte und Problemstellungen einzuführen. Es sollte noch einmal in Erinnerung gerufen werden, daß wir hier nur zu einer Soziologie der Wirtschaft hinführen können, nicht aber eine Soziologie der Wirtschaft selbst zu entfalten in der Lage sind - dafür benötigte man ein vielbändiges Werk. Vor Augen haben wir dabei nicht die "Wirtschaft als solche", die es natürlich nicht gibt, sondern eine Wirtschaft vom Typ derjenigen der Bundesrepublik Deutschland.

Wir leisten hier also keine vergleichende Soziologie der Wirtschaft, die historisch oder auch ethnologisch arbeiten müßte. Der generelle Bezugsrahmen ist allerdings so angelegt, daß er Vergleichskategorien bereitstellt. Man kann aber in einem Einführungsbändchen nicht alles vollbringen wollen, was sinnvoll und möglich wäre. Und noch eine weitere einschränkende Vorbemerkung ist wichtig. Wir konzentrieren uns im folgenden vornehmlich auf die gesamtgesellschaftliche Ebene der Wirtschaft und vernachlässigen dabei weitgehend den Bereich der "unmittelbaren Produktion", d.h. den einzelbetrieblichen Bereich. Dieser müßte Gegenstand einer Arbeits- und Betriebssoziologie sein, die man als Subdisziplin der Wirtschaftssoziologie auffassen kann (wie KUTSCH/WISWEDE 1986), aber auch als eine spezielle Soziologie, die auf einem anderen Emergenzniveau ansetzt als die Wirtschaftssoziologie.

1. Die reale Ebene der Wirtschaft

1.1. Inhalt und Umfang realökonomischer Prozesse

1.1.1. Grenzen der "monetaristischen" Sichtweise

Die "monetaristische" Sicht von Wirtschaft, die diese über das Medium Geld definiert und Zahlungen sowie Preise in den Vordergrund rückt, wenn nicht gar zum alleinigen Gegenstand der Untersuchung macht, kann

mit Recht von der Wirtschaft als einem zirkulär geschlossenen System
sprechen. Geld zirkuliert wirklich und nur im System der Ökonomie;
anderswo hat es keinen Sinn. Auf der Geldebene ist ein Kreislaufmo-
dell, ggf. ein akkumulatives, angemessen. Auf der realen Ebene ist
dies aber nicht der Fall. Das Geld "zieht" die realen Güter und Dienste nur eine zeitlang, eine Wegstrecke hindurch "mit"; sie selbst
zirkulieren aber keineswegs. Sie sind Vor-, Zwischen- und Endprodukte
eines formverändernden Stoffwechselprozesses, der für jedes Gut einen
Anfangs- und einen (vorläufigen) Endpunkt hat. Nur in sehr weiter Perspektive könnte man auch bezüglich der Güter von einem Kreislaufprozeß
sprechen: dann, wenn man die gesamten, auch außerökonomischen, Naturprozesse miteinbezöge. Man könnte nun argumentieren, daß der reale
Stoffwechselprozeß über den Vorgang der Assimilation ja dazu diene,
den akkumulativen Kreislaufprozeß des Geldes zu "füttern", ihn zu
ermöglichen. Hier hätte man aber bereits eine scharf ausgeprägte Form
von kapitalistischer Wirtschaft vor Augen, der die materielle Reproduktion des individuellen und gesellschaftlichen Lebens aus dem Blickfeld geraten ist.
Die "monetaristische" Sicht hat noch weitere Schwächen: sie läßt alle
diejenigen Prozesse der materiellen Reproduktion unbeachtet, die nicht
geldvermittelt ablaufen. Das führt dann leicht dazu, eine noch weiter-
gehende Einschränkung vorzunehmen und zwar nur noch den "formellen",
statistisch registrierten Teil der Ökonomie zu beachten. Aber nicht
einmal alle geldvermittelten Wirtschaftsakte schlagen sich in den
offiziellen Daten (z.B. der volkswirtschaftlichen Gesamtrechnung)
nieder und schon gar nicht alle diejenigen Tätigkeiten, die ohne
monetäre Gegenleistung bleiben. Wenn jemand eine Dachrinne repariert,
Mittagessen zubereitet, verschmutzte Feldfluren säubert, ist dies
gewiß "ökonomische" Tätigkeit - ob dafür von einem Dritten bezahlt
wird oder nicht. Ob ein Landwirt auch für den Eigenbedarf seiner
Familie produziert oder die gleichen Produkte von einem Nachbarn gegen
Geld, gegen Naturalien oder gar als Geschenk erhält: die Produktion
und die Verteilung dieser Güter sind in jedem Fall wirtschaftliche
Tätigkeiten. Der Umfang der Wirtschaft einer Gesellschaft kann nicht
von der mehr oder weniger zufälligen Verwendung eines bestimmten
Austauschmediums abhängig gemacht werden. So gehören der gesamte Be-

reich der Haushaltsproduktion sowie weitere Bereiche der sog. Eigenarbeit natürlich zur Wirtschaft der Gesellschaft der Bundesrepublik Deutschland.

Eine "monetaristische" Sicht kommt auch noch aus einem weiteren Grund zu absolut zufälligen Ergebnissen. Was danach ein ökonomisches Ereignis ist, hängt nämlich zudem von der Art und Weise der Zusammenführung arbeitsteilig erstellter Zwischenprodukte ab. Bezieht eine Unternehmung ein Vorprodukt von einer anderen, wird eine Zahlung fällig: es liegt ein "ökonomisches Ereignis" vor. Erstellt eine Unternehmung dieses Vorprodukt selbst, kommt also die Vermittlung nicht über Kauf, sondern über Kooperation bzw. Organisation zustande, liegt in monetaristischer Sicht kein ökonomisches Ereignis vor. Der Modus der Wiedervermittlung arbeitsteilig erstellter Leistungen ist aber vielen Zufällen geschuldet; was zur Ökonomie gehört oder nicht, sollte man nicht von diesen abhängig machen.

Überdies legt die "monetaristische" Sicht ein problematisches Verhältnis zwischen Wirtschaft und Natur nahe: es könnte so scheinen, als ob sich der ökonomische Prozeß gegenüber der Natur verselbständigt. Natur wird dann als "Umwelt" des Systems gesehen, die als materielle Ressource gilt. Nachdem z.B. Rohstoffe aus dieser Umwelt entnommen worden sind, werden sie als der Natur entrissen und der Ökonomie als zugehörig betrachtet. Also etwa so, wie in der Übersicht 12 schematisch skizziert worden ist.

Eine solche Sichtweise ist höchst problematisch (vgl. dazu in Bezug auf die klassische Politische Ökonomie: IMMLER 1985). Zwischen Ökonomie und Natur besteht keine System-Umwelt, kein "Innen-Außen-Verhältnis", sondern eine Beziehung im Sinne des "Teil-Ganzes-Schemas" (vgl. Übersicht 13).

Deshalb muß man auch vorsichtig mit der Formulierung sein: "der Mensch eigne sich vermittelst Wirtschaft und Arbeit die Natur an". Man muß ergänzen - was ja bereits MARX getan hat: der Mensch als eine _Naturmacht_ eignet sich _andere_ Natur an. Anderenfalls gerät man in eine

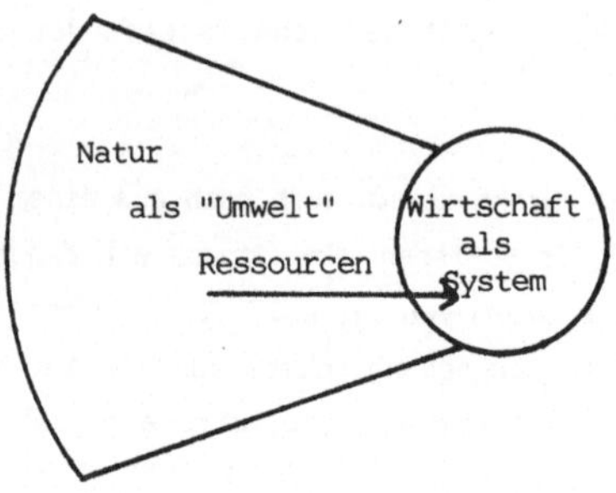

Übersicht 12: Einfache "System-Umwelt-"Sichtweise

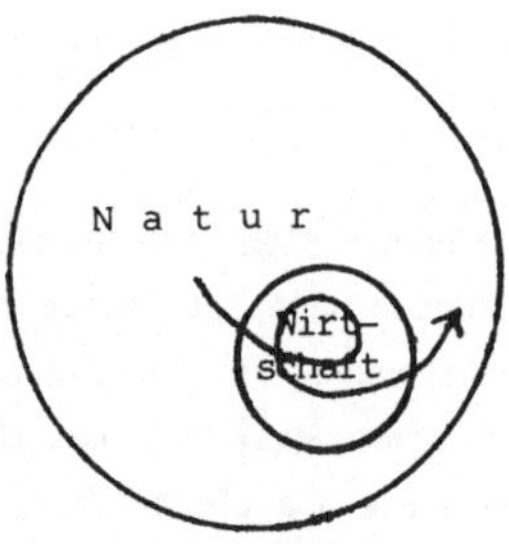

Übersicht 13: Wirtschaft als Teil der Natur

Denkfalle, die in der Definition von Natur im "Me-ti" BERTHOLD BRECHTS steckt: "Unter Natur versteht man alles, was nicht von den Menschen hervorgebracht ist. ... Für eine Spinne gehörte, wenn sie den gleichen Begriff der Natur verwendete, ihr Netz nicht zur Natur, wohl aber der Gartenstuhl" (BRECHT 1965, S.118). Alles menschliche Handeln ist nur innerhalb der Natur möglich. Das abgebaute Eisenerz bleibt Naturele- ment, auch in Form von Stahl als Kotflügel eines PKW. Die wirtschaf- tende Tätigkeit des Menschen verursacht somit auch nicht ggf. Umwelt- schäden oder Umweltbelastungen irgendwo außerhalb, sondern Weltschä- den, Weltbelastungen, d.h. unmittelbare Innenwirkungen.

Schließlich ein letzter Punkt: die "monetaristische" Sicht legt eine bestimmte Interpunktion der ökonomischen Prozesse nahe, die allein am zeitlichen Ablauf des Kaufprozesses orientiert ist: in nahezu allen volkswirtschaftlichen wie auch in diversen wirtschaftssoziologischen Lehrbüchern findet man die Differenzierung in Produktion, Distribution und Konsum. In der Realität ist diese Sequenzialisierung indes nicht auszumachen. So wie in der vermeintlichen Konsumsphäre (private Haushalte) auch produziert wird, so wird in der vermeintlichen Produktionssphäre erst recht auch konsumiert. Zunächst ist jeder Produktionsprozeß uno actu Konsumtionsprozeß. Dies nicht nur in Bezug auf Rohstoffe, Energie sowie den Verschleiß von Maschinen und Ideen oder Inanspruchnahme von Dienstleistung, sondern natürlich auch in Bezug auf die Arbeitskraft und deren Träger: den arbeitenden Menschen. Es wird nicht nur zu Hause gegessen und getrunken, Kleidung verbraucht und Auto gefahren. Es ist also eine außerordentlich künstliche Trennung, wollte man das Mittagessen zu Hause zum (privaten) Konsum zählen, das Mittagessen in der Betriebskantine dagegen zu den Produktionsaufwendungen des ökonomischen Systems.

1.1.2. "Offizielle" und "nicht-offizielle" Wirtschaft

Seit Beginn der 80er Jahre mehren sich nun Versuche, die enge Begrenztheit der offiziellen Sozialproduktstatistik zu überwinden und den Gesamtumfang ökonomischer Tätigkeit abzuschätzen. Zum einen handelt es sich dabei um das Bemühen, illegale, gleichwohl aber geldvermittelte, ökonomische Transaktionen aufzudecken - als "Schattenarbeit" im Sinne von Schwarzarbeit oder als sonstige an der Steuer vorbei erwirtschaftete Einkommen (Schmuggel, steuerliche Unterschlagung von Spekulationsgewinnen und Nebentätigkeiten u.ä.m.). Zum anderen umfaßt dieser dunkle, weil nicht statistisch erhellte, Bereich rein realökonomische Prozesse ohne monetäre Gegenleistungen. Dazu gehört die hauswirtschaftliche Tätigkeit, die Eigenarbeit der Heimwerker, die Selbstversorgung von Landwirten und Kleingärtnern, die Nachbarschafts- und sonstige "Selbst-" Hilfe, um nur die wesentlichen zu nennen (vgl. einführend zu diesem ganzen Bereich z.B. HUBER 1984; GRETSCHMANN 1983;

METTELSIEFEN 1982; GRASS 1984; BURGDORFF 1983). Darüber hinaus gibt es noch die legale, aber steuerfreie Nebentätigkeit, die ebenfalls nicht erfaßt wird.

Wie bereits aus diesen Beispielen hervorgeht, ist dieses Feld außerordentlich heterogen; die einzige Gemeinsamkeit besteht lediglich darin, daß diese Tätigkeiten offiziell nicht erfaßt sind. Die ökonomische Bedeutung der "nicht-offiziellen" Wirtschaft wird bereits an ihrem quantitativen Ausmaße klar. Man schätzt, daß dieser Teil der Ökonomie so umfassend ist wie etwa 40-50% des offiziellen Bruttosozialproduktes (nach JESKE 1984). Am einfachsten sind die illegalen geldvermittelten Geschäfte begrifflich zu bestimmen. Dieser Bereich wird als "Ausweichwirtschaft" bezeichnet (vgl. z.B. GRASS 1984, I., S.278f). Quantitative Abschätzungen sind naturgemäß schwierig. Sie liegen bei einer Größenordnung von etwa 10% des offiziellen Bruttosozialprodukts (vgl. die o.a. Quellen).

Zur Erklärung dieses Segmentes der Schattenwirtschaft muß man in mindestens drei Dimensionen argumentieren; nämlich:

- <u>in der Dimension der offiziellen Wirtschaft</u>: ein Handeln in der offiziellen Wirtschaft ist entweder verboten (Drogenhandel) oder aber mit Belastungen geldlicher oder sonstiger gesetzlicher (z.B. Schutzvorschriften) Art versehen, die man zu umgehen sucht

- <u>in der interaktionellen Tauschdimension</u>: gemäß den Annahmen des individualistischen Ökonomismus (vgl. vorn) maximieren beide Seiten des illegalen Geschäftes ihren jeweiligen individuellen Nutzen (bei Schwarzarbeit ist dies offensichtlich)

- <u>in der moralischen Dimension</u>: da nicht alle Menschen schwarze Geschäfte betätigen, ist davon auszugehen, daß die moralische Hemmschwelle bei den Beteiligten niedrig ist; dies kann gesellschaftlich verstärkt werden, indem Verstöße dieser Art als Kavaliersdelikte gelten oder gar positiv bewertet werden (Mut, Gerissenheit, "dem Staat eines auswischen").

Der Bereich der reinen Realökonomie ist begrifflich schwieriger zu fassen. Quantitativ wird sein Umfang auf eine Größe von etwa 35% des offiziellen Bruttosozialproduktes geschätzt (vgl. z.B. JESKE 1984). Darunter fallen Leistungen privater Selbsthilfeeinrichtungen, in "Eigenarbeit" erstellte Güter und Dienste sowie vor allem die private Haushaltsökonomie (in Höhe von ca. 30% des Bruttosozialproduktes vgl. auch GLATZER/BERGER-SCHMITT 1986). Die Doppelleistungsstruktur hatte bereits für Max WEBER zu einem Definitionsmerkmal des Begriffs des Haushaltes gehört: der Haushalt verwende und beschaffe Güter "zur eigenen Versorgung" sowie "zur Erzielung von selbstverwendeten anderen Gütern" (WEBER 1964a, S.61). Der Haushalt wird von ihm als konsumierende _und_ produzierende Einheit gesehen. Die hauswirtschaftlichen Leistungen in den Bereichen von Nahrung, Reinigung, Kleidung, Gesundheit, Erziehung, Unterhaltung, Reparatur, Wartung, Herstellung von wohnwirtschaftlichen Gütern usw. können gemäß zwei verschiedenen Grundmodellen erstellt werden. Einmal kann es sich um relativ geschlossene, mehr oder weniger autonome Hauswirtschaften handeln, welche ggf. Überschußprodukte untereinander austauschen (vgl. Übersicht 14).

In diesem Modell verfügen die Haushalte über relativ vollständige und in eigener Regie stehende Produktionszyklen, die von Jahreszeiten, Bedürfnissen, Vorprodukten und dem verwendeten technischen Gerät abhängen. Ein anderer Fall liegt vor, wenn man die Hauswirtschaften als "Annex" zum System der formellen Wirtschaft verstehen muß (Übersicht 15).

In diesem Modell besitzen die Haushalte keine Autonomie. Sie sind keinesfalls in sich geschlossen, sondern haben konsekutive, substitutive oder komplementäre Funktionen der Weiterverarbeitung von Vorleistungen des formalen Systems, der reproduktiven Bereitstellung von Ressourcen (insbesondere der Arbeitskraft) für die offizielle Wirtschaft. Sie sind, was die Zyklen ökonomischen Handelns anbelangt, in zweifacher Weise von der formellen Wirtschaft abhängig: sie müssen dasjenige (reproduktiv) verwenden, das ihnen von dort bereitgestellt wird und sie müssen diejenigen Leistungslücken selbst ausfüllen, die die offizielle Wirtschaft - aus welchen Gründen auch immer - beläßt. Die Haushalte selbst tauschen untereinander keine (oder bis auf einige Nachbarschaftshilfe: kaum) Leistungen aus eigener Überschußproduktion aus, sondern sie sind untereinander allein verbunden über die Erwerbstätigkeit im formellen Sektor.

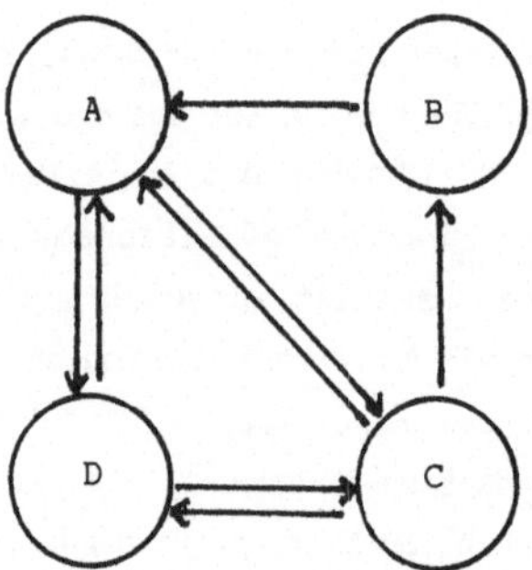

<u>Übersicht 14</u>: Relativ geschlossene, autonome Hauswirtschaften
(A,B,C,D) mit Austausch von Überschußprodukten

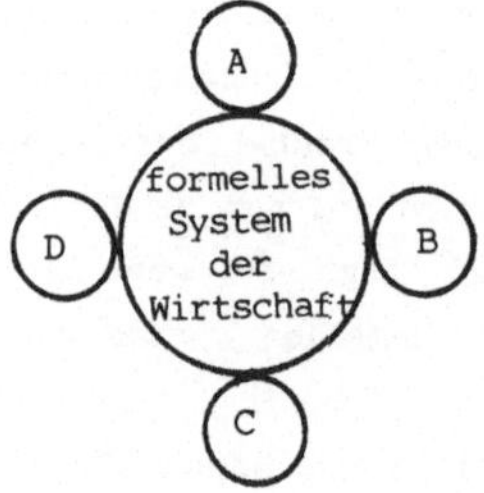

<u>Übersicht 15</u>: Private Haushalte als "Annex" der formellen
Wirtschaft

In der gegenwärtigen Fachdiskussion wird versucht, die Differenz zwischen beiden Modellen in begriffliche Unterscheidungen zu fassen. Für die erste Form der Haushaltsproduktion setzt sich zunehmend der Ausdruck "Eigenwirtschaft" durch. Die zweite Form wird unterschiedlich benannt: teils "Schattenwirtschaft" - als private, unbezahlte Arbeit für "das System" (so ILLICH 1980; siehe auch HUBER 1984, S.76f), teils als "Konsumarbeit". Letztere erfordert zunehmend hohe Investitionen in Gebrauchsgüter; d.h. es findet eine Technisierung so wie zugleich eine wachsende Professionalisierung der Haushaltstätigkeit statt (so JOERGES 1981, 1983). Ein treffender Ausdruck für diese Form wäre wohl auch "Komplementärwirtschaft".

Eigenwirtschaft und komplementäre Schattenwirtschaft lassen sich auf der Basis einer solchen Unterscheidung gemäß der oben rekonstruierten Kategorie der "Produktionsweise" differenzieren. Sie unterscheiden sich nach der Qualität der Eigentumsverhältnisse: während im Typ der Eigenwirtschaft der gesamte Funktionskreis ökonomischen Handelns in der Hand der Produzenten/Konsumenten liegt, ist die komplementäre Schattenwirtschaft weitgehend bestimmt durch Erfordernisse, Verfahren, Instrumente und Zwecke der formellen Wirtschaft. Dem widerspricht keinesfalls die von JOERGES (a.a.O.) und auch von GERSHUNY (1978) formulierte Hypothese der zunehmenden Verlagerung von Produktions- und Dienstleistungen in die privaten Haushalte hinein. Dies bedeutete eher einen Funktionszuwachs der Hauswirtschaften im Sinne eines notwendigen Anhängsels des offiziellen Systems. Man wird weiter zu beobachten haben, inwieweit nicht-gewinnträchtige Leistungen nicht nur an den Staat delegiert werden, sondern auch an die Haushalte. Dabei kann es ebenfalls um Teilleistungen gehen, die man kostensparend dem Letztabnehmer aufbürdet und unter euphemistischen Formeln wie z.B. "Selbstbedienung" oder "Selbsthilfe" schmackhaft zu machen versucht.
Uns kommt es hier nur auf einige knappe Hinweise zu diesem Bereich an. Zusammenfassende Überblicksdarstellungen sollten hier nicht noch einmal zusammengefaßt werden; vielmehr sei auf die angegebene Literatur und die dort zahlreich zitierten weiteren Arbeiten verwiesen. Die Gesamtheit der Ausführungen auf den letzten Seiten dient auch dazu, die Aussagen der folgenden Kapitel zu relativieren. Vornehmlich sind wir nämlich wegen der Datenlage darauf angewiesen, uns auf den offiziellen Teil der Ökonomie zu beziehen, wenn es um empirisch-statistische Feststellungen geht.

1.2. **Knappheit und Reichtum**

Die realen Aneignungs- und Stoffwechselprozesse einer Wirtschaft werden in der Nationalökonomie seit dem letzten Jahrhundert immer wieder als unter "dem kalten Stern der Knappheit" stehend (E. SCHNEIDER) betrachtet. Man kann feststellen, daß die vermeintliche Güterknappheit geradezu als Existenzberechtigung der Wirtschaftswissenschaften angesehen wird (vgl. nahezu alle Lehrbücher der Volkswirtschaftslehre, z.B. RÖPKE 1943, S.8; SCHNEIDER 1964, S.13; EUCKEN 1959, S.16; CARELL 1961, S.13). Der Sinn der Wirtschaft erschließe sich in der Überwindung naturgegebener Knappheit angesichts der menschlichen (häufig als unbegrenzt gedachten) Bedürfnisse. Allerdings steht nicht nur schlicht der Abbau vermeintlicher Knappheit im Vordergrund, sondern seit dem Merkantilismus des 17. und 18. Jhs. zugleich die Mithilfe der Nationalökonomie bei der Erreichung und Förderung des Reichstums bzw. des Wohlstandes des Staates, der Nation oder des Volkes. "Knappheit" und "Reichtum" können dabei aber nicht auf ein und derselben Dimension als gegensätzliche Pole begrifflich angesiedelt werden. Das Gegenteil von Knappheit ist nämlich Überfluß, dasjenige von Reichtum ist Armut. Erstere sind quantitative Ausdrücke, letztere qualitative. Reich ist nicht derjenige, der einfach viel hat, sondern derjenige, der Wertvolles besitzt. Knappheit und Reichtum liegen als Kategorien also auf unterschiedlichen Ebenen und sollen deshalb auch getrennt voneinander behandelt werden.

1.2.1. **Naturale oder gesellschaftliche Knappheit?**

Die Volkswirtschaftslehre tradiert unbefragt die Knappheitsformel. Die Soziologie hat sich bislang nur vereinzelt der vermeintlichen Knappheit als Sachverhalt gewidmet. Teils stimmt sie im Grundsatz mit der Ökonomik überein, um dann allerdings umgreifender zu argumentieren, indem Knappheiten in diversen weiteren Bereichen gesucht werden (Zeit, Wissen: vgl. z.B. BALLA 1978); teils wird zwar auch der Volkswirtschaftslehre grundsätzlich zugestimmt, dann aber weitergefragt, worin Knappheiten in modernen Ökonomien begründet sind. Man kommt dann etwa darauf, Knappheit als ein Grundprinzip eines Entscheidungskalküls zu verstehen, das erforderlich wird angesichts einer übergroßen Fülle von Wahlmöglichkeiten (so etwa LUHMANN 1972); teils wird an solchen Ideen angeknüpft, sogar die "Knappheit von Knappheit" als eine Krisenursache angesprochen, im übrigen aber bereits bezweifelt, "daß Knappheit ein Konzept ist, das im strengen Sinne ..Wirtschaft fundiert". Vielmehr werde vermutet, daß sie erst durch die Wirtschaft "begründet werde" (so HAHN 1987). Diese Literatur soll nun hier nicht referiert werden, sondern ich will kurz begründen, warum ich dieses volkswirtschaftliche Grundaxiom für unzutreffend halte. Dies soll in den folgenden Punkten geschehen:

(1) Knappheit ist nicht der "natürliche" Zustand des Menschen

(2) Knappheit ist Element einer neuzeitlichen ökonomischen Ideologie

(3) Knappheit ist kein Sachverhalt auf der realen, sondern auf der Steuerungsebene des ökonomischen Systems unserer spezifischen Produktionsweise.

<u>Zu (1)</u>: Die volkswirtschaftliche Knappheitsvorstellung beruht offenbar auf einer grundlegenden Fehlauslegung naturaler Gegebenheiten. Diese sind in der Tat so, daß der Mensch - wie <u>jedes</u> Lebewesen - tätig werden muß, um zu leben. Auch die Tiere müssen jagen, fangen, pflük-ken, Nester bauen. Die Natur ist nicht einfach für jede Gattung oder gar jedes Individuum in unmittelbar konsumierbarer Weise zuhanden. Die gebratenen Tauben fliegen einem nicht von selbst in den Mund. Die Natur ist kein Schlaraffenland. Jedes Leben ist aktiver Stoffwechsel-prozeß und insofern "Arbeit", Formverwandlung, Energieaufwand, Infor-mationsverarbeitung. Es ist völlig ohne Sinn, diesen Sachverhalt mit der Knappheitsformel zu beschreiben; man müßte dann auch sagen, daß das Leben aller Lebewesen der Überwindung von Knappheit dient. Es geht nicht um den Abbau von Knappheit, sondern um die Umwandlung vorhande-ner Stoffe. Das ist etwas gänzlich anderes. Die Knappheitsformel beruht auf einem anthropozentrischen Weltbild: eigentlich hätte die Natur bereits auf den Menschen ausgerichtet sein sollen, und zwar auf den heutigen mit seinen Bedürfnissen und Ansprüchen, die Natur hätte Farbfernseher produzieren sollen usw. Diese sind in der Natur wahrlich knapp, da überhaupt nicht vorhanden. Knappheit tritt nun aber in einer Weise ein, die diese volkswirtschaftliche Formel nicht gemeint hat: als <u>Produkt</u> ökonomischen Handelns des Menschen, und zwar eines Han-delns, das die Formverwandlung naturaler Stoffe soweit treibt, daß Neben- und Endprodukte entstehen, die nicht wieder in die Natur ein-fügbar sind. Somit entsteht eine reale Knappheit an bestimmten Stoffen an sauberem Wasser, an fossilen Brennstoffen, an gesund erhaltener Luft, an erholsamer Landschaft usw.

<u>Zu (2)</u>: Knappheit bezeichnet eine Differenz zwischen vorhandenem Bestand an einem Gut einerseits und dem Brauchen oder Wollen bezüglich dieser Güterart andererseits. Ist diese Differenz negativ, kann sie logischerweise auf zweifache Art zustande gekommen sein: die eine Seite ist zu gering oder die andere Seite ist zu groß. Wie man diese negative Diskrepanz beschreibt, hängt also zunächst einmal von der Perspektive ab. Blickt man auf die Bestandsseite der Güter, kann man von (relativer) Knappheit sprechen. Blickt man auf die Seite der Bedürfnisse, kann man von Überzogenheit sprechen. Die Güter- und damit die Knappheitsperspektive führt zu einer Abhilfe durch wachstums- und "fortschrittsfördernde" Maßnahmen (und Ideologien). Die auf die Menschen und ihre Bedürfnisse bezogene Perspektive führt zur Abhilfe durch Mäßigung, Askese, Bescheidenheit usw. Die Wahl zwischen diesen Perspektiven ist auf gesellschaftsideologischer Ebene nicht beliebig, sondern an jeweils bestimmte historische Gesellschaftsformationen gebunden. So ist es typisch für relativ statische Gesellschaften, eine Mäßigungsideologie auszubilden, d.h. Diskrepanzen der oben beschriebenen Art dem Menschen und nicht der außermenschlichen Natur zuzurechnen. Das europäische Mittelalter ist für diese Situation ein Beispiel (vgl. auch BALLA 1978, S.100ff). Krisen im Sinne von Ungleichgewichten entstehen nun dann, wenn das ökonomische System noch relativ stationär ist, andererseits aber die Weiterentwicklung der menschlichen Bedürfnisse gefordert wird. Diskrepanzen werden dabei zunehmend der Güterseite zugerechnet. Dies führt zu einer Suche nach Wegen der "Mehrung des Volksreichtums". Eine solche Umbruchszeit beginnt in Europa mit dem fürstlichen Merkantilismus im 17. Jahrhundert. Eine andere Umbruchszeit liegt vor, wenn zugleich Mäßigung <u>und</u> mehr Arbeit gefordert wird, wie im Puritanismus des 17. Jahrhunderts. Dann nämlich wird der Güterbestand vermehrt, ohne einer Konsumentfaltung das Wort zu reden. Dies ist <u>eine</u> Voraussetzung für die Entstehung des Kapitalismus, der ja auf vorgängig akkumuliertes Kapital (MARX: "Ursprüngliche Akkumulation") angewiesen war. Schließlich finden wir die Wiederherstellung einer Korrespondenz zwischen der Funktionsweise des ökonomischen Systems und der Perspektive im Hinblick auf die Güter-Bedürfnis-Diskrepanzen in der Gegenwart: eine auf Expansion und Akkumulation

ausgerichtete Ökonomie muß von der Knappheit der Güter sprechen, um Wachstum propagieren zu können. Sie kann nicht Diskrepanzen den Bedürfnissen zurechnen und Mäßigung fordern. Die Verwendung der Knappheitsformel in der Volkswirtschaftslehre ist vor diesem Hintergrund zu deuten: Knappheit ist ein Element der modernen ökonomischen Ideologie. Sie ist legitimatorische Basis für Wachstums- und Akkumulationsforderungen und damit Bestandteil der kapitalistischen Gesellschaftsformation.

Zu (3): Damit sind wir bereits bei dem dritten Punkt: Knappheit ist kein Phänomen auf der realen Ebene. Sie ist einerseits notwendiger Bestandteil der reproduktiven, regulativen Ideologie des Systems; sie ist andererseits darüber hinaus aber auch Element auf der ökonomischen Steuerungsebene. Knappheit ist dort nämlich stets relative Knappheit und zwar in zweierlei Hinsichten: Knappheit durch Verteilungsungleichheit und künstliche Knappheit wegen des Fehlens realer. Güter sind in unserer Gesellschaft (sogar in unserer Welt) immer nur für bestimmte Personengruppen knapp, für andere nicht. Knappheiten sind Verteilungsergebnisse, also allein den Mechanismen auf der Steuerungsebene und der gesellschaftlich-formativen Ebene geschuldet. Knappheit in sozialer Hinsicht ist damit immer auch ein Produkt von Machtverhältnissen. Wegen des Fehlens realer Knappheiten ist in kapitalistischen Marktwirtschaften zur Steuerung ökonomischer Prozesse ein Ersatzmechanismus erforderlich, der künstliche Knappheiten und damit Entscheidungs- und Allokationsprozesse reguliert. Darin liegt _eine_ Funktion des Geldes. Knappheit ist also in mehrfacher Hinsicht ein gesellschaftliches Konstrukt und kein naturaler Grundsachverhalt des Menschen. Als solches ist es ein wesentliches dynamisches Element der realen Produktion und Akkumulation, d.h. auch der Herstellung von gesellschaftlichem Reichtum.

1.2.2. Reichtum als Reproduktionsvermögen

Oben wurde lapidar formuliert, daß derjenige reich sei, der Wertvolles besitze, also etwas, was einen Wertgehalt aufzuweisen habe. Diese Aussage soll nun näher expliziert werden. Unser Augenmerk gilt dabei nicht dem individuellen, sondern dem volkswirtschaftlichen Reichtum. In drei Unterabschnitten sollen dazu einführende Bemerkungen angeboten werden: zum Inhalt, zur Entstehung und zur Verteilung von Reichtum.

1.2.2.1. Inhalt des Reichtums

o Gesellschaftliche Relativität des Reichtumsbegriffs

Das, was im theoretischen Bewußtsein unter Reichtum verstanden wird, korrespondiert mit der Grundkonstruktion der jeweiligen Gesellschaftsformation (vgl. zu diesem Komplex die diverse Literatur zur Geschichte der Politischen Ökonomie und Nationalökonomie, insbesondere auch ROSNER 1982). Grundsätzlich kann sich ein auf die Volkswirtschaft bezogener Reichtumsbegriff erst ausbilden, wenn sich territoriale und politische Gesellschaftseinheiten entwickelt haben. Dies beginnt in Europa mit der Entstehung staatlich organisierter Fürstentümer im 17. bis 18. Jahrhundert. Dort liegt der historisch-gesellschaftliche Ort der Entstehung einer (politischen) Ökonomik und innerhalb dieser die Entwicklung von Vorstellungen über Inhalte, Entstehungsweisen und Verteilungen von Reichtum. Ohne hier auch nur im Entferntesten eine gründliche Beweisführung vorlegen zu können, sei die Behauptung von der gesellschaftlichen Abhängigkeit des Reichtumsbegriffes kurz erläutert und präzisiert. Es ist offenbar nicht nur so, daß in irgendeiner allgemeinen Weise gesellschaftlich-ökonomische Verhältnisse sich in den Reichtumsbegriffen widerspiegeln, sondern in spezifischer Weise sind diese als Antworten auf jeweils historisch-konkrete <u>Krisensituationen</u> zu verstehen.

Die ersten staatlich organisierten Gesellschaften in der Neuzeit Europas im 17.-18. Jahrhundert standen wahrlich vor großen Krisen. Der 30-jährige Krieg hatte in Europa zu einem großen Teil die realen Lebensbedingungen zerstört, Nahrungsmittel waren knapp, Ernten fielen aus, Seuchen waren an der Tagesordnung. Die Territorialstaaten hatten große Probleme, sich nach innen zu festigen und nach außen abzusichern. Verwaltungen und Militär verschlangen große Mengen realer Güter und Geld. Vor dem Hintergrund solcher ökonomischen und politischen Stabilisierungskrisen entsteht der auf den Staatsschatz abzielende "Merkantilismus" als "Fürstenwohlstandspolitik" (ONCKEN). Reichtum reimt sich auf Gold und Silber unter der Obhut des Kämmerers. Die Mehrung des Geldvolumens im Lande ist Ziel aller Wirtschaftspolitik, die deshalb im Handel mit anderen Staaten sowie in der steuerlichen Auspressung des Volkes ihre Maßnahmen sucht. Protektionistische Strategien der Erlangung großer Exportüberschüsse und Handelsgewinne auf Kosten anderer Staaten sollen den Reichtum befördern.

Die Physiokraten (vornehmlich QUESNAY 1694-1774) reagierten u.a. auf Folgen der merkantilistischen Politik Frankreichs. Die Landwirtschaft war in der Mitte des 18. Jahrhunderts ruiniert durch die Kombination von Feudalismus der Landherren und Steuerauspressung des Königs. Große Ländereien lagen brach, Gerätschaften waren mangelhaft, die Ernährungssituation des Landes in prekärem Zustand. Zugleich bahnt sich die bürgerliche Revolution an. In dieser Krisensituation entsteht eine Reichtumslehre, die die Natur als alleinige Quelle allen Wohlstandes ansieht. Der Reichtum eines Landes bestehe in landwirtschaftlichen Überschüssen, die die Natur mit Hilfe landwirtschaftlicher menschlicher Arbeit hervorbringe. Die anderen volkswirtschaftlichen Gruppen seien bestenfalls "steril", d.h. sie produzierten gerade soviel an Wert, wie sie selbst zu ihrer eigenen Reproduktion benötigten (siehe dazu ausführlich: IMMLER 1985, S.293ff).

Da England gegenüber Frankreich (wie auch gegenüber Deutschland) in der industriell-kapitalistischen Entwicklung weiter fortgeschritten war, stellte sich hier die Krisensituation, in der die liberalistische Wirtschafts- und Wohlstandslehre entstand, anders dar. Hatte bereits LOCKE im 17. Jahrhundert die Arbeit als alleinige Quelle von Wert und Reichtum angesehen - durchaus revolutionär gemeint gegen die nichtarbeitenden Klassen - so findet die gesellschaftliche Umbruchsphase insbesondere bei ADAM SMITH (1723-1790) ihren deutlichen Niederschlag. Reichtum wird von ihm nicht in Geld und auch nicht in der Naturkraft liegend gesehen, sondern in der Produktivkraft menschlicher Arbeit. Der Reichtum bestimmt sich nach der Menge fremder Arbeit, über die jemand verfügen kann (SMITH 1978/1789/, S.28). Wirtschaftswachstum und damit Vermehrung des Reichtums kommen nur durch "produktive" Arbeit zustande, d.h. durch Arbeit, die durch entsprechende Kombination mit technischen Betriebsmitteln sowie durch Arbeitsteilung und Organisation mehr Produkte als zur Reproduktion der Betriebsmittel und der

Arbeitenden selbst erforderlich ist (a.a.O., S.272f). Reichtum wird
also einerseits im kombinierten Arbeitsvermögen gesehen, andererseits
in den durch dieses hervorgebrachten "Mehrprodukten" (allerdings ver-
strickt sich SMITH dann in Widersprüchlichkeiten, die erst MARX endgültig auflöst).

Die MARXsche Lehre ist auch wieder Reflex einer Krisensituation und
zwar der sozial-realen Konflikte und Widersprüche, die der erst im
entstehen begriffene, aber gleichwohl massiv auf weite Teile der
Bevölkerung verelendend wirkende, Kapitalismus erzeugt. Für ihn ist
der bürgerliche Reichtum "zunächst" - aber nur "auf den ersten Blick"
(MARX 1974, S.5) - eine "ungeheure Warensammlung" (ebenda). Sein
Reichtumsbegriff versucht die reale Struktur der bürgerlich-kapitalistischen Ökonomie zu rekonstruieren und diese ist doppelgesichtig:
dann, wenn ein Produkt zur Ware wird, also für den Verkauf produziert
worden ist, hat sie zugleich Tauschwert und Gebrauchswert. Diese
Unterscheidung selbst ist alt; sie geht mindestens auf ARISTOTELES
zurück. "Gebrauchswert" meint "konkrete Nützlichkeit"; "Tauschwert"
meint:das allgemeine Äquivalent, das in aller Ware steckt, damit sie
überhaupt getauscht werden kann. Wenn nun alle Waren diese Doppelnatur
besitzen, muß auch der Reichtumsbegriff in diesem Sinne dual gefaßt
sein: die Gesamtqualität der Gebrauchswerte in einer Volkswirtschaft
bildet die stoffliche Seite des gesellschaftlichen Reichtums (vgl.
z.B. ebenda). Dieser kann - muß aber nicht - durch Arbeit hervorgebracht worden sein: Selbst wenn das Brot "fertig vom Himmel fiele,
würde es kein Atom seines Gebrauchswertes verlieren" (a.a.O., S.23).
Natur und Arbeit sind gleichberechtigte mögliche Quellen des stofflichen Reichtums. Daneben nun existiert in der kapitalistischen Produktionsweise die formale Seite aller Waren. Die Tauschwertseite, die
sich monetarisiert und im Geld als Kapital niederschlägt. Reichtum
heißt danach auch der Besitz an Verfügungsmacht über die Arbeit anderer vermittelst Kapital zum Zwecke der Erzielung von Tauschwertdiffe-
renzen in Form von Profit. In diesem Sinne ist die menschliche Arbeit
nun alleinige Quelle des Reichtums: sie ist Ursprung und zugleich
Objekt, Inhalt, Macht des Reichtums. Darin steckt ein revolutionäres
Potential: Wenn die Träger der Arbeitskraft sich dessen bewußt werden,
werden sie versuchen, Herr ihrer eigenen Arbeit zu werden.

An der revolutionären Sprengkraft der MARXschen Idee, die in der Arbeiterbewegung ihre politische Durchsetzungsform gefunden hat sowie an den ökonomischen Krisen gegen Ende des letzten Jahrhunderts orientiert sich eine theoretische Gegenströmung in der Nationalökonomie: die Grenznutzenschule (GOSSEN, MENGER, WALRAS, JEVONS z.B.). Sie versucht, die Wert- und Reichtumsbestimmung zu individualisieren, indem sie den Wert von Gütern allein begründet sieht in den subjektiven Präferenzordnungen der Individuen sowie in der individuell (und volkswirtschaftlich) verfügbaren Menge eines Gutes. Die Wertsetzung wird also von dem kollektiven Produzenten auf den individuellen Konsumenten hin verlegt. Einem Wertschöpfungsbewußtsein der Arbeiterklasse soll damit entgegentheoretisiert werden. Der volkswirtschaftliche Reichtum wird zunächst als Summe der individuellen Nutzengrößen begriffen. Dies führt allerdings bald zur Einsicht der Unmöglichkeit einer solchen Konzeption, die ja eine kardinale Meßbarkeit (interpersonelle Vergleichbarkeit) voraussetzt und überdies von all' den Zufälligkeiten der Güterverteilung und der individuellen Präferenzen abhängt. Es setzt sich dann in der Wohlfahrtstheorie insbesondere seit PIGOU (1938/1920/)die Verwendung der monetären Gütereinkommen, des Nettosozialproduktes, als Wohlfahrtsmaßstab durch. Ein weiterer Zweig der sog. Wohlfahrtstheorie (von PARETO über ARROW bis der sog. "Neuen Politischen Ökonomie"; vgl. statt vieler anderer den Artikel: Wohlfahrtsökonomie" im Handwörterbuch der Wirtschaftswissenschaften) befaßt sich schließlich gar nicht mehr mit dem Inhalt und der Entstehung von Reichtum bzw. Wohlstand, sondern nur noch mit der Verteilung.

Nachdem das Nettosozialprodukt auch in der Bundesrepublik Deutschland noch lange Zeit nach dem zweiten Weltkrieg als Ausdruck des Reichtums bzw. des Volkswohlstandes und seines Wachstums galt, sind wiederum Krisenerscheinungen Grund dafür, nach einem neuen Reichtumsbegriff zu suchen. Das Nettosozialprodukt als Summe der empfangenen Einkommen erfaßt ja auch alle Leistungen, die aus der Sicht von Wohlfahrt negativ zu bewerten sind wie z.B. die Kosten der Krankheitsheilung und der Reparatur von Umweltschäden (vgl. zur Kritik z.B. LEIPERT 1975, KAPP 1958, BINSWANGER u.a. 1979 u.v.a.m.). In dem Maße, in dem sich die

Krisenhaftigkeit nicht nur in Arbeitslosigkeit, Naturzerstörung und Zukunftsgefährdung niederschlägt, sondern auch bereits im Volkseinkommen abzeichnet, wird zunehmend versucht, zu einem gehaltvolleren Wohlstands- und Reichtumsbegriff zu gelangen. In diesem Zusammenhang ist auf die inzwischen sehr umfangreiche Forschungsliteratur zu solchen Themen wie "Wohlfahrtsmessung", "Sozialindikatorenforschung" und "Lebensqualität" hinzuweisen (vgl. z.B. LEIPERT 1978; ZAPF 1976; GLATZER/ZAPF 1984). Auch auf der Ebene der Bundesregierung hatten solche Bemühungen ihren Niederschlag gefunden in der von 1973-1982 jährlich erschienenen Broschüre "Gesellschaftliche Daten". Ziel aller dieser Bemühungen ist es, von einem monetären Reichtumsbegriff abzugehen, um zu einem mehrdimensionalen Wohlfahrtsbegriff zu gelangen, der alle wesentlichen Lebensbereiche umfaßt und auch eine Messung faktischer Wohlfahrt ermöglicht. Hinzu kommt, daß mit dem Nettosozialprodukt ein "inneres", qualitatives Wachstum der Wohlfahrt nicht erfaßbar ist: bei gleicher Höhe des Volkseinkommens kann ja durch Umstrukturierung der realen Leistungen die Qualität der Gebrauchswerte erheblich zugenommen haben. Im übrigen wird mit diesem traditionellen Meßkonzept aus der volkswirtschaftlichen Gesamtrechnung ja auch immer nur die monetarisierte Seite der Ökonomie erfaßt (vgl. grundsätzlich zu diesem ganzen Bereich auch: ATTESLANDER 1981). Da es auch hier wieder ohne Sinn wäre, zusammenfassende Übersichtsdarstellungen, auf die bereits hingewiesen wurde, hier nochmal zusammenzufassen, wollen wir es mit diesen Hinweisen und thematischen Einordnungen bewenden lassen, um noch einige Grundlagenprobleme anzusprechen.

o Reichtum, Wert und Reproduktion
Angesichts der Tendenz zur Legitimationskrise des gesamten sozioökonomischen Systems ist es verständlich, wenn unter Gesichtspunkten der Bewertung des gesellschaftlichen Zustandes nach einem umfassenden Konzept der Beurteilung der Qualität der Lebensbedingungen gesucht wird. Da wir hier aber nur den Bereich der Ökonomie vor Augen haben, gehen solche Konzepte doch über das hinaus, was man ökonomischen Reichtum nennen könnte. Natürlich enthalten sie auch viele Einzelaspekte, die unmittelbar auf den Bereich der materiellen Reproduktion bezogen sind. Mir scheint, daß man die Diskussion um den Reichtumsbe-

griff im Zusammenhang mit der Kategorie des Wertes führen muß. Dabei kann es nur um ein Konzept des realen Wertes gehen. Nicht die Geldmenge zeigt Reichtum an, nicht die mit Preisen bewertete volkswirtschaftliche Menge an Gütern und Diensten, nicht die schlichte Gütermenge in Raum-, Flächen-, Längen- oder Hohlmaßen gemessen, aber auch offenbar nicht die fiktionale Addition individueller Nutzengrößen und auch nicht individuelle Äußerungen über Zufriedenheiten. Vielmehr scheint eine Modernisierung der Kategorie des Gebrauchswertes angezeigt zu sein. MARX hatte noch formuliert: "Obgleich Gegenstand gesellschaftlicher Bedürfnisse, und daher in gesellschaftlichem Zusammenhang, drückt der Gebrauchswert jedoch kein gesellschaftliches Produktionsverhältnis aus. ... der Gebrauchswert als Gebrauchswert, liegt jenseits der Betrachtungsweise der politischen Ökonomie" (MARX 1974, S.16). Eine solche Einschätzung hat innerhalb der materialistischen Soziologie zu einer eklatanten Vernachlässigung der realen Seite der ökonomischen Prozesse geführt (vgl. neuerdings aber POHRT 1976 und auch IMMLER 1985). Andererseits ist die Verweisung der Behandlung von Fragen des Gebrauchswertes in die "Warenkunde" (so bei MARX) auch innerhalb der MARXschen Theorie unverständlich, wenn man etwa bedenkt, wie eng dieser den Zusammenhang von Produktion und Konsumtion gesehen hat: "Nicht nur der Gegenstand der Konsumtion, sondern auch die Weise der Konsumtion wird daher durch die Produktion produziert..." (MARX 1953, S.13). Da aber der unmittelbare Produktionsprozeß nicht nur in monetärer Hinsicht, sondern aus dem Verwertungsinteresse heraus natürlich auch in stofflicher Hinsicht durch die Produktionsweise bedingt ist, läßt sich die Abkoppelung des Gebrauchswertes von der politischen Ökonomie nicht rechtfertigen. Gerade wenn man wie MARX argumentiert, daß im Kapitalismus die ökonomische Verwertungsdimension (Tauschwert) die stoffliche Seite dominiere, Gebrauchswert bloß "Träger" von "Profit" sei, müßte die gesellschaftliche Bestimmtheit der stofflichen Qualität der Produkte deutlich sein. Hinzu kommt die Tatsache, daß Güter für den Konsum und Gebrauch fast nie in Absprache mit den Letztverbrauchern entwickelt und auf Bestellung in Einzelfertigung produziert werden, sondern daß individuelle Gebrauchszwecke homogenisiert und standardisiert werden; anders ist Massenfabrikation nicht möglich: In die stofflichen Produktionsprozesse gehen also generalisierte

Zweck- und Gebrauchsvorstellungen ein, die - was sonst - gesellschaftlicher Natur sind. "Gebrauchswert" ist dabei strikt von "Nutzen" im
Sinne der Grenznutzenschule zu unterscheiden. Unter weiterer Verwendung der Stoffwechselkategorie kann man formulieren, daß ökonomische
Produktionen Formverwandlungen derart vornehmen müssen, daß die End-
stoffe von der jeweiligen Gesellschaft und den in ihr assoziierten
Individuen verwertbar sind. Sie müssen also eine Wertform annehmen.
Das, was Wert ist, bestimmt sich nach der spezifisch-historisch-
gesellschaftlichen Lebensweise. Jedes Produkt findet seinen Wert nur
als Element in Relation zu anderen Produkten: Was soll ein Steinzeit-
mensch mit einer Kneifzange, wenn er keinen Draht kennt, der
durchzutrennen wäre. Der Gebrauchswert einer Sache bestimmt sich stets
aus der Verwendungsqualität innerhalb objektiver, gesellschaftlich-
materialer Zusammenhänge heraus. Der Gebrauchswert einer in einer
bestimmten Weise konstruierten Zange hängt damit nicht nur davon ab,
ob es überhaupt Verwendungszwecke gibt, sondern auch von der objektiven technischen Funktionstüchtigkeit. Der individuelle Nutzen derselben Zange ist dagegen etwas völlig anderes. Er bemißt sich nach individuellen Präferenz- und Nutzenschätzungen. Jene Zange mag für einen
handwerklich gänzlich Unbegabten überhaupt keinen Nutzeffekt besitzen,
aber auch für den Handwerker wird die zehnte gleiche Zange, von der er
bereits neun besitzt, natürlich keinen Nutzen mehr abgeben. Anders-
herum kann eine Sache hohen individuellen Nutzen stiften, ohne besonderen Gebrauchswert zu haben, wie z.B. die gold- und platinschwere
Armbanduhr für DM 30.000.
Der Reichtumsbegriff, sofern er sich auf die Gesamtgesellschaft bezieht, sollte also von der Kategorie des Gebrauchswertes ausgehen.
Diese ist allerdings gegenüber dem bisher Gesagten in verschiedener
Hinsicht differenzierungs- und ergänzungsbedürftig: Da jedes Produkt
nur bewertbar ist im Hinblick auf seine Position in einem gesell-
schaftlich-materiellen Verwendungszusammenhang, ergibt sich bereits
die Unmöglichkeit einer isolierten Gebrauchswertbestimmung - genau wie
eine Abschätzung des Gesamtreichtums über die Addition der Einzelge-
brauchswerte nicht möglich ist. Hinzu kommt noch die Gebrauchswertin-
terdependenz der Güter, durch die das gesamte reale System eine eigene
Qualität erhält: der Gebrauchswert eines Autos mag in Bezug auf die

technische Funktionsfähigkeit sehr hoch sein, der massenhafte Gebrauch auch individuell gebrauchswertoptimaler Güter kann natürlich zu einer völlig anderen Beurteilung führen. Es sind also Interdependenz- und Kumulationseffekte zu berücksichtigen. Es gibt heute kaum noch Güter, die überhaupt individuell bewertbar wären, weil sie nämlich individuell nur fiktiv, nicht aber real existieren: es kann kein modernes Auto als Einzelprodukt geben, sondern nur als Massenfabrikat, nur in Verbindung mit einem bestimmten Ausmaß an Straßen und gesetzlichen Regelungen, nur in Verbindung mit Treibstoffimport und den dafür erforderlichen Produktionsmitteln und dadurch wiederum bedingten internationalen Abhängigkeiten, um nur auf einiges Weniges hinzuweisen. Auch der hochgeschätzte Kühlschrank ist nur als ein Element innerhalb eines äußerst komplexen Systems von Massenfabrikation und Elektrizitätsproduktion sowie -verteilung existent. Selbst die harmlose elektrische Türklingel oder der Bleistift sind nur innerhalb umfassender Produktions- und Verwendungssysteme bewertbar. Reichtum kann sich also nicht bemessen an der Addition individueller Gebauchswerte der Güter, sondern nur sowohl an den Bedingungen und Folgen des interdependenten, z.T. massenhaften Gebrauchs und Verbrauchs, als auch an der Qualität der dafür installierten Produktions- und Verteilungsapparaturen sowie der dazu insgesamt erforderlichen abstützenden infrastrukturellen und regulativen Systeme (z.B. auch der gesetzlichen Gebots- und Verbotsregelungen). Die Unterscheidung zwischen Produktions- und Letztverwendungssphäre ist auch noch aus einem weiteren Grunde von Bedeutung: eine Gesellschaft kann mit einer qualitativ hochwertigen Produktionsapparatur Güter mit minderem Gebrauchswert herstellen, wie auch mit bescheidener produktiver Ausstattung hochwertiger Produkte erreichbar sind.

Wir müssen es hier bei diesen knappen Hinweisen belassen, um noch auf einen weiteren Aspekt kommen zu können: die Reichtumsbeurteilung über eine komplexe Gebrauchswertbestimmung müßte sich an der Funktion der Wirtschaft selbst orientieren, d.h. an der Funktion der materiellen Reproduktion einer Gesellschaft. Reichtum ist deshalb vermutlich begrifflich konzeptionierbar über den Reproduktionsbegriff. Nicht in einem momentanen Gebrauchswertstatus stellte sich gesellschaftlicher Reichtum dann dar, sondern, so würde ich versuchen weiterzudenken, in einer Potentialanalyse. Diese müßte bezogen sein auf die Fähigkeit des ökonomischen Systems zur dauerhaften Reproduktion der materiellen Lebensbedingungen. Dies wäre ein dynamischer Reichtumsbegriff, der das Reproduktions-_Vermögen_ meint - "Vermögen" in dem doppelten Sinne von materiellem Potential _und_ Fähigkeiten in wissensbezogener, bewußtseinsmäßiger und moralischer Hinsicht. Ein solcher Reichtumsbegriff bezöge sich damit zwangsläufig nicht nur auf Produktionsmittel und Produkte im engeren Sinne, sondern auch auf das reproduktive Vermögen hinsichtlich der außermenschlichen Natur. Der Gebrauchswert von Stoffwechselprodukten und die produktive Apparatur des Stoffwechsels selbst wären dann auch daran zu messen, inwieweit Formverwandlungen eine naturale Reintegration ermöglichen ("Recycling"). Betont sei dabei aber, daß wir hier bislang nur auf der realen Ebene argumentieren. Reproduktionsvermögen heißt keineswegs automatisch auch: Vermögen zur Reproduktion der gesellschaftlichen _Form_ der Ökonomie. Im Gegenteil: es können auf der gesellschaftlich-formativen Ebene gerade Veränderungen erforderlich werden, um das materielle Reproduktionsvermögen zu erhalten.

Da "Reproduktion" nicht _identische_ Reproduktion heißt, also nicht "Replikation", wäre ein solches Konzept keinesfalls "konservativ" in einem naiven Sinne (konservierend im Hinblick auf Erhaltenswertes aber schon). Wohin sich die Gesellschaft entwickeln soll, wenn sie reich sein will, läßt sich allerdings wissenschaftlich nicht autoritativ vorgeben. Dies kann nur innerhalb der Gesellschaft durch ihre Mitglieder entschieden werden: Die Wissenschaft kann aber Hilfestellung geben. Zwei Hinweise seien deshalb zum Abschluß dieses Abschnittes angefügt. Zum einen kann die Wissenschaft Kriterien für formelle Bedingungen erarbeiten, die eine authentische politische Kommunikation und Entscheidungsfindung ermöglichen. Inwieweit die Gesellschaft solchen Erkenntnissen folgt, ist eine andere Frage. Zu diesem Bereich sei vor allem an die Arbeiten von HABERMAS erinnert (vgl. z.B. 1981). Zum anderen kann die Wissenschaft allgemeine Bedingungen erforschen, die die Reproduktionsfähigkeit eines Systems sichern. Dies ist das Feld der Systemtheorie, insbesondere sei hier nachdrücklich auf die Arbeiten von VESTER verwiesen (z.B. VESTER 1980; VESTER/VON HESLER 1980). Dort werden sog. "bio-kybernetische Grundregeln" entwickelt (und auch

in empirischen Simulationsstudien angewendet), die das Reproduktionsvermögen eines Systems ausmachen.
Zu solchen Grundregeln gehört z.B.:
- das Prinzip des Regelkreises mit negativer Rückkopplung, um einer
  "Systemexplosion" vorzubeugen
- das "Jiu-Jitsu-Prinzip", das darin besteht, naturale Prozesse zu
  stärken, "mitzuschwimmen" und nicht zu versuchen, gegen die Natur
  anzuarbeiten
- das Prinzip der Mehrfachnutzung
- das Prinzip des Recycling
- das Prinzip der Ausnutzung symbiotischer Verhältnisse
(vgl. ausführlich: VESTER a.a.O., S.81ff).

Es wäre zu prüfen, ob sich mit dieser theoretischen Hilfe ein materia-
listisch-systemtheoretischer Begriff des Reichtums als Reproduktionsvermögen weiterentwickeln läßt.
Reichtum systemtheoretisch als Reproduktionsvermögen zu verstehen,
erlaubt nach strukturellen Komponenten zu fragen, die dieses Vermögen
qualitativ und quantitativ ausmachen. In diesem Zusammenhang erlangen
strukturelle Eigenschaften an Bedeutung, die über die bio-kyperneti-
schen Grundregeln VESTERs hinaus die evolutorische Seite des Reproduk-
tionsvermögens betreffen. Dies sind <u>Lernfähigkeit</u> und <u>Variationspo-
tential</u> des Systems. Lernfähigkeit bezieht sich auf die Eigenschaft
eines Systems, neue Akkommodationsstrukturen auszubilden, d.h. die
Assimilationsvorgänge der Stoffwechselprozesse umzuorganisieren in
Richtung auf veränderte Anforderungen hin. Das Variationspotential
läßt sich als eine strukturelle Vermögensvoraussetzung von Lernprozessen verstehen. Es meint den latenten Vorrat an Ideen, Verfahren,
Technologien, Zwecken und Werten. Dieser Variationsreichtum kann z.B.
eingeschränkt werden durch eine zu starke Homogenisierung von Techniken, Verfahren oder Gütern in einer Wirtschaft, wodurch das Wissen
bezüglich anderer, vielleicht alter Techniken, Produktionswege oder
Bedürfnisbefriedigungsmittel verloren geht. Dies kann die zukünftige
Veränderungsfähigkeit stark beeindrächtigen z.B. durch Aussterben
alter Handwerke, Vergessen alten medizinischen Wissens usf..

1.2.2.2. <u>Produktion und Reproduktion von Reichtum</u>

Nach diesem kurzen Ausflug in etwas spekulative Sphären wollen wir
zurückkehren zur konkreten Frage, wie Reichtum, also das Reproduktionsvermögen selbst, auf der realen Ebene der Ökonomie produziert und
(ggf. progressiv) reproduziert wird. Einige Bemerkungen zu unterschiedlichen Vorstellungen darüber in der wissenschaftlichen Literatur
sind bereits in dem vorherigen Abschnitt gefallen. Wir wollen hier
ausschließlich systematisch vorgehen. Vorab ist festzuhalten, daß eine
ökonomische Wertschöpfung niemals eine "Bereicherung" der Gesamtnatur
erwirken kann, sondern nur Formverwandlungen naturaler Stoffe dergestalt, daß <u>in Bezug auf die menschliche Spezies</u> diese Stoffe Gebrauchswertform erhalten. Die Gesamtnatur kann bestenfalls gleich
bleiben. Heute verarmt sie in dem Maße, in dem ein rein güter- oder
geldbezogener gegenüber einem reproduktionsorientierten Reichtumsbegriff dominiert (durch Energieverluste, die als Wärme in den Weltraum
entschwinden oder durch Syntheseformen naturaler Produkte, die nicht
wieder in natürliche Kreisläufe reintegrierbar sind).

Da wir nicht im Schlaraffenland leben, müssen wir arbeiten. Dieser
Arbeitsprozeß hat nun je nach Einsatz von Arbeitskraft, Arbeitszeit
und Produktionsmitteln eine unterschiedliche Produktivität (output pro
Arbeitseinheit). Unter kargen Naturbedingungen sowie geringem Niveau
an Technologie und Arbeitsorganisation kann es sein, daß 12 Stunden
pro Tag von allen Menschen gearbeitet werden muß, um die bloß physische Existenz zu sichern. Alle Arbeit ist in diesem Fall für die
<u>existenzielle Reproduktion</u> aller erforderlich. Bereits dann, wenn
Kinder bis zu einem gewissen Alter nicht arbeiten müssen, für sie aber
trotzdem gesorgt werden kann, produzieren die übrigen Menschen offenbar mehr als zu ihrer eigenen physischen Reproduktion erforderlich
ist: sie erzeugen ein <u>"Mehrprodukt"</u>. Dies geschieht dadurch, daß sie
intensiver oder länger arbeiten als es für ihre bloß eigene Ernährung
und Bekleidung notwendig wäre: sie leisten <u>"Mehrarbeit"</u>. Das Ausmaß
erforderlicher Mehrarbeit zur Erzielung eines bestimmten Mehrproduktes
hängt von den naturalen Gegebenheiten, wie auch von der "Produktivkraft" der verwendeten Technik, den Gerätschaften, Werkzeugen der
Arbeitsqualifikationen und der Kooperationsform ab. Die außermenschli

che Natur selbst ist dabei natürlich allein nicht produktiv (dies soll
nachdrücklich gegen IMMLER 1985 festgestellt werden). Ohne Sammeln,
Jagen, Säen, Ernten usw. ist eine Ernährung nicht möglich. Die Natur-
situation bestimmt vielmehr u.a. die Produktivität der eingesetzten
Arbeit und zwar in erheblicher Weise. Die Natur selbst aber bildet nur
im Schlaraffenland einen (Gebrauchs-)Wert. Genausowenig produziert die
eingesetzte Technik einen Wert. Sie beeinflußt die Arbeitsproduktivität, aber ohne menschliche Arbeit kann sie weder erfunden, noch
konstruiert, noch eingesetzt werden. Es gibt keinen Automaten, der vom
Himmel fällt.

Ein bestimmtes Ausmaß der Arbeitsproduktivität kann nun auf verschiedene Weise genutzt werden. Das macht man sich am besten dadurch klar,
daß man die gesamte zur Verfügung stehende Wachzeit (pro Tag, pro
Woche, pro Monat oder wie immer man will) in drei Kategorien aufteilt:
(1) diejenige Zeit, die erforderlich ist, um die physische Existenz zu
sichern; diese kann die gesamte Wachzeit umfassen, aber sie kann auch
erheblich geringer sein; (2) die "Mehrarbeitszeit", durch die ein
Mehrprodukt erzielbar ist und (3) die "Freizeit" (vgl. Übersicht 16).
Die Aufteilungsspielräume steigen mit wachsender Arbeitsproduktivität:
man kann entweder insgesamt weniger arbeiten oder ein höheres Mehrprodukt erzeugen.

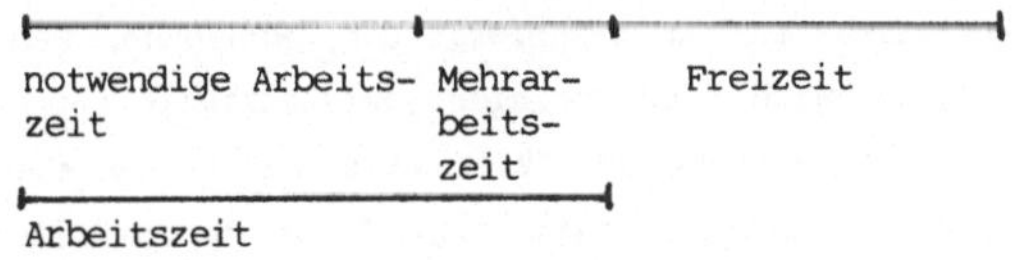

Übersicht 16: Arbeitszeit und Freizeit

Das Mehrprodukt ist die Basis aller Kultur, aller Reproduktionsvermögen auf höherem Niveau. Es kann dazu dienen, wie oben gesagt, Kinder
von der Arbeit freizustellen, selbst ein höheres Bedürfnisniveau zu
entwickeln oder ganze Bevölkerungsgruppen von produktiver Arbeit (in
diesem Sinne) freizuhalten, damit sie vielleicht Künstler, Wissen-
schaftler, Politiker, Rentner oder Hochschullehrer werden können. Ein
Mehrprodukt ist ausschließlich durch Mehrarbeit erzielbar, da nichts

anderes als die Arbeit Produkte erzeugen kann. Nehmen wir einmal an, zwei Haushalte erzeugen mehr an jeweils einer anderen Produktart als sie selbst benötigen, sind aber wechselseitig auf ihre Überschußprodukte angewiesen. Der Haushalt A habe 5 Brote produziert, von denen er zwei nicht benötigt. Der Haushalt B verfüge über 6 Tonkrüge, von denen einer abgegeben werden kann. Beide tauschen ihre überflüssigen Güter: die "Volkswirtschaft" beider Haushalte ist natürlich um nichts reicher geworden: nach wie vor enthält sie 5 Brote und 6 Tonkrüge; nur die Verteilung hat sich verändert. Dies wird auch dann nicht anders, wenn der Haushalt B Hunger leidet und der Haushalt A 2 Tonkrüge für die 2 Brote erzwingen kann: der eine Haushalt ist zwar reicher als der andere: für den Reichtum der Volkswirtschaft ändert das nichts. Tauschvorgänge dieser Art schaffen kein Mehrprodukt; das wäre ja auch Zauberei. Wenn allerdings die Haushalte länger arbeiten würden, um mehr Brote bzw. mehr Tonkrüge herzustellen oder produktivere Verfahren entwickelten, wäre der Übergang zu einem höheren Niveau durch Erzielung weiterer Mehrprodukte möglich. Reichtum im Sinne der Erzielung von Mehrprodukten kann deshalb nicht aus dem Handel entstehen. Ein Händler mag seine Lieferanten und Käufer noch so übervorteilen, am volkswirtschaftlichen Reichtum ändert sich nichts, nur an dessen Verteilung. Im Verhältnis zweier Volkswirtschaften zueinander sieht das natürlich anders aus. Dort sind über den Handel in eine Volkswirtschaft Mehrprodukte aus einer anderen transferierbar, was dann, wenn das Lieferland übervorteilt wird oder geringere existenzielle Reproduktionskosten hat, zu einer Mehrung des "Volkswohlstandes" des Empfängerlandes führt - der Reichtum der Weltwirtschaft bleibt natürlich der gleiche. Bei der Untersuchung der Entstehung des Mehrproduktes darf man nicht in den Fehler von ADAM SMITH verfallen und die "Wertschöpfung" als Summe von Lohn, Unternehmensgewinn, Kapitalzins und etwaiger Grundrente auffassen, d.h. dem Boden, dem Kapital und dem Unternehmer, soweit er nicht arbeitet, eine Produktivität hinsichtlich des Mehrproduktes zuweisen. Dies ist nämlich bereits eine Verteilungsperspektive, nicht aber die Entstehungsperspektive der Wertschöpfung. Eine solche Sichtweise, die auch heute noch z.T. gepflegt wird, geht davon aus, daß der Arbeitslohn genau dem Wert des Gesamtproduktes entspricht, den die Arbeit erzeugt hat. Unternehmensgewinn, Kapitalzins und Grundrente müßten dann aus dem Nichts heraus durch eine wundersame Wertvermehrung entstanden sein.

Wenn eine Volkswirtschaft auf einem bestimmten Niveau der Relation von notwendiger Arbeitszeit, Mehrarbeitszeit und Freizeit verharrt, wollen wir von _stationärer Reproduktion_ sprechen. Diese ist prinzipiell auf jedem Niveau denkbar. Sog. historische "Hochkulturen" mit einem großen Anteil von Mehrarbeit sind häufig solche Ökonomien mit stationärer Reproduktion gewesen; d.h. sie waren durch relativ hohe Arbeitsproduktivität bzw. langer Arbeitszeit eines Teils der Bevölkerung in der Lage, einen anderen Teil von produktiver Arbeit freizustellen (den Klerus, die Beamten, die Herrscher, die Philosophen, das Militär) und zugleich große Mengen werthaltiger und dauerhaftiger Güter zu produzieren (Paläste, Kunstwerke, Literatur). Schließlich kann eine Produktionsweise so organisiert werden, daß der Reproduktionsprozeß _akkumulativ_ verläuft. Das ist typisch für den modernen realen Kapitalismus aber auch für den realen Sozialismus. In diesem Falle wird ein Teil des Mehrproduktes nicht zur bloßen Replikation verwendet, sondern zur Erhöhung des "Kapitalstocks" der Wirtschaft, was zur Erhöhung der Arbeitsproduktivität führt, welches wiederum bei konstanter Arbeitszeit das Mehrprodukt erhöht usf.

Die Erzeugung von Mehrprodukten führt also keineswegs automatisch zu Wachstum, sondern dies hängt von seiner Struktur, Qualität und Verwendung ab. Die Erzeugung von Mehrprodukten ist auch nichts "Kapitalistisches" oder Verdammenswertes, sondern Basis aller Kultur und allen Wohlstandes.

1.2.2.3. Die "Produktivkräfte" der Arbeit

Die Produktivität der Arbeit (MARX: die "Produktivkraft" der Arbeit) ist nun - wie bereits ausgeführt - abhängig von den realen Aneignungsverhältnissen bezüglich der Natur, der Mitmenschen und des Arbeitenden selbst. Auf der Grundlage MARXscher Ausführungen hat IMMLER eine anschauliche Übersicht angefertigt, die wir hier übernehmen. (vgl. Übersicht 17)

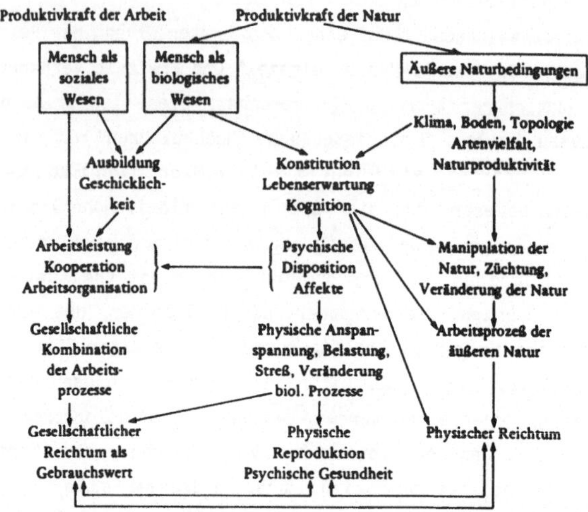

Übersicht 17: Schematische Darstellung der Produktivkräfte (IMMLER)

Durch naturale und soziale Kooperations- und Austauschprozesse, durch Weiterentwicklung des individuellen und kollektiven Arbeitsvermögens, durch Technik und Wissenschaft ist die Arbeitsproduktivität bis heute gewaltig gesteigert worden. Man könnte den Entwicklungsprozeß bezüglich der einzelnen Produktivkräfte der Arbeit nachzeichnen und im Detail zu bewerten versuchen. Dazu ist aber in einer Einführung kein Raum (vgl. z.B. KRYSMANSKI 1982; ULLRICH 1977). Stattdessen möchte ich einige grundsätzliche Überlegungen anbieten.

Man kann die Produktivkräfte der Arbeit systematisch u.a. in Hinblick auf drei qualitative Merkmale betrachten: im Hinblick auf die "produktive Substanz", die "Synergie" und die "reproduktive Kapazität":

- Unter "produktiver Substanz" verstehe ich diejenigen Eigenschaften, die ein Ding bzw. ein qualifikatorisches Arbeitsvermögen überhaupt erst zu einer Produktivkraft bestimmten Grades und bestimmter Qualität werden lassen; also z.B. die Handgeschicklichkeit einer Person, die Materialfestigkeit eines Werkzeuges oder die Speicherkapazität eines Computers.

- Der Ausdruck "Synergie" stammt ursprünglich aus der Theologie (meint dort die Lehre von der Mitwirkung des Menschen an seiner Erlösung), ist aber heute ein säkularisierter Terminus in der Organisations- und Systemtheorie zur Bezeichnung von Kombinationseffekten, die dadurch auftreten, daß Produktionsfaktoren nicht isoliert, sondern organisiert eingesetzt werden (vgl. z.B. LITTERER 1973, S.46f; oder für die der Physik: HAKEN 1978). Sie erzeugen dann sozusagen ein "Extra-Mehrprodukt". Das Eintreten von Synergieeffekten ist dabei umso wahrscheinlicher, je größer die Kombinationsfähigkeiten der einzelnen Einheiten sind, hängt also auch von deren "Mobilität" und "Rekombinierbarkeit" ab.

- Das Merkmal "reproduktive Kapazität" bezieht sich auf die oben bereits skizzierte Reichtumsdimension. Reproduktive Kapazität besteht in dem Vermögen einer Produktivkraft, zur Reproduktion des Gesamtsystems beizutragen, d.h. also auch in ihrer Lernfähigkeit, Flexibilität und Veränderungsbereitschaft.

Die bedeutsamsten, vom Menschen selbst bereitgestellten Produktivkräfte sind fraglos sein eigenes Arbeitsvermögen und die Technik.

o Arbeitsvermögen

Nicht alles, was der Mensch vermag, ist Arbeitsvermögen. Vieles, was der Mensch vermag und vielleicht auch mag, ist dem Arbeitsvermögen sogar abträglich. Was jeweils historisch-gesellschaftlich als produktive Substanz des menschlichen Gesamtvermögens gilt, ist abhängig von der Art und Weise der Produktion, ist abhängig von Verwertungsimperativen, ist abhängig vom Arbeitsvermögen anderer, von der Arbeitstechnik und den materiellen Produktionsabsichten. In Bezug auf die einzelnen Produktionsweisen und Bedingungen in der unmittelbaren Produktion lassen sich deshalb in den Gesellschaften jeweils normative "Zurichtungen" der menschlichen Arbeitskraft in körperlicher, psychischer und mentaler Hinsicht feststellen (vgl. historisch zur zivilisatorischen Zurichtung des Menschen z.B. TREIBER/STEINERT 1980 sowie die dort zitierten Arbeiten von FOUCAULT und ELIAS; siehe für die sog. bürgerlichen Tugenden auch MÜNCH 1984). MARX untersucht diesen Vorgang im Zusammenhang mit der sog. "ursprünglichen Akkumulation", also der Entstehung der ökonomischen und gesellschaftlichen Voraussetzungen des modernen Kapitalismus. Er stellt dazu fest, daß das "verjagte und zum Vagabunden gemachte Landvolk durch grotesk-terroristische Gesetze in eine dem System der Lohnarbeit notwendige Disziplin hineingepeitscht, -gebrandmarkt, -gefoltert" wurde (MARX 1968, S.765). Und weiter:

"Im Fortgang der kapitalistischen Produktion entwickelt sich eine Arbeitsklasse, die aus Erziehung, Tradition, Gewohnheit, die Anforderungen jener Produktionsweise als selbstverständliche Naturgesetze anerkennt. ... der stumme Zwang der ökonomischen Verhältnisse besiegelt die Herrschaft des Kapitalismus über den Arbeiter" (ebenda).

NEGT/KLUGE (1980) behaupten demgegenüber die nicht nur historische Zurichtung des Menschen auf Erfordernisse des Arbeitsprozesses hin; vielmehr sprechen sie von einer permanenten "ursprünglichen Akkumulation" in diesem Sinne. Ein weiterer Prozeß, der in diesen Zusammenhang gehört, ist der Sachverhalt der Arbeitsteilung. Hochgradige Arbeitsteilung (im Zusammenhang mit der Entwicklung von Arbeitstechniken) hat die Arbeitsproduktivität soweit erhöht, daß immer größere Massen von Arbeitenden aus der unmittelbaren produktiven Arbeit entlassen werden konnten. Dies hat die Chance eröffnet, spezielle Formen und Inhalte von Arbeitsvermögen zu entwickeln: wissenschaftliche, technische, kaufmännische und politische Spezialintelligenzen. Hinzu kommt der gesamte Bereich der sog. "Dienstleistungen". Das System der Wirtschaft erfährt durch diese Prozesse eine weitere Produktivkraft, was wiederum Arbeitskräfte freistellt - entweder zur Entwicklung neuer Tätigkeitsfelder oder zum Nichtstun im formellen ökonomischen System. Die gesellschaftliche Teilung der Arbeit, die dem einzelnen immer wieder Beschränkung auferlegt, ist im Laufe der Zeit soweit fortgeschritten, daß heute eine produktive Substanz fast nur noch dem "gesellschaftlichen Gesamtarbeiter", wie MARX dies einmal genannt hat, zurechenbar ist. Der einzelne hat stets nur ein höchst partiales Teil-Arbeitsvermögen, das für sich alleine nichts ist. Der hohe Arbeitsteilungsgrad erzeugt auf der einen Seite Synergieeffekte, andererseits bestimmt sich das, was als Arbeitsvermögen überhaupt gilt, was als Quali-

fikation angesehen wird und auf dem Arbeitsmarkt verwertbar ist
nunmehr ausschließlich nach dem Gesamtzustand des Systems gesellschaftlicher Arbeit. Erworbene Arbeitsqualifikationen sind deshalb
nahezu ausschließlich nur noch im System der formellen Wirtschaft
verwendbar und auf "Gedeih und Verderb" an Bedarf und Nachfrage von
dort aus gefesselt. Eine heute noch hochgeschätzte Qualifikation kann
morgen absolut wertlos sein. Es gibt individuell nur noch _relatives_
Arbeitsvermögen.

Die Synergieeffekte der Arbeit ergeben sich nun vornehmlich durch
Organisation und Allokation, die beide deshalb ebenfalls als Produktivkräfte anzusehen sind. Durch Organisation werden Arbeiten ökonomisch kombiniert und sozial kontrolliert. Durch Allokation werden sie
in dem System nach ökonomischen Imperativen verteilt. Um das Ausmaß
deutlich zu machen, in dem allokative Bewegungen des Arbeitsvermögens
im System vorkommen, sei darauf verwiesen, daß pro Jahr in der Bundesrepublik Deutschland ca. 11 Mio. Arbeitsplätze neu besetzt werden bei
einem Bestand an ca. 25 Mio. Arbeitsplätzen (Mehrfachwechsel einge-
schlossen; vgl. REYHER/BACH 1980, S.503 für das Jahr 1976). Das ökonomische System reproduziert sich und die materielle Basis der Gesellschaft vermittelst beständiger realer Bewegung - nicht nur der Bewegung von Geld.

Wenn man Untersuchungen über die reproduktive Kapazität des gesellschaftlichen Arbeitsvermögens anstellen will, wäre besonderes Augenmerk auf die Lernfähigkeit und die Veränderungsbereitschaft zu lenken.
Für die Lernfähigkeit gilt, daß gegenwärtig in Abhängigkeit von Sy-
stemveränderungen Steigerungsformen des Neulernens und Verlernens
gefordert sind, die nicht nur schlicht "Lernen" und "Verlernen" zur
Notwendigkeit werden lassen, sondern bereits reflexive Formen: das
Lernen des Lernens, welches bereits zu den sog. "Schlüsselqualifika-
tionen" des Arbeitsvermögens (MERTENS) zählt. Diese Steigerung wird
erforderlich mit der kürzer werdenden Umwälzungsfrequenz der produktiven Apparatur und des Produktionsprogramms des Systems. Für die Arbeitenden sinken damit kontinuierlich die Möglichkeiten, sich über ihr
Arbeitsvermögen, ihre Qualifikation, ihren Beruf, also mit dem Vollzug
ihrer Arbeits-Lebenspraxis zu identifizieren, ein Selbstbild und
Selbstbewußtsein daran auszubilden. Einerseits wird dies zur Suche

nach anderen Möglichkeiten der Selbstdefinition führen, andererseits ist eine wachsende Einstellung der Gleich-Gültigkeit gegenüber konkreten Arbeitsinhalten möglich. Dies kann negativ zurückschlagen auf die Lern- und Veränderungsbereitschaft. Es wäre zu diskutieren, wo Zumutbarkeitsgrenzen hinsichtlich des Verlernens und Vergessens z.T. mühsam erworbener Fähigkeiten und Fertigkeiten liegen.

Ein weiterer Aspekt ist im Hinblick auf die reproduktive Qualität der Produktivkräfte einer Gesellschaft von Bedeutung. Zwar ist immer wieder auf _individueller_ Ebene Verlernen und Vergessen erforderlich, auf der Ebene des Gesamtsystems der Produktivkräfte einer Ökonomie kann es aber notwendig sein, den "Genpool" zu erhalten, um ein hinreichend großes Variationspotential für zukünftige ungewisse Erfordernisse zu bewahren. Soweit man heute sehen kann, wird dieser Frage keine Aufmerksamkeit bei uns gewidmet. Im Gegenteil: die homogenisierende Wirkung der neuen Informationstechnologien auch und gerade auf die Arbeitsqualifikationen dürfte eher zu einer "genetischen Verarmung" der Wirtschaft in der Bundesrepublik führen (der Anteil des u.U. endgültig vergessenen Wissens ist vermutlich schon heute relativ hoch. Nur mühsam können z.B. im medizinischen Bereich alte Kenntnisse wieder reaktiviert werden).

o Arbeitstechnik

Fraglos ist die Entwicklung der Arbeitstechnik seit Beginn der industriellen Revolution (die noch immer andauert) auf der realen Ebene der Wirtschaft unserer Gesellschaft der alles überwiegende Faktor der Entfaltung der Arbeitsproduktivität gewesen. Technik spielt in dem Prozeß der realen Aneignung von außermenschlicher Natur die fundamentale Rolle: die Art der Technik bestimmt das Verhältnis des Menschen zu seiner natürlichen Lebenswelt. Technische Aneignungsformen können entweder wirklich zu "Eigentum", zu Authentizität, führen oder aber von der Naturalität des Menschen distanzieren, sich zwischenschalten und somit vergessen machen, was "eigentlich" geschieht. Zur Naturdistanz durch Technik tritt dann noch die ebenfalls technisch vermittelte Distanz zu den hergestellten Produkten: Naturferne und Produktferne zeichnen heute weitgehend die realen Stoffwechselprozesse in der unmittelbaren Produktion aus. Wir wollen wegen der herausragenden Bedeutung der Technik in der Darstellung etwas weiter ausholen, ohne aber hier eine Geschichte der Technik auch nur in Ansätzen leisten zu wollen.

Die Menschen haben zur Technik insbesondere seit Beginn der industriellen Revolution ein ambivalentes Verhältnis. Einmal gibt es drastisch befürwortende Stimmen der Weiterentwicklung des Maschinenwesens aus ökonomischen und sozialen Gründen der individuellen wie der volkswirtschaftlichen Bereicherung. Die bis heute berühmten Arbeiten von URE und BABBAGE, die zu Beginn der 30er Jahre des letzten Jahrhunderts erschienen sind, mögen hierfür als Beispiele dienen (URE 1835; BABBAGE 1832). URE, Arzt, Naturwissenschaftler und Technologe, schrieb 1835 seine Arbeit über das "Fabrikwesen in wissenschaftlicher, moralischer und commerzieller Hinsicht". Der Tenor des gesamten Buches ist in folgendem Satz zusammengefaßt, in dem URE eine Würdigung des "eisernen Mannes", das ist die automatische Spinnmaschine, vornimmt:

"Diese Erfindung bestätigt die große Lehre, daß, wenn das Capital die Wissenschaft in seine Dienste nimmt, die widersprüchliche Hand des Arbeiters zur Nachgiebigkeit gezwungen wird" (URE 1835, S.322).

Die Maschinentechnik wird als Mittel des Klassenkampfes von oben gegen die "faulen" und "streiksüchtigen" Arbeiter gewürdigt. Zur gleichen Zeit erscheint z.B. eine für die Zeit typische Schrift von LUDWIG HOFFMANN unter dem Titel "Die Maschine ist notwendig" (HOFFMANN 1832), in der sehr kulturoptimistisch die Steigerungsmöglichkeiten der Produktivität hervorgehoben werden, die alsbald dazu führen würden, daß auch der Arbeiter Zeit finde, GOETHE zu lesen und selbst Gedichte zu schreiben. Auf der anderen Seite finden sich drastische Ablehnungen und Kritiken des um sich greifenden Maschinenwesens, wobei die Ausführungen des britischen Aristokraten SOUTHEY von 1830 besonders plastisch formuliert sind:

"Das Maschinenwesen", schreibt er, sei "ein Kropf, ein schwammiger Auswuchs am Staatskörper; sein Wachsthum hätte gehemmt werden können, wenn nur die Folgen zur gehörigen Zeit begriffen worden wären; jetzt aber ist es zu einer solchen Masse angeschwollen, seine Nerven haben sich soweit verbreitet und die Gefäße der Geschwulste sind so eng mit

einigen der Hauptadern des natürlichen Systems verschlungen und ver-
wachsen, daß die Aufsaugung unmöglich und die Ausschneidung gefährlich
ist" (SOUTHEY 1830, S.171).

Eine sehr modern klingende Beschreibung, weil hier bereits Systemzu-
sammenhänge gesehen werden. Die Maschine ist sozial revolutionierend,
der Aristokrat bangt um seine dominierende Stellung. Aus der Sicht des
Proletariats aber schafft die Maschine Elend, sie entwurzelt und
entfremdet. In der Sicht des kultur-pessimistischen Bürgertums wird
Technik im Zusammenhang mit der modernen Naturwissenschaft als Abtrennung des Könnens von Erkennen, des Machens vom Geist, der "ars" von
der "scientia" gesehen. Man kann dies auch so ausdrücken, daß man
sagt: das "Sich-Verstehen-auf-eine-Sache" trenne sich vom "Verstehen-
einer-Sache" (BLUMENBERG 1963, S.7); Technik werde so zur "bloßen
Technik". Andererseits gibt es auch die Utopien der technischen Per-
fektionierbarkeit des Menschen und seiner Gesellschaft. Das findet
sich bereits in den Utopien des 16. und 17. Jahrhunderts, die allerdings noch keine Utopien in zeitlicher Hinsicht sind; das "Nirgendwo"
befindet sich an einem anderen - eben keinem - Ort. Zeitliche Utopien
entstehen erst im 19. Jahrhundert, zu deren Urhebern auch die Frühso-
zialisten, wie z.B. SAINT-SIMON gehören. Diesem schwebt eine elitär-
technokratische Gesellschaftsform vor.

Die Widersprüche in den Positionen zur Technik versucht als erster
KARL MARX dadurch aufzulösen, daß er die Technik in einem gesell-
schaftstheoretischen Zusammenhang untersucht. "Die Maschinen",
schreibt er im "Elend der Philosophie",

"sind ebensowenig eine ökonomische Kategorie" - wir müßten das heute
übersetzen mit: "eine soziologische Kategorie" - "wie der Ochse, der
den Pflug zieht, sie sind nur eine Produktivkraft. Die moderne Fabrik,
die auf Anwendung von Maschinen beruht, ist ein gesellschaftliches
Produktionsverhältnis, eine ökonomische Kategorie" (MARX 1972, S.149).

Diese Aussage kann man bei oberflächlicher Betrachtung leicht mißver-
stehen: es scheint so, als ob MARX die Maschine als neutrales Gerät
betrachtet und nur der gesellschaftliche Verwendungszusammenhang über
Gut oder Böse entschiede. So naiv und schlicht war MARXENS Gedanken-

welt dann aber doch wieder nicht. Auch die Aufforderung, daß die
Arbeiter nicht die Maschinen, sondern die gesellschaftlichen Verhältnisse stürmen sollten, ist kein Beleg für eine von MARX vermeintlicherweise unterstellte "Unschuld der Produktivkräfte".
Im Gegenteil: Jede spezielle Maschine läßt sich unter den Kategorien
MARXscher Analyse als Verkörperung von gesellschaftlichen Verhältnissen wie auch von Verkörperungen der gesellschaftlichen Zugriffsweise
auf die Natur verstehen. Die materialistische Grunderkenntnis MARXENS:
daß die Produktivkräfte, wozu auch die Technik gehört, die ermögli-
chenden und begrenzenden Basen für die gesellschaftliche Entwicklung
und daß die spezifische Gestalt der Produktivkräfte zugleich Verkörperungen von gesellschaftlichen Verhältnissen sind - hinter diese Erkenntnis kann man heute ohne Schaden nicht mehr zurück. Mit der Rich-
tigkeit dieser Erkenntnis steht und fällt im übrigen die Bedingung der
Möglichkeit von Archäologie, die von gefundenen Sachen und Geräten auf
sozial-kulturelle Verhältnisse schließt.
Die Verfaßtheit der Produktionsprozesse ist nun in materialistischer
Sicht der zentrale Motor der Entwicklung. Wenn auch die Natur der
Entwicklung der Produktivkräfte absolute Fesseln auferlegt, so können
die gesellschaftlichen Verhältnisse zu Fesseln werden, die aber
sprengbar sind. Darin liegt ja die von MARX behauptete Entwicklungsdy-
namik begründet. Dieser "technische Humanismus" (KLAGES) sieht also -
ganz im Gegensatz zum späteren pessimistischen MAX WEBER etwa - in der
wachsenden technisch-organisatorischen Rationalität und Rationalisierung sein Heil. Hier scheiden sich bis heute die Geister drastisch.
So zeigt sich auch in der westlichen Industrie- und Techniksoziologie,
soweit sie sich auf MARX bezieht, eine Trennung des soziologisch-
analytischen von dem geschichts-philosophischen Kern des MARXschen
Modells.
Leider ist die hier kurz aufgezeigte soziologische Grundstruktur der
MARXschen Theorie selbst nicht durchweg aufgenommen worden in der
gegenwärtigen Diskussion, sondern drastische Verkürzungen haben die
Auseinandersetzungen lange Zeit beherrscht. Bis heute nämlich ist die
Diskussion nicht abgerissen, die um solche Themen kreist wie:
"Unschuld der Produktivkräfte - Schuld der Produktionsverhältnisse"
oder in anderer Formulierung: "Neutralität der Technik versus technik-

immanente Destruktivwirkungen" oder noch einmal anders ausgedrückt: "Technik selbst ist wertblind, es kommt nur auf die Verwendungsweise an". Solche Diskussionen sind fruchtlos und lassen sich in keiner Weise auf MARX zurückführen. Aus heutiger Sicht stellen sich Mängel des MARXschen Konzepts eher in der beschränkten Reichweite angesichts der gewaltigen Expansion der Technik dar. Technik wird nämlich für heutige Verhältnisse bei MARX noch viel zu sehr als Produktionsmittel, als Maschine, gesehen. Zudem erweist sich die Anwendung des allgemeinen Modells auf die kapitalistische Gesellschaft als zu beschränkt: einerseits ist ein und dieselbe Technik offenbar mit einer größeren Variation von Gesellschaftsformen vereinbar als dies MARX sich vorstellte, andererseits zeigt das kapitalistische Gesellschaftssystem eine höhere Anpassungsfähigkeit an die Entwicklung der Produktivkräfte als MARX dies annahm.

o Zur Problematik eines angemessenen Technikbegriffs
Technik wird auch heute noch als Mittel für menschliche Ziele definiert, als zwischen Mensch und Natur vermittelndes Instrument zur Erfüllung menschlicher Zwecke (vgl. zu Problemen der Definition von "Technik" auch: ROPOHL 1979, S.30ff sowie LENK 1973 mit vielen Literaturhinweisen). Eine solche Auffassung ist aus einer Reihe von Gründen angesichts der gegenwärtigen Formen und Inhalte von Techniken unangemessen.

o Diese Definition klingt nämlich, als ob die Natur als solche belassen würde, es werde nur zwischen ihr und dem Menschen vermittelt. Dies ist aus mindenstens drei Gründen falsch:
- die Natur selbst wird im technischen Gerät synthetisiert, das Gerät selbst ist also künstliche Natur, zweite Natur;
- die Natur wird durch Einwirkungen, Auswirkungen oder Verwendungen von Technik wie auch durch ihre Herstellung verändert, ausgebeutet, ausgerottet usw.;
- das, was jeweils als Natur gilt, ist selbst abhängig vom Stand der Technik; Natur ist nicht objektiv und unveränderlich gegeben. Technik ist also nicht Vermittlerin, sondern Produzentin von -zweiter-

Natur.

o Diese zu einfache Definition tut so, als ob der Mensch als solcher
belassen würde; er handhabe lediglich eine Hilfe zur Erfüllung seiner
Zwecke und Bedürfnisse. Dieses ist ebenfalls aus mindestens drei
Gründen falsch:

- durch den Stand der Technik werden bestimmte Zwecke erst möglich;

- der Mensch verändert sich durch den Technikgebrauch: er entwickelt
  bestimmte Fähigkeiten weiter, andere Fähigkeiten verkümmern; er
  produziert mit seiner Technik bestimmte Gesellschaftsverhältnisse,
  die ihn wiederum verändern; er schafft Gefahren, die ihn bedrohen,
  was ihn ebenfalls verändert;

- das, was dem Menschen jeweils als Mensch gilt, seine Selbstdefinition, hängt ebenfalls u.a. vom Stand seiner Technik ab. Sich als
  "homo faber", als "animal laborans" oder sich als "homo ludens" zu
  verstehen, die "vita activa" oder die "vita contemplativa" höher zu
  schätzen, Arbeitswerte oder Freizeitwerte stärker zu betonen, sich
  als Herr oder als Spielball der Natur zu verstehen - all' dies ist
  u.a. bestimmt durch den Stand der Technologie. Technik ist also
  nicht einfach ein Projekt der Gattung Mensch, sondern ein die
  Gattung selbst prägendes Phänomen.

So dürfte auch ihr Einfluß auf die biologische Evolution des Menschen
erheblich sein; und zwar sowohl in befördernder als auch in verhin-
dernder Richtung: So wie einerseits bestimmte Verstandesdimensionen
verstärkte Entwicklungschancen erhalten dürften, so dürfte andererseits Technik auch als funktionales Äquivalent für biologische Adap-
tion in einigen Bereichen wirken, d.h. biologische Evolution ersetzen,
verhindern.

o Diese Definition ist sehr unvollkommen, da Technik sich heute nicht
nur auf die Bearbeitung von Natur bezieht. Sie bezieht sich nämlich
darüber hinaus und zu einem größeren Ausmaße

- auf anderes technisches Gerät; Technik ist weitgehend Folgetechnik
  von Technik und

- auf Menschen und ihre Beziehungen zueinander etwa in Form von technischen Kommunikationsmedien.

o Diese Definition ist veraltet, weil sie sich auf das Einzelgerät bezieht; moderne Technik ist aber weitgehend nur noch als interdependentes Geflecht von Techniken und Technologien zu verstehen. Diese auf das Einzelgerät bezogene Sichtweise ist mindestens zwei Arten von Mythen förderlich:

- dem Werkzeugmythos von Technik: ein Werkzeug bereichert ein existierendes System; modernes technisches Gerät ist aber nur funktionsfähig innerhalb eines für es zuständigen eigenen komplexen technischen und sozialen Systems. Der häusliche Kühlschrank ist in diesem Sinne eben kein Werkzeug, sondern - wie bereits ausgeführt - nur ein Aggregat-Element in einem äußerst voraussetzungsvollen elektrisch-industriell-bürokratischen Systemzusammenhang

- dem Produktivitätsmythos moderner Technik: dieser ist heute z.B. immer noch in der isolierten Betrachtung des vermeintlichen Produktivitätsfortschritts in der Landwirtschaft zu finden; es werden all' die Arbeitsleistungen nicht mitgezählt, die diese Art von Landwirtschaft erst ermöglichen: Arbeitsleistung in der chemischen Industrie, in der Maschinenindustrie und der vorgelagerten Rohstoffgewinnung, Arbeitsleistungen im staatlichen Bereich bis hin zu Zoll- und EG-Beamten; Arbeitsleistungen im Bereich von Banken, Versicherungen und Transportunternehmen sowie der Verpackungsindustrie, des Groß- und Einzelhandels usw.

o Diese Definition ist unergiebig, weil sie von der Einzelhandlung her denkt, für die Technik ein Instrument darstelle. Moderne Technik kann in ihren gesellschaftlichen Zusammenhängen so aber kaum mehr verstanden werden. Technisches oder Technik verwendendes Handeln ist als Gegentypus zu affektuellem oder auch kommunikativem Handeln - wie noch bei HABERMAS (z.B. 1981) - nicht mehr konzipierbar. Die Durchdringung aller Lebensbereiche mit Technik kann so nicht mehr auf den Begriff gebracht werden.

o Diese Definition ist deshalb unzutreffend, weil Technik und technische Entwicklungen nicht finalistisch oder teleologisch von den menschlichen Zwecken oder Bedürfnissen her erklärbar sind; und zwar aus zwei Gründen:

- die Weiterentwicklung von Technik erfolgt eher kausal, d.h. als notwendige Folge der immanenten Prozesse innerhalb der Technik produzierenden Systeme. Der Erfindungsprozeß kann somit auch z.T. schon automatisiert werden: durch kombinatorische Programme, die von Computern durchgespielt werden. Techniksoziologisch von Bedeutung sind dann allerdings die Selektions- und Stabilisierungsprozesse in Bezug auf die neu erzeugten Variationen im technologischen Produktionssystem. Teils erfolgt diese Selektion durch technische Notwendigkeiten selbst. Es ist darüber hinaus aber deutlich, daß Zwecke für erfundene Techniken häufig erst gesucht werden müssen

- das technische Gerät selbst, bzw. seine Bestandteile, sind in zunehmendem Maße zweckunspezifisch. Dies gilt für alle Energiemaschinen seit der Dampfmaschine und gilt insbesondere auch z.B. für die moderne Mikroelektronik. Dies ist das Charakteristikum, das ULLRICH als "offene Zweckstruktur" (ULLRICH 1977) und FREYER als "offene Potenz für freibleibende Zwecke" (FREYER 1970, S.139) bezeichnet.

Es scheint - so kann man bislang folgern - daß die tiefgreifendsten sozialen Folgen der Technik nicht so sehr in den spektakulären Großtechnologien begründet sind, sondern in den milliardenfachen Geräten und Verfahren kleinerer und mittlerer Dimensionen, die zusammen mit den Energiezentren einen technischen, zusammen mit den Produktionstätten und Märkten einen ökonomischen Gesamtkomplex bilden.

o Schließlich wird die anfangs angeführte Definition zunehmend von der Entwicklung überholt, weil sich die darin steckende Technikanschauung noch zu sehr am Vorbild der "klassischen" Maschine orientiert. Demgegenüber zeichnet sich heute die zunehmende Angemessenheit eines "transklassischen" Begriffs der Maschine ab (vgl. z.B. BAMME et al. 1983). Danach versteht man unter einer Maschine einen geschlossenen Mechanismus der Transformation von Inputs in Outputs auf der Grundlage eines vorgegebenen Algorithmus' oder Programms. Eine Bohrmaschine ist

in diesem Sinne keine Maschine, sondern ein Werkzeug; gleiches gilt
für eine Schreibmaschine. Wohl aber mag es manchen geben, der die
Einheit von Schreibmaschine und Sekretärin als transklassische Maschine handhabt, d.h. als bloßen Transformationsmechanismus für sprachlichen Schall in Maschinenschrift; dies hängt natürlich u.a. davon ab,
ob er sie wie eine solche Maschine ansieht. Ein einfacheres Beispiel
ist die Türklingel. Der alte Türklopfer, aber auch gerade noch die
Drehklingel, sind Werkzeuge; sie werden von der menschlichen Hand
geführt, haben zwar eine Gebrauchsanweisung - nicht aber ein internes,
eingebautes Programm, nach dem der Prozeß abläuft. Anders bei der
elektrischen Klingel: hier ist das Drücken nur noch ein Eingangs- oder
Auslösesignal für den Mechanismus, der daraufhin nach eingebautem
Programm abläuft und als Ausgangsprodukt das Klingelzeichen ertönen
läßt. Dieser Prozeß - und das ist wesentlich - ist während des Ablaufs
nicht mehr beeinflußbar.

Es ist nun theoriegeschichtlich interessant, daß wir eine Annäherung
an einen solchen transklassischen Maschinenbegriff bereits bei MARX
finden können. Dafür darf man allerdings nicht die MARXsche Definition
der Maschine nachschlagen: dort nämlich findet man nur den klassischen
Maschinenbegriff: Maschine als Einheit von Bewegungsmaschine, Trans-
missionsmechanismus und Werkzeug- oder Arbeitsmaschine (MARX 1968,
S.393). Der moderne Maschinenbegriff dagegen ist bei MARX zu finden,
wo er die Manufaktur mit der Fabrik, dem "Maschinensystem", vergleicht
(ebenda, S.401): das Maschinensystem nämlich kennzeichnet MARX als
einen Transformationsmechanismus, der auf der Grundlage einer objektiven, analytischen Zerlegung des Produktionsprozesses resynthetisiert
wird, so daß das fertige Gesamtsystem eingegebenen Rohstoff nach
eingebautem Programm in Produkte verwandelt. Sehr klar erkennt MARX,
daß im Unterschied zu Werkzeug verwendender Produktionsweise ein Maschinensystem gerade nicht vom Arbeitsprozeß des Menschen her, sondern
von einem davon abstrahierenden analytisch objektivierten techno-
ökonomischen Transformationsprozeß her organisiert ist. Auch hier
blickt die Erkenntnis durch: je weiter vom physiologischen menschlichen Vorbild entfernt, desto effizienter ist eine Maschine bzw. ein
System von Maschinen: "eine Maschinerie". Dieser moderne, transklassi-

sche Maschinenbegriff umfaßt natürlich auch "kybernetische Maschinen". Um diese selbststeuernden Mechanismen zu beschreiben, braucht man nur diesen Maschinenbegriff auf die Maschine selbst nochmals anzuwenden: eine kybernetische Maschine besitzt also eine "Meta-Maschine", die eine reine Signaltransformation zur Steuerung der Basismaschine vornimmt.

Es dürfte deutlich geworden sein, daß analog zum Arbeitsvermögen auch moderne Technik gar nicht mehr wie ein Werkzeug isoliert als Individuum, sondern sinnvoll nur noch als gesellschaftliche Gesamttechnik analysiert und verstanden werden kann. Die produktive Substanz eines Einzelgerätes ist abhängig von seiner Position im Gesamtsystem, seiner Eingepaßtheit. Vor diesem Hintergrund dürfte die synergetische Funktion moderner Technik klar geworden sein. Die reproduktive Kapazität wäre mindestens in dreifacher Hinsicht zu diskutieren:

(1) Wie ist die reproduktive Kapazität im Hinblick auf das technisch-ökonomische System selbst zu beurteilen? Dies ist die Frage nach dem in bestimmten Technologien (d.h. in den Systemen des Wissens bezüglich Technik) angelegten Variationspotential. Gerade für die neuen mikroelektronischen Technologien scheint das Variationspotential hoch zu sein (besonders "offene Potenz für freibleibende Zwecke"), andererseits besteht die bereits angesprochene Gefahr der Dominanz dieser Technik sowie der Verdrängung und unwiederbringlichen Ausrottung anderer (wenn man keine konservierenden "Genbanken" anlegt).

(2) Wie ist die reproduktive Kapazität im Hinblick auf die außermenschliche Natur zu beurteilen? Dies ist die Frage nach der Beeinträchtigung, Beschädigung, Zerstörung oder Unterstützung naturaler Reproduktionsprozesse. In dieser Hinsicht ist hier nur auf die Gegenwart geführte Umweltdiskussion hinzuweisen.

(3) Wie ist die reproduktive Kapazität im Hinblick auf die Menschen zu beurteilen? Dies ist die Frage nach der Entmächtigung und Dequalifizierung menschlichen Arbeits- und Lebensvermögens durch Technik. Diese Frage gilt nicht nur für einfaches, konkretes Produk-

tions- und Konsumtionswissen, das zunehmend verloren geht: die
Gesellschaft insgesamt weiß und kann immer mehr: der einzelne
immer weniger. Diese Frage gilt darüber hinaus auch für die Tatsache des erheblichen existenziellen Ausmaßes der Abhängigkeit von
Technik, so daß schon relativ kleine Störungen (z.B. in der Elek-
trizitätsversorgung) die Reproduktionsfähigkeit gefährden.

Die produktive Substanz und die Synergieeffekte moderner Technik sind
gewiß hoch einzuschätzen, die reproduktive Kapazität dagegen eher
nicht.

1.2.2.4. Die Verteilung des Reichtums

Die Frage nach der Verteilung des Reichtums ist eine doppelte. Sie ist
einmal die Frage nach der Verteilung der lebensnotwendigen Güter und
Reproduktionsvermögen, zum anderen ist sie die Frage nach der Verteilung von Überschüssen in Form von Mehrprodukten oder Mehrproduktsan-
teilen. Dabei ist zu beachten, daß diejenigen Güter, die als lebens-
notwendig gelten, in ihrer Menge, Art und Zusammensetzung natürlich
von der geographischen und klimatischen Situation einer Volkswirtschaft, vor allem aber von dem Reproduktionsniveau einer Gesellschaft
bestimmt sind. So gehört heute etwa zur minimalen Partizipation am
gesellschaftlichen Leben bereits ein erheblich größerer Warenkorb als
vor 100 Jahren. Das minimale Konsumniveau ist durchaus nicht frei
wählbar. Auto, Telefon, Radio, Fernsehgerät, relativ aufwendige Ernährung gehören z.B. nicht zum abwählbaren Luxus, sondern bereits zum
lebensnotwendigen Standard.
Rein logisch-systematisch kann nun ein Mehrprodukt der Arbeit auf
folgende verschiedene Weisen abgeschöpft werden:

(1) Der Arbeitende produziert innerhalb seiner Eigenwirtschaft für
sich selbst. Wenn er mehr arbeitet als erforderlich, kann er sich
selbst das Mehrprodukt aneignen, z.B. besonders gut essen und
trinken, sich ein Haus bauen, dieses ausschmücken usw. Die Möglichkeiten zur Anhäufung von Mehrprodukten dürften in dieser Form
recht beschränkt sein. Vorteile aus Arbeitsteilung, Kooperation,
Kapitaleinsatz, Technik usw. sind nicht nutzbar.

(2) Der Arbeitende produziert für einen Herrn mit Arbeitsmitteln, die
diesem gehören in der Hauswirtschaft des Herrn. Der Herr gibt dem
Arbeitenden die existenznotwendigen Reproduktionsmittel in Naturalien, das Mehrprodukt behält er (er lebt z.B. davon arbeitsfrei,
vielleicht in Luxus) oder falls Überschuß vorhanden ist, tauscht
er es über die Haushaltsgrenzen hinweg. Dies wäre z.B. eine Form
der Sklaverei.

(3) Der Arbeitende arbeitet für sich selbst mit Produktionsmitteln,
die z.T. ihm, z.T. einem Herrn gehören und er arbeitet zudem
jeweils eine zeitlang zwangsweise für den Herren auf dessen Land
oder in dessen Hauswirtschaft ohne weitere Entschädigung. In diesem Falle teilt er also die Arbeitszeit auch örtlich auf. Bei sich
arbeitet er für die eigene Reproduktion, bei dem Herrn erbringt er
ein Mehrprodukt zu dessen Nutzen. Eine solche Form finden wir im
Feudalismus als Prinzip der sog. "Arbeitsrente" (vgl. zu dieser
und den folgenden Formen der Feudalrente in Anlehnung an MARX:
RADANDT et al. 1981, S.466ff).

(4) Der Arbeiter produziert auf einem gelehnten Land und muß einen
Teil der Produkte an den Lehnsherrn abgeben. Das ist ein Feudalismus mit "Produktrente".

(5) Der Arbeitende produziert für sich, muß aber Geld an den Herrn
zahlen, das er durch Warenverkauf erzielt. Dies ist z.B. ein
Feudalismus mit "Geldrente".

(6) Der Arbeiter produziert für einen Herrn im Sinne eines Werkvertra-
ges im eigenen Haus bei Vergütung der Produkte durch den Herrn mit
Geld oder Waren zu den existenziellen Reproduktionskosten des
Arbeiters, bei aber darüber liegendem Wert der Produkte. Die
Differenz eignet sich der Herr an. Diese Form finden wir z.B. in
dem "Verlagssystem".

(7) Der Arbeitende produziert für einen Herrn in dessen "Haus" (z.B.
Manufaktur, Fabrik) bei Vergütung durch Lohn unter dem Wert der
produzierten Güter. Der Überschuß fließt dem Herren zu. Das ist
ein Lohnarbeitssystem, wie wir es im Privatkapitalismus finden.

(8) Der Arbeitende arbeitet zunächst für sich, muß aber einen Teil der
Produkte bzw. Produkterlöse (u.U. auch alles) an eine zentrale
Stelle abliefern, die die Arbeitsprodukte bzw. Gelderlöse wieder-

verteilt. Im Falle der Realwirtschaft finden wir dies bei sog. Naturvölkern als "Redistribution". In "modernen" Gesellschaften wird über Steuern ein Teil des Wertes der Arbeitsprodukte abgeschöpft und wiederverteilt. Im extremen Formen handelt es sich dann um den sog. "Staatskapitalismus" bzw. "Staatssozialismus" je nach der eigentumsrechtlichen Konstruktion, was die Produktionsmittel anbelangt.

(9) Die Arbeit erfolgt in einem Kollektiv. Alle Mitglieder werden durch die Produkte kollektiver Arbeit (bzw. deren Erlös) vergütet. Etwaige Überschüsse werden aufgrund gemeinsamen Beschlusses in den Betrieb reinvestiert. Dies wäre eine Form des Genossenschaftssozialismus.

Neben möglichen Formen der Verteilung von Mehrprodukten sind zwei weitere Verteilungsdimensionen bedeutsam. Zum einen geht es um die Frage, wie die gesellschaftliche "Wiedervereinigung" arbeitsteilig erzeugter Produkte erfolgt, d.h. wie der gesellschaftliche Austauschprozeß, die "gesellschaftliche Synthesis" organisiert ist. Dazu kommen wir bei der Behandlung der ökonomische Steuerungsebene. Zum anderen ist die Verteilung des gesellschaftlichen Arbeitsvermögens eine wesentliche Dimension, d.h. die Struktur der Qualifikationen und Berufe wie auch die Verteilung der technischen Produktionsmittel. Hier wäre an Formen der Konzentration, an die Verteilung auf handwerkliche versus industrielle Produktionsstätten usw. zu denken. In diesem Kapitel sollen dazu keine allgemeinen Ausführungen mehr erfolgen. Empirisch-statistische Hinweise dazu enthält der nächste Abschnitt.

1.3. Empirische Elemente der realen Ökonomie der Bundesrepublik Deutschland

Nach diesen theoretischen Darlegungen tun wir gut daran, uns einmal stichprobenhaft Elemente der realen Ökonomie der Bundesrepublik Deutschland empirisch-statistisch zu vergegenwärtigen. Wir sind dabei auf amtliche Statistiken angewiesen; deshalb ist nur die formelle Wirtschaft erfaßt.

Auf hoch aggregierte Daten verdichtet, stellt sich die Wirtschaft der Bundesrepublik Deutschland für das Jahr 1983 wie folgt dar (Daten nach dem Statistischen Jahrbuch 1985 sowie nach Institut der deutschen Wirtschaft 1986 und HÜBNER/ROHLFS 1984):

Dem privaten Letztverbrauch sind Güter und Dienste zugeflossen in DM-Wert von

934 Mrd DM.

Die Gütermenge wurde erwirtschaftet innerhalb von

ca. 42 Mrd Arbeitsstunden

von **25,2 Mio Erwerbstätigen**

in **etwa 2 Mio Betrieben**

mit einem eingesetzten, reproduzierbaren Nettoanlagevermögen in Höhe von **6 Bio DM**

(Darin ist der gesamte Reproduktionswert der Gebäude mit ca. 2,2 Billionen DM enthalten).

1.3.1. Daten zum gesamtwirtschaftlichen Produktionsprozeß

1.3.1.1. Entwicklung, Struktur und Verteilung des endgültigen Outputs

Der private Letztverbrauch stellt den endgültigen, sozusagen die Grenzen des formellen Systems der Wirtschaft überschreitenden, Output dar. Bis heute haben wir bezüglich dieser Größe einen Prozeß der progressiven Reproduktion, der in den letzten 25 Jahren zu einer Verdoppelung des realen Outputs geführt hat. Die Struktur des realen Endverbauchs hat sich mit diesem Wachstumsprozeß verändert (vgl. Übersicht 18).

Zwar ist der absolute Konsum in allen Bedürfnisbereichen gestiegen, die relativen Anteile haben sich dagegen zu Lasten der Bereiche der Nahrungs- und Genußmittel vor allem zu "Gunsten" der nachgefragten Verkehrs- und Nachrichtenübertragungsleistungen verschoben. Dies verweist auf gestiegene Mobilität, Interdependenz und Bewegung.
Der gesamte endgültige Output ist nun auf die Bevölkerung durchaus ungleich verteilt und zwar auf der Grundlage der Einkommensverteilung. Bei der Betrachtung der Durchschnittseinkommen der einzelnen Gruppen

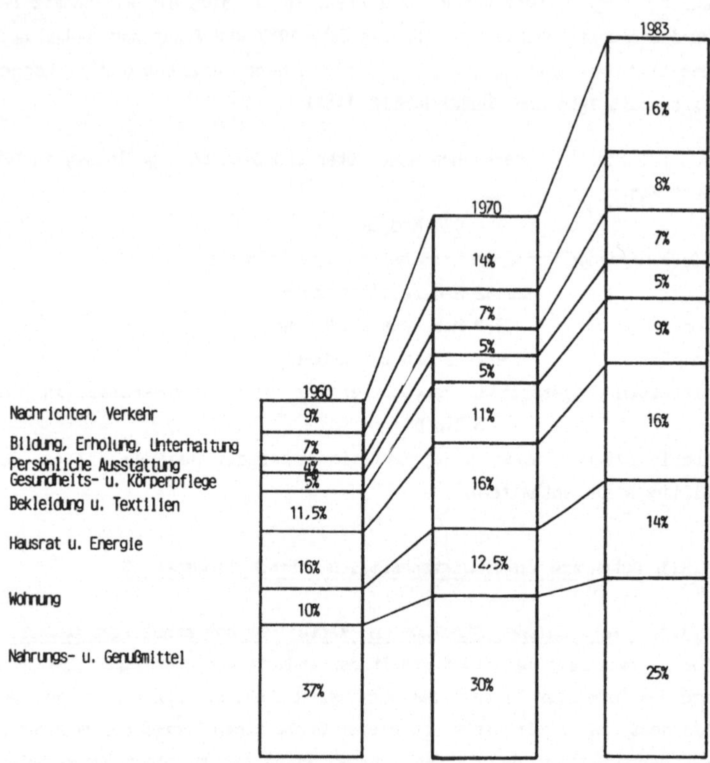

__Übersicht 18:__ Veränderung der Höhe und Struktur des privaten Endver-
brauchs

kommt man für das Jahr 1983 zu der in der Übersicht 19 dargestellten
Verteilung.

Die Spanne der so gebildeten durchschnittlichen Einkommen beträgt etwa
5,5, sagt aber wenig über die tatsächliche Streuung aus. Im April 1982
hatten immerhin 11,4% der Erwerbstätigen Nettoeinkommen unter DM
600,--. 28,5% der Erwerbstätigen hatten ein Nettoeinkommen bis DM
1.200,-- (Statistisches Jahrbuch 1985, S.103). Daneben müssen ca. 4,8
Mio. Rentnerinnen mit einem Einkommen bis DM 1.275,-- auskommen, davon

Gruppe	durchschnittliches Jahreseinkommen 1983
Arbeitslose	21.035
Sonst. Nichterwerbstätige	26.355
Rentner u. Pensionäre	28.109
Arbeiter	37.958
Landwirte	43.303
Angestellte	47.786
Beamte	51.839
Selbständige	117.348

<u>Übersicht 19:</u> durchschnittliches Jahreseinkommen von Bevölkerungsgruppen (Quelle: Stat. Bundesamt)

1,3 Mio. sogar mit durchschnittlich 785,-- DM (BOEPPLE 1986, S.113). Dem steht etwa eine halbe Million Personen gegenüber mit (dem Finanzamt gemeldeten) Einkommen von DM 100.000,-- und mehr. Diese 2% der Erwerbstätigen erwarben ca. 11% des Gesamteinkommens, durchschnittlich ca. DM 250.000,--. Allerdings gibt es Spitzenverdiener mit DM 500.000,-- und mehr pro Jahr in der Größenordnung von 32.000 Personen, mit einem Durchschnittseinkommen von 1,3 Mio. DM sowie etwa 11.000 Einkommensmillionäre mit 25 Milliarden DM Einkommen (Statistisches Jahrbuch 1985).

Die Einkommensverteilung spiegelt sich dann natürlich in der Verteilung der realen Güter wider. Die Versorgungsstruktur ist in den Statistischen Jahrbüchern sowie in den Spezialreihen von "Wirtschaft und Statistik" des Statistischen Bundesamtes z.T. nachlesbar. Eine qualitative Bewertung der Güter und ihrer Verteilung kann zurückgreifen auf bereits genannte Konzepte zur Wohlfahrtsmessung. Auf die umfangreiche und gut zugängliche Literatur zu diesem Feld sei hier deshalb nochmals nachdrücklich hingewiesen.

Wenn man nun auch bezüglich der Gesamtwirtschaft der Bundesrepublik von progressiv-akkumulativer Reproduktion sprechen kann, so gilt dies keinesfalls für alle Individuen, die z.T. sich nur existenziell bzw. stationär reproduzieren können. Auf der Ebene des Gesamtsystems war gemäß der volkswirtschaftlichen Gesamtrechnung neben der Steigerung des Sozialproduktes auch im Jahre 1983 eine akkumulative Vermögensbildung in Höhe von DM 150 Mrd. möglich, so daß das Gesamtvermögen ca. 6 Billionen DM umfaßt. Nach der Haushaltsstichprobe konnten 1983 die 2-Personen-Haushalte von Rentnern und Sozialhilfeempfängern mit geringem Einkommen (aber immerhin mit durchschnittlich ca. DM 1.600,--) monatlich ein "Vermögen" von DM 95,-- bilden. Haushalte mit 4 Personen und einem erwerbstätigen Ehemann konnten bei einem Durchschnittseinkommen von etwa 3.468,-- DM Vermögensbildung in Höhe von 354,-- DM monatlich betreiben. Der dritte Haushaltstyp mit 4 Personen und verfügbarem Durchschnittseinkommen von DM 5.936,-- brachte es auf einen monatlichen Vermögenszuwachs von 867,-- DM (alles nach dem Statistischen Jahrbuch 1985, S.458/459). Das gesellschaftlich erzeugte Mehrprodukt wird also sehr ungleich verteilt (womit über "Gerechtigkeit" noch nichts gesagt sein soll).

1.3.1.2. <u>Inputs und Selbstreproduktion des ökonomischen Systems</u>

Der volkswirtschaftliche Stoffwechselprozeß der Bundesrepublik ist ein äußerst komplexes System des Einsatzes von naturalen Grundstoffen, der Teil- und Weiterverarbeitung in einzelnen Wirtschaftszweigen (vgl. die Übersicht bei RUMPF et al. 1976, Anhang!). Neben einer Vielzahl hier natürlich nicht im einzelnen aufzählbaren Rohstoffe, ist nahezu die gesamte Fläche der Bundesrepublik ökonomisch genutzt; Wasser wird in Höhe von ca. 42 Mrd. m^3 aus der Natur entnommen, Primärenergie der Größenordnung von 360 Mio. t Steinkohleeinheiten eingesetzt.
Um Leistungsarten und Leistungsbereiche der Wirtschaft je nach "Rohstoffnähe" zu unterscheiden, hat sich seit langem die Differenzierung in drei Sektoren durchgesetzt: den primären Sektor ("Urproduktion"), den sekundären Sektor (Herstellung, Weiterverarbreitung) und den tertiären Sektor (sog. "Dienstleistungen"). Diese Differenzierung erscheint heute angesichts der internen Leistungsverflechtungen der Wirtschaft überkommen und nicht mehr tragfähig zu sein. Die Handlungsketten und Produktionsumwege und die produktiven Voraussetzungen, die die einzelnen Wirtschaftseinheiten angesichts des hohen Arbeitstei-

lungsgrades füreinander schaffen, werden bereits deutlich, wenn man
die gesamten Produktionswerte der Unternehmungen ins Verhältnis setzt
zum endgültigen Output. Insgesamt sind im formellen Sektor der Wirtschaft zur Erbringung und weiteren Sicherstellung des endgültigen
Outputs in DM bewertete Produktionsumsätze im Jahr 1983 in Höhe von
ca. 4,5 Billionen DM getätigt worden. Damit dienen ca. 80% der produktiven Leistungen der Selbst(re-)produktion des ökonomischen Systems in
Form von sog. "Vorleistungen" und Investitionen. Läßt sich z.B. die
Landwirtschaft überhaupt noch dem "primären" Sektor zurechnen, wenn,
wie 1980, das "Landwirtschaftskonto" nur noch eine eigene Wertschöpfung in Höhe von 48% des Produktionsumsatzes ausweist, 52% der Umsätze
also aus Vorleistungen anderer Wirtschaftsbereiche bestehen, ohne die
keinerlei landwirtschaftliche Produktion mehr möglich wäre (vgl. die
Übersicht 20)?

Input	Output
8% aus sonst. Wirtsch.-zw.	10% an übr. Wirtschaftszw. sowie an Ausländer
8% aus d. Dienstl.-sekt.	11,3% an priv. Endverbraucher
10% Chemie u. Min.-ölprod.	12,5% an Land- u. Forstwirt- schaft
12,5% aus d. Land- und Forstwirtschaft	
13,5% aus d. Nahrungs- u. Genußmittelindustrie	
48% eigene Wertschöpfung	66% an Nahrungs- und Genußmittel- gewerbe

Übersicht 20: "Landwirtschaftskonto" 1980 in v.H. des gesamten Produktionswertes (wegen Rundungen nicht 100%; Datenquelle:
Statistisches Jahrbuch)

Aus der Übersicht 20 geht auch hervor, daß nur 11,5% des landwirtschaftlichen Produktionswertes direkt an Letztverbraucher gehen, aber 66% in das Nahrungs- und Genußmittelgewerbe und über diesen Umweg erst zum Letztabnehmer. Produktivitätsberechnungen der Landwirtschaft (wie auch sonstiger Wirtschaftsbereiche) werden damit sinnlos, weil die Zurechenbarkeit von Leistungen zu bestimmten Sektoren fehlt.

Um einmal das Ausmaß der selbstreproduktiven Leistungen des formellen Systems der Wirtschaft zu verdeutlichen, wurde eine Input-Output-Tabelle in v.-H.-Werten nach Daten des Statistischen Bundesamtes (Statistisches Jahrbuch 1985) angefertigt. Dabei sind Ausfuhren nicht mitaufgenommen worden, ebensowenig der staatliche Verbrauch und die Vorratsveränderungen; allerdings sind Gütereinfuhren enthalten. Die Tabelle gibt also an, wieviel v.H. der im Inland verfügbaren Produktionswerte bestimmter Art an den Endverbraucher gingen bzw. im System verblieben (vgl. Übersicht 21).

Die Input-Output-Tabelle macht auch deutlich, in welchem Ausmaße die sog. Dienstleistungen Leistungen für das ökonomische System selbst sind. Nur zum geringeren Teil handelt es sich nämlich um Leistungen für Endverbraucher (43% bzw. 38%). Wegen der großen Bedeutung in der gegenwärtigen Diskussion wollen wir uns diesem Bereich nun noch etwas genau zuwenden.

Der Anteil der Beiträge des sog. Dienstleistungssektors ist in den letzten Jahrzehnten permanent gestiegen. Wenn man Handel, Verkehr, Kreditwesen, staatliche Leistungen und sonstige diverse Einzelposten dieses Sektors zusammenzählt, betrug der reale Beitrag dieses Bereichs zum Bruttoinlandprodukt im Jahre 1984 bereits 54,2% nach 48,% im Jahre 1970 (Rohdaten nach Statistischem Jahrbuch 1985). Es ist nun außerordentlich problematisch, alle diese Tätigkeiten unter einen einheitlichen Begriff "Dienstleistung" zu bringen. Man schafft damit nichts weiter als eine künstlische Homogenisierung, ein rein statistisches Artefakt (vgl. zur Diskussion einiger Probleme auch KUTSCH/WISWEDE 1986, S.153ff; dort findet der Leser auch weitere Literaturangaben). Der Ausdruck "Dienstleistung" ist schönfärberisch. Im wesentlichen geht es in diesem Sektor um die Sicherstellung des Funktionierens des ökonomischen Systems selbst. Auch ein Großteil der vom Endverbraucher abgenommenen Dienstleistungen hat diesen Zweck, wie z.B. alle Gebühren

Output an Produktionswerten \ Input in Bereiche	Landwirtsch. usw.	Energie usw.	Chemie usw.	Eisen usw.	Maschinen usw.	Elektrotechn. usw.	Holz usw.	Nahrung- usw.	Bauwirtschaft	Handel usw.	Sonst. Marktdl.	Anlageinvest.	Privater Endverbrauch
Land-, Forst-,Tierwirt.	9	–	1	–	–	–	6	54	–	–	6	–	16%
Energie,Wasser,Bergbau	1	25	31	9	1	1	2	1	–	4	4	–	13%
Chemie, Mineralöl, Steine und Erden	3	2	25	2	4	3	3	2	9	4	4	–	17%
Eisen, Stahl, NE-Metalle	–	1	2	45	19	9	–	–	3	1	–	3	–
Maschinen- und Fertig-bau	–	1	1	–	16	1	1	–	2	2	1	23	11%
Elektrotechnik, Feinmechanik	–	1	2	1	11	11	1	1	4	1	5	18	12%
Holz,Papier,Textil	–	–	3	–	2	2	22	2	5	4	8	3	36%
Nahrung- u. Genußmittel	5	–	1	–	–	–	–	14	–	1	9	÷	62%
Bauleistungen	–	1	–	–	–	–	–	–	3	1	5	80	1%
Handel,Verkehr,Post	1	1	5	3	4	2	3	3	3	7	4	3	43%
Sonst. Marktdienstl.	–	1	3	1	4	2	2	1	2	7	23	3	38%

Übersicht 21: Input/Output-Matrix der im Inland verfügbaren Produktionswerte 1981 in v.H. (Quelle der Rohdaten: Stat. Jahrbuch 1985; ausgewählte Bereiche, daher keine Summation zu 100)

für Kreditinstitute; ganz zu schweigen von Leistungen des Handels und
den gezahlten Wohnungsmieten. Der sog. Dienstleistungsbereich erfüllt
im wesentlichen Mobilitäts-, Allokations-, Informations-, Zirkula-
tions- und Sicherungsfunktionen, ohne die die komplexe Wirtschaft
nicht existieren könnte. Er hat also durchaus reproduktive Funktionen.
Sein Wachstum hängt deshalb vielmehr vom "inneren Wachstum" der Komplexität des Systems ab als von der Endnachfrage der privaten Haushalte. Die Hoffnung auf eine beschäftigungswirksame autonome Steigerung
dieses Bereichs scheint eher nicht begründbar zu sein. Sehen wir uns
den Dienstleistungssektor nochmals etwas genauer an! Dabei wollen wir
nicht wie MÜLLER (1982) nach dem Erwerbstätigenkonzept vorgehen, das
in dieser Hinsicht wenig aussagefähig ist, da es ja nichts über den
Leistungsumfang der einzelnen Wirtschaftsbereiche aussagt (dies wäre
nur bei gleicher Arbeitsproduktivität der Fall). Vielmehr arbeiten wir
hier noch einmal mit der Input-Output-Tabelle und zwar für das Jahr
1980, die bereits in differenzierterer Form aufbereitet worden ist.
Die Übersicht 22 enthält die Grunddaten.

Die Übersicht bestätigt nochmals, daß der größte Teil der Dienstleistungen im ökonomischen System verbleibt. Sie läßt darüber hinaus
erhebliche Differenzierungen notwendig erscheinen. Der Anteil des
Handels am Letztverbrauch der Dienstleistungen macht bereits 34% aus;
die Wohnungsvermietung 29%. Also fast zwei Drittel der gesamten Inanspruchnahme an Dienstleistungen durch Letztverbraucher fallen auf
diese beiden Posten. Bei beiden handelt es sich keinesfalls um Dienstleistungen im Sinne von "persönlichem Service". Ohne diese beiden
Posten gehen überhaupt nur 15,7% der (übrigen) Dienstleistungen an den
privaten Verbraucher. Auch diese Zahlen bestätigen den hohen Selbstbe-
darf der Wirtschaft. Zudem wird von dieser Seite her besonders deutlich, was bei einer Betrachtung der Verteilung der Erwerbstätigen auf
die Sektoren nicht auf diese Weise herausgearbeitet werden kann:
nämlich, daß die These von der Entwicklung zur "nachindustriellen
Gesellschaft" (formuliert z.B. von BELL 1979/1973/) mit der Expansion
des Dienstleistungssektors keinesfalls belegt werden kann. Der aller-
größte Teil der Dienstleistungen ist integraler Bestandteil der "industriellen" Gesellschaft auf einem bestimmten, hohen Entwicklungs-

niveau. Hinzukommt die von GERSHUNY (1981) untersuchte Tendenz der zunehmenden hauswirtschaftlichen Selbsterstellung von Dienstleistungen, z.B. in den Bereichen der Reinigung, der Unterhaltung und der

Dienstleistungsart	Gesamthöhe in Mio DM	an private Verbraucher im Inland	
		absolut in Mio DM	in%
43 Dienstl. d. Groß- handels u.ä., Rück- gewinnung	115 129	29 275	25,4
44 Dienstl. des Einzel- handels	101 522	94 727	93,3
45 Dienstl. der Eisen- bahnen	14 344	4 005	27,9
46 Dienstl. der Schiff., Wasserstr., Häfen	12 113	316	2,6
47 Dienstl. d. Postd. u. Fernmeldewesens	35 264	14 606	41,4
48 Dienstl. o. sonst. Verkehr	65 364	13 475	20,6
49 Dienstl. d. Kreditinst.	64 653	4 680	7,2
50 Dienstl. d. Vers. (o. Sozialvers.)	28 024	16 790	59,9
51 Dienstl. d. Geb. u. Wohnungsverm.	125 318	104 874	83,7
52 Marktbest. Dienstl. d. Gastgew. u.d.Heime	51 095	28 430	55,6
53 Dienstl. d. Wissensch., u.d. Verlage	33 714	15 313	45,4
54 Marktbest. Dienstl. d. Ges.u. Vet.Wesens	46 817	8 481	18,1
55 Sonst marktbest. Dienstl.	161 474	27 800	17,2
Insgesamt	854 831	362 772	42,4

<u>Übersicht 22:</u> Umsätze und letzter Verbrauch an Dienstleistungen 1980 (Quelle: Statistisches Bundesamt)

Körperpflege. Auch dieser Prozeß würde die Entwicklung zu einer Dienstleistungsgesellschaft zumindest stark bremsen.

1.3.1.3. <u>Stoffwechselabscheidungen und reproduktive Dysfunktionen</u>

Der reale Stoffwechselprozeß der Wirtschaft läuft nicht ohne "Abscheidungen", Abfälle, Vernutzungen, Beschädigungen, also nicht nur "eufunktional", sondern durchaus bezüglich anderer Systeme als des im engsten Sinne ökonomischen "dysfunktional" ab - etwa im Hinblick auf die außermenschliche und menschliche Natur. Auch dazu nur eine kurze Stichprobe.

- Im <u>Energiebereich</u> werden Energieträger verwendet, die nicht reproduzierbar sind (z.B. fossile Brennstoffe), werden Technologien verwendet, die technisch wie politisch kaum beherrschbar sind (Kernenergie), treten im Produktions- und Distributionsprozeß der Energie große Verluste auf, wie das Energieflußbild in der Übersicht 23 zeigt. (nach: Bundesministerium für Wirtschaft: Energieprogramm der Bundesregierung. Bonn 1981, S.85)

- "Offizieller" Müll fällt pro Jahr in der Größenordnung von 100 Mio. Tonnen Industrieabfällen und ca. 30 Mio. Tonnen Hausmüll an (Umweltschutzbrief Nr. 33 v. 17. Dez. 1986, S.37); davon werden ca. 90% deponiert, der Rest verbrannt oder kompostiert; d.h. die Landschaft wird zunehmend verfüllt; ein naturaler Reproduktionsprozeß findet kaum statt. Eine andere Quelle spricht sogar von 520 Mio. Tonnen Abfall, 43 Mrd. m^3 Abwasser und 18 Mio. Tonnen Abgas (HÜBER/ROHLFS 1984) S.209).

- In die Luft wurden z.B. folgende <u>Schadstoffmengen</u> emittiert: 3 Mio. Tonnen Schwefeldioxyd, 3,1 Mio. Tonnen Stickoxide, 8,2 Mio. Tonnen Kohlenmonoxid (nach Statistischem Jahrbuch 1985).

- 50% des Waldes der Bundesrepublik Deutschland ist todkrank, kein qm der Erde ist schadstoffrei, 90 Tier- und 101 Pflanzenarten sind in der Bundesrepublik bereits ausgestorben, 874 Tier- und 42 Pflanzenarten stark gefährdet (nach Öko-Almanach 1984/85), ca. 14 Mio. Versuchstiere werden in der Bundesrepublik jährlich getötet, das sind etwa 60.000 pro Arbeitstag.

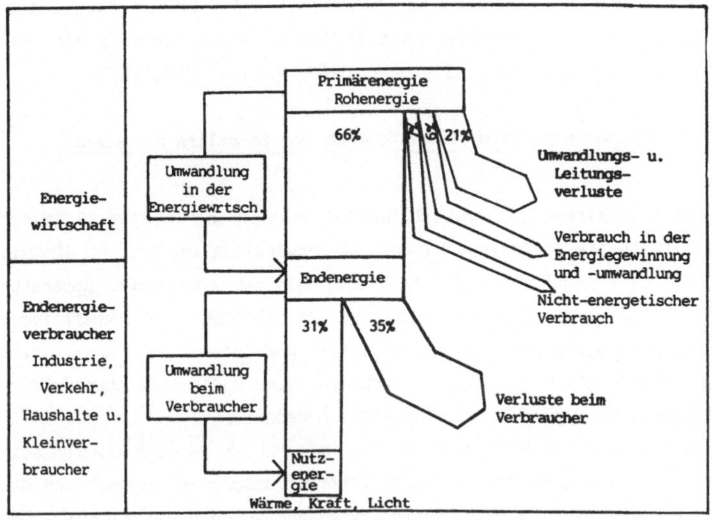

<u>Übersicht</u> 23: Energieflußbild für die Bundesrepublik Deutschland

- 1983 wurden 1,5 Mio. Arbeitsunfälle der gesetzlichen Unfallversi-
cherung angezeigt, davon 3.277 mit Todesfolge (Statistisches
Jahrbuch 1985). Das durchschnittliche Verrentungsalter lag 1983 für
die Arbeiter bei ca. 58 Jahren, bei den männlichen Angestellten bei
60,4 Jahren (nach GLOBUS Nr. 5194). Ca. ein Viertel der Erwerbstätigen leidet unter Streß, Monotonie, Lärm- und Schichtarbeit. Nach
einer neuesten Studie der Internationalen Arbeitsorganisation (ILO,
nach einer Mitteilung der Frankfurter Rundschau v. 17. Febr. 1987,
S.18) laufen ca. 25% der Arbeitnehmer Gefahr, wegen zu großer Belastungen an psychischen Störungen zu erkranken. Über 2 Mio. Erwerbs-
personen bleiben im offiziellen System arbeitslos und sind z.T. als
Langzeitarbeitslose von sozialer Deklassierung bedroht oder schon
betroffen.

Ein Großteil der Leistung des ökonomischen Systems insgesamt dient nur
der Reparatur und Kompensation von Schäden, die das System selbst

angerichtet hat. Diese Form von Mehrarbeit als wirklich überflüssige Arbeit wird nach einer neuesten Studie mit einem Wert in Höhe von 103,5 Mrd DM beziffert (Globus Nr. 6282, s. FR v. 12.3.1987).

1.3.2. Elemente des produktiven Systems der formellen Wirtschaft

In der Bundesrepublik Deutschland hat sich in den letzten 35 Jahren eine teilweise stürmische Wirtschaftsentwicklung zugetragen, die mit erheblichen Umwälzungen und Umschichtungen der produktiven Apparatur des ökonomischen Systems verbunden war, also des gesellschaftlichen Arbeitsvermögens, der Produktionsmittel und der betrieblichen sowie sektoralen Struktur; solche Bewegungen haben die erheblichen Produktionsausweitungen offenbar erst möglich gemacht.
So wurde im Jahre 1980 gegenüber 1950 mit nur ca. 8% mehr Erwerbstätigen ein 4,5 Mal so großes reales Bruttoinlandprodukt erzeugt und das bei einer um ca. 10% verminderten durchschnittllichen Arbeitszeit. Der Arbeitseinsatz ist quantitativ (nicht unbedingt intensitätsmäßig) also rückläufig gewesen (eine grundlegende Datenquelle für diese und die nachfolgenden Zahlenangaben ist GLASTETTER et al. 1983). Neben der nicht meßbaren Produktivkraft der Arbeitsorganisation und der Qualifikationen des Arbeitsvermögens ist dieser Sachverhalt einerseits auf die technische betriebliche Ausstattung zurückzuführen, d.h. auf einen Prozeß der Kapitalisierung (der akkumulativen Reproduktion) der deutschen Wirtschaft. Andererseits wurde das gesellschaftliche Arbeitsvermögen in z.T. dramatischer Weise umstrukturiert und realloziert. Diesem Prozeß wollen wir uns zunächst einmal zuwenden.

1.3.2.1. Umschichtungen im gesellschaftlichen Arbeitsvermögen

Wenn im folgenden Veränderungen aufgezeigt werden, so handelt es sich dabei stets um eine komparativ-statische Betrachtungsweise. Ich zeige also nicht Prozesse auf, nicht die Bewegungen selbst, die zu den Strukturveränderungen geführt haben. Das Zahlenmaterial, über das wir zur Zeit verfügen können, ist nämlich beständeorientiert und nicht bewegungsorientiert. Erst seit kurzem arbeitet das Institut für Arbeitsmarkt- und Berufsforschung an einer Darstellung von Bewegungen in Form einer sog. "Arbeitskräftegesamtrechnung". Soweit man sehen kann, wird aber auch dort mit Salden gearbeitet, die sich durch Bestandsvergleiche ergeben und nicht primär mit Bewegungen selbst. Allerdings sind die gewählten Zeitabstände jeweils auf Jahresfrist bezogen, so daß man den tatsächlichen Bewegungen schon etwas näher kommen dürfte. Man muß nämlich wissen, daß Bestandsvergleiche in Bezug auf die tatsächlichen Bewegungen stark täuschen können. So haben wir z.B. zu Beginn wie am Ende des Jahres 1976 25,1 Mio. Erwerbstätige, also keine Bestandsveränderung. Das Institut für Arbeitsmarkt- und Berufsforschung berechnet für dieses Jahr in einer Sonderauswertung die tatsächlichen Bewegungsdaten mit folgenden Ausmaßen: Neuzugang an Erwerbstätigen 3,9 Mio., Ausscheiden aus Erwerbstätigkeit 3,9 Mio. inner- und zwischenbetrieblicher Stellenwechsel ca. 7 Mio. Damit wären allein in diesem Jahr 1976 11 Mio. neue Arbeitsverträge geschlossen worden (REYHER/BACH 1980). Es finden offenbar Reallokationsprozesse der Arbeitskräfte in sehr großen Ausmaßen statt. Hohe Bewegungsintensitäten gelten im übrigen auch für die Arbeitslosen: in den letzten Jahren sind pro Jahr durchschnittlich ca. 1,5 Mio. Arbeitsvermittlungen von den Arbeitsämtern vollzogen worden.

Im folgenden will ich Umschichtungen in der Erwerbstätigkeit nach den folgenden vier Merkmalen darstellen:

- nach der Stellung im Beruf: damit ist die Differenzierung nach Selbständigen, mithelfenden Familienangehörigen, Angestellten und Beamten sowie Arbeitern gemeint
- nach den Wirtschaftssektoren: nach der Land- und Forstwirtschaft, dem warenproduzierenden Gewerbe und dem Dienstleistungssektor
- nach den Berufen: dabei beziehe ich mich im wesentlichen auf das Berufsgruppenkonzept der Bundesanstalt für Arbeit
- und nach den hauptsächlichen Tätigkeiten pro Arbeitskraft: hier ist die Grundlage der Mikrozensus bzw. eine Spezialstudie des Instituts für Arbeitsmarkt- und Berufsforschung.

o Umschichtungen in der Stellung im Beruf

Die ökonomischen Prozesse der Kapitalisierung und Konzentration der

Produktion finden ihren Niederschlag auch in der Struktur der Erwerbstätigen (vgl. Übersicht 24). Hinzu kommt die Ausdehnung der staatlichen Aktivitäten in Verwaltung, Aufsicht und unmittelbarer Dienstleistung vornehmlich in den Bereichen von Bildung, Wissenschaft und Gesundheit. Der zuerst angeführt ökonomische Makroprozeß führt dazu, daß seit den 50er Jahren in beschleunigter Weise der Anteil der Selbständigen abnimmt und derjenige der lohnabhängigen Arbeiter, Angestellten und Beamten auf bis heute etwa 90% aller Erwerbstätigen ansteigt. Sowohl Kapitalisierung und Konzentration als auch die zunehmende Staatstätigkeit bewirken zudem einen schnellen Anstieg des Anteils der Angestellten und Beamten an den abhängig Beschäftigten; denn diese beiden Gruppen finden sich vor allem in den expandierenden Dienstleistungstätigkeiten und zwar sowohl in inter- als auch in intrasektoraler Betrachtungsweise. Bleiben wir zunächst noch bei der Zweiteilung in Selbständige und Abhängige, wobei den Selbständigen durchweg die mithelfenden Familienangehörigen statusmäßig zuzuschlagen sind. Wir lassen diese besondere Gruppe, die seit 1950 nur noch in der Landwirtschaft eine Bedeutung hat, hier aber einmal außerhalb einer differenzierteren Betrachtung; es liegt im übrigen zu dieser Gruppe auch keinerlei tiefergehende statistische Information vor.
Ich will nun nach den Hauptsektoren unterscheiden.

- Landwirtschaft

Die Anzahl der Selbständigen im Bereich der Land- und Forstwirtschaft ist um fast 800.000 in der Zeit von 1950-1984 zurückgegangen; so daß 1984 noch etwa 492.000 Selbständige in der Landwirtschaft tätig sind. Anders als in den anderen Sektoren nimmt ihr relativer Anteil an den Erwerbstätigen in diesem Sektor aber zu. Von etwa 25% auf nun ein gutes Drittel. Die enormen Rationalisierungsprozesse in der Landwirtschaft dürften mit dazu beigetragen haben, daß der Anteil der abhängig Beschäftigten wie auch der Anteil der mithelfenden Familienangehörigen abgenommen hat. Zudem sind die im vorangegangenen Abschnitt behandelten Aus- und Verlagerungsprozesse auf Vor- und Nachleistungen in Rechnung zu stellen.

Sektor	Jahr	Selbständige abs.(Tsd.) in%		mit h.Fam.-Ang. abs.(Tsd.) in%		Angest.Beamte abs.(Tsd.)in%		Arbeiter abs.(Tsd.)in%		Summe abs.(Tsd.)in%	
Land- u.	1950	1.271	24,5	2.774	53,4	39	0,8	1.089	21,3	5.173	100
Forstwirt-	1971	730	34,2	1.122	52,3	32	1,8	250	11,7	2.134	100
schaft	1984	492	35,9	627	45,8	47	3,8	204	14,5	1.370	100
Produzierendes	1950	939	11,0	164	1,9	1.106	13,0	6.329	74,1	8.538	100
Gewerbe	1971	625	5,2	143	1,2	1.992	16,7	9.140	76,9	11.900	100
	1984	550	5,3	75	0,7	3.076	29,5	6.723	64,5	10.424	100
Handel und	1950	726	23,5	185	6,0	1.204	38,9	978	31,6	3.093	100
Verkehr	1971	643	15,0	176	4,1	2.141	50,0	1.321	30,9	4.281	100
	1984	625	15,1	81	2,0	2.213	53,6	1.210	29,3	4.129	100
Sonstige	1950	341	10,7	102	3,2	1.153	36,1	1.597	50,0	3.193	100
Dienstlei-	1971	604	8,7	168	2,4	4.463	64,4	1.696	24,5	6.931	100
stungen	1984	693	7,9	86	1,0	6.125	70,0	1,845	21,1	8.749	100

Übersicht 24: Erwerbstätige nach Stellung im Beruf 1950-1984 in der Bundesrepublik Deutschland
(Quelle: Statistische Jahrbücher der Bundesrepublik Deutschland)

- Produzierendes Gewerbe

Im produzierenden Gewerbe haben wir in der Zeit von 1950 bis heute fast eine Halbierung der Selbständigen und zwar sowohl in absoluter als wie auch in relativer Hinsicht. Obwohl 1950 der Anteil der abhängig Beschäftigten in diesem Sektor mit 87% schon sehr hoch lag, hat er sich nochmals bis auf 94% im Jahre 1984 gesteigert. Hier macht sich der Konzentrationsprozeß besonders deutlich. Noch klarer wird das Bild, wenn man von den 550.000 Selbständigen im produzierenden Gewerbe die selbständigen Handwerker in Höhe von ca. 480.000 abzieht.

- Handel und Verkehr

Im Bereich Handel und Verkehr hat die absolute Zahl der Selbständigen von 1950 bis heute um etwa 100.000 auf 625.000 abgenommen; der relative Anteil von 23,5% auf ca. 15%. Die Steigerungsrate der abhängig Beschäftigten ist hier mit ca. 12 Prozentpunkten besonders hoch. Dies dürfte insbesondere auf die Konzentration im Handel zurückzuführen sein wie auch auf die Ausdehnung der in staatlicher Hand befindlichen Verkehrsbetriebe.

- Sonstige Dienstleistung

Der Bereich der sonstigen Dienstleistungen ist besonders stark expandiert: von ca. 3,2 Mio.Erwerbstätigen im Jahre 1950 auf 8,7 Mio. Erwerbstätigen heute. Hierin ist aber auch der größte Teil der öffentlich Bediensteten enthalten. Die heute ca. 2,4 Mio. Beamten sind vornehmlich in dieser Gruppe zu finden (z.T. auch im Verkehrs- wie im forstwirtschaftlichen Bereich). Überdies gehören hier hinein die sog. "Freien Berufe". Es ist aufgrund der Gesamttendenzen somit nicht verwunderlich, daß die Zahl der Selbständigen gestiegen ist, sie hat sich etwa verdoppelt: von 341.000 im Jahre 1950 auf 693.000 heute. Da die Gesamtbeschäftigten sich in diesem Bereich aber fast verdreifacht haben, ist der Relativanteil der Selbständigen gesunken: und zwar von 10,7% auf 7,9%. Der Anteil der abhängig Beschäftigten beträgt hier heute gut 90%.

Sehen wir uns nun einmal die Binnenstruktur der abhängig Beschäftigten an! Neben dem erheblich gewachsenen Beamtenanteil, auf den ich bereits hingewiesen habe, fällt auf, daß die Zahl der Arbeiter absolut und relativ zurückgegangen ist. Zunächt einmal zu den rein quantitativen Verhältnissen: In allen Sektoren ist der relative Anteil der Arbeiter an den abhängig Beschäftigten zurückgegangen; im Gegenzuge hat sich der relative Anteil der Angestellten und Beamten erhöht. Auch im Bereich der Land- und Forstwirtschaft haben wir heute bereits einen Anteil der Angestellten an den abhängig Beschäftigten in Höhe von ca. 19%. Im produzierenden Gewerbe sind heute etwa noch 69% der abhängig Beschäftigten Arbeiter, 31% bereits Angestellte. Im Bereich Handel und Verkehr stieg der Anteil der Angestellten von ca. 55% auf etwa 65% im Jahre 1984 an. Bei den sonstigen Dienstleistungen haben wir heute einen relativen Anteil der Angestellten und Beamten von 77%, während 1950 noch die Arbeiter mit 58% den größten Anteil ausmachten. Auf der Basis dieser rein statistischen Verhältnisse wäre es nun überaus leichtfertig, etwa auf eine "Entproletarisierung" des Systems der gesellschaftlichen Arbeit zu schließen. Umgekehrt wäre es nicht weniger leichtfertig, wegen des 90-Prozent-Anteils der abhängig Beschäftigten eine nahezu totale Proletarisierung der Erwerbsbevölkerung zu unterstellen. Vielmehr muß diese Entwicklung differenzierter beurteilt werden; dazu will ich im folgenden einige Anhaltspunkte geben.

Zunächst einmal muß bedacht werden, daß die Unterscheidung in Arbeiter und Angestellte in der amtlichen Statistik keineswegs auf einer soziologischen Qualifizierung unterschiedlicher Statusarten von Arbeitnehmern beruht, sondern rein formal-rechtlicher, genauer gesagt: versicherungsrechtlicher Art ist. Für die Statistik ist nämlich ausschließlich die Zugehörigkeit zur Arbeiterrentenversicherung bzw. zur Angestelltenversicherung maßgebend. Diese Zuordnung der Arbeitnehmer ist aber z.T. zufälliger Natur, z.T. historisch überkommen. So gibt es eine Reihe von Arbeitnehmern, die in den Gehaltstarif der Angestellten fallen, aber der Arbeiterrentenversicherung angehören, wie z.B. Werkmeister, aufgestiegene Arbeiter, die im Betrieb einen Angestelltenstatus erhalten, aber in der Arbeiterrentenversicherung verblieben

sind. Einige Unternehmen weisen sogar allen Beschäftigten von vorne-
herein einen Angestelltenstatus zu, woraus folgt, daß Beschäftigte mit
gleicher Tätigkeit in einigen Unternehmungen als Arbeiter, in anderen
als Angestellte geführt sind. Der Tendenz nach dürfte die Einordnung
zugunsten der Angestelltengruppe vorgenommen werden, so daß diese
Gruppe eher überbesetzt ist. Die Berufs- und Tätigkeitsbenennungen,
die sich in den Verordnungen zur Reichsversicherungsordnung und zum
Angestelltenversicherungsgesetz befinden, sind zum großen Teil veraltet. So gilt in Bezug auf das Angestelltenversicherungsgesetz eine
Verordnung in der Fassung von 1927, die eine große Zahl von beruflichen Tätigkeiten nach allen Gewerbezweigen differenziert enumerativ
aufführt, z.T. aber auch nur eine allgemeine Kennzeichnung der Angestelltentätigkeit enthält, die vornehmlich nach dem Kriterium der
"nicht überwiegenden körperlichen Arbeit" vorgeht. Mit dem technologischen Wandel in der unmittelbaren Produktion dürften immer weniger
Tätigkeiten als körperliche Arbeit einstufbar sein; auch dadurch erhöht sich statistisch der Anteil der Angestellten, da diejenigen
Beschäftigten in der Arbeiterrentenversicherung versichert werden
müssen, die _nicht_ in die Kategorien des Angestelltenversicherungsge-
setzes fallen und auch nicht in die Knappschaftsversicherung für
Bergleute gehören.
Soziologisch gibt diese formale Differenzierung in Arbeiter und Angestellte also nicht viel her. Überdies ist aber auch festzustellen, daß
sich die heutige Angestelltentätigkeit und die Angestelltenrolle von
der des 19. Jhs. unterscheidet. Die besondere Nähe zum "Prinzipal" ist
ohne Frage nicht mehr gegeben; die Bevorzugung und Sonderstellung
ebenfalls nicht mehr zu finden. Eine große Masse der Angestelltentätigkeit ist einfache Routinearbeit. Insofern hat wiederum von der
Qualität und von dem Status her eine Annäherung an die Situation des
klassischen Arbeiters stattgefunden. Abgesehen von diesen Unschärfen,
die sich aus der statistisch-juristischen Definition ergeben, ist aber
natürlich festzuhalten, daß insbesondere mit der Vergrößerung der
Unternehmungen der relative Anteil der Angestellten zugenommen hat.
Nicht nur findet man einen Tertiarisierungsprozeß in sektoral-gesamt-
wirtschaftlicher Hinsicht, sondern auch innerhalb der einzelnen Sektoren und innerhalb der Einzelwirtschaften (vgl. dazu TÜRK 1987). Dies

gilt nicht nur in Bezug auf vermehrt anfallende Büro- und Verwaltungstätigkeiten, sondern auch und gerade in Bezug auf professionalisierte Arbeit; einmal in Form von professionellem Spezialistentum z.B. in Forschung, Entwicklung, Marketing, Finanzierung usw., dann aber auch im professionellen Generalistentum in Form von Unternehmensmanagement. 1980 waren mit Tätigkeiten in den Bereichen Forschung und Entwicklung, Entscheidung, Führung und Management immerhin ca. 2,5 Mio. Erwerbstätige befaßt (Beiträge aus der Arbeitsmarkt- und Berufsforschung 94.1, S.85). In den großen Kapitalgesellschaften hat dieser Prozeß zu einer Entfunktionalisierung des privaten Eigentums an Produktionsmitteln geführt. Die faktische Verfügungsmacht ist in weiten Bereichen von den Privateigentümern auf die Banken und eben auch insbesondere auf die professionellen Spezialisten und Generalisten übergegangen (wir kommen darauf in dem Kapitel "Eigentum" zurück).

o **Sektorale Umschichtungen**

Die Umschichtungsprozesse und Umschichtungsergebnisse zwischen den Sektoren enthält die Übersicht 25.

	1950		1971		1984	
	abs.	in%	abs.	in%	abs.	in%
Land- u. Forstwirtschaft	5.713	25,9	2.134	8,5	1.370	5,5
Produzierendes Gewerbe	8.538	42,7	11.900	47,1	10.424	42,3
Handel und Verkehr	3.093	15,4	4.281	16,9	4.129	16,7
Sonst. Dienstl.	3.193	16,0	6.931	27,5	8.749	35,5
Summe	19.917	100	25.246	100	24.672	100

Übersicht 25: Umschichtungen der Beschäftigten zwischen den Sektoren (Quelle: Stat. Jahrbuch 1985)

In den Größenordnungen entspricht die Aufteilung der Erwerbstätigen nach Sektoren in etwa auch den relativen Anteilen, die die Sektoren zu dem Bruttoinlandsprodukt leisten, wenn man nicht weiter disaggregiert. Diese großen Umstrukturierungen sind z.T. Ausdruck von gewachsenem Wohlstand: Die Gesellschaft kann immer weniger Menschen im "primären"

Sektor wie auch in der unmittelbaren Produktion beschäftigen und deshalb ein Angebot an Dienstleistungen entwickeln, das der Lebensqualität dient; zu einem anderen - dem größeren - Teil handelt es sich aber um Dienstleistungen, die zur Aufrechterhaltung des Gesamtsystems, also nicht dem Konsum, dienen (s. den vorherigen Abschnitt).

Die sektorale Zuordnung der Erwerbstätigen erfolgt in der amtlichen Statistik nach dem überwiegenden Produktionsprogramm der Unternehmungen, in denen die Erwerbstätigen arbeiten. Deshalb sagt die Zuordnung zu Sektoren bzw. zu Wirtschaftszweigen nichts aus über die berufliche Struktur der Erwerbstätigen, erst recht nichts über die Art und die Muster der Tätigkeiten. Wenn man Umschichtungsprozesse nachzeichnen will, muß man also auf die <u>Berufsstruktur</u> und die <u>Tätigkeitsstruktur</u> zurückgreifen.

o Berufliche Umschichtungen

In der Übersicht 26 habe ich die quantitativen Besetzungen einzelner Berufsgruppen für die Jahre 1950 und 1984 gegenübergestellt. Diese Übersicht macht die gewaltigen Umstrukturierungen in dem gesellschaftlichen Arbeitsvermögen innerhalb nur einer Generation besonders deutlich. Dabei ist allerdings zu berücksichtigen, daß wir 1984 rund 4,5 Mio. Erwerbstätige mehr haben als im Jahre 1950. Die enorme Expansion der Dienstleistungsarbeit wird hier noch deutlicher als in der sektoralen Differenzierung: die hier aufgeführten kaufmännischen und Dienstleistungsberufe wuchsen von 6,7 auf 14,8 Mio. Die handwerklichen und Arbeiterberufe bleiben etwa konstant bei Umschichtungen zugunsten von metallverarbeitenden und elektrotechnischen Berufe und zu Lasten vor allem von Textilberufen.

Diejenigen Basisprozesse, die in der Diskussion um die Wesenszüge moderner westlicher Gesellschaften immer wieder als typisch herausgestellt werden, lassen sich hier nun quantitativ nachzeichnen:
- der Prozeß der technologischen Professionalisierung: die Zahl der Techniker und Ingenieure hat sich vervierfacht
- der Prozeß der Medikalisierung der Gesellschaft: wir haben 1984

Berufsgruppe	Bestand in Tsd	
	1950	1984
Landwirte, Forstwirte, Gartenbauer etc.	2.285	1.449
Bergmännische Berufe	380	112
Bauberufe	1.535	1.319
Metallerz. u. -verarbeiter	2.035	2.861
Elektriker	345	735
Chemie- u. Kunststoffarbeiter	196	261
Textilherst. u. -verarbeiter	1.159	357
Nahrungs- u. Genußmittelherst.	620	657
Ingenieure, Techniker u. techn. Sonderfachkräfte	336	1.256
Kaufmännische Berufe	2.369	2.954
davon: Bank- u. Vers.-kflte.	171	619
Verkehrsberufe, einschl. Nachrichtenverkehr	1.075	1.329
Gaststättenberufe	179	426
Hauswirtschaftl. Berufe	706	181
Gesundheitsdienstberufe, Körperpflegeberufe, Reinigungsberufe	666	2.049
davon: Ärzte u. Apotheker	79	233
Verwaltungs- u. Büroberufe	1.084	5.660
davon: Bürofachkräfte (z.B. Maschinenschreiberin)	200	2.732
Rechts- u. Sicherheitswahrer	196	885
davon: Richter, Staats- und Rechtsanwälte	28	113
Erziehungs- u. Lehrberufe, Seelsorger	335	1.174
Künstlerische Berufe	75	163
Erwerbstätige insgesamt	22.074	26.608

Übersicht 26: Erwerbstätige nach Beruf 1950 und 1984
(Quelle: Stat. Jahrbuch 1953, 1985)

dreimal soviel Angehörige in den Gesundheitsdienstberufen wie 1950

- der Prozeß der Bürokratisierung: die Verwaltungs- und Büroberufe
sind heute fünfmal so hoch besetzt wie 1950

- der Prozeß der Verrechtlichung: die Rechts- und Sicherheitswahrer
haben sich um den Faktor 4,5 vermehrt

- die Pädagogisierung der Gesellschaft: 3,5 Mal soviele Berufsangehö-
rige finden wir heute in diesem Feld wie 1950

- Soziale und technologische Umwälzungen im Bereich der privaten Haushalte werden deutlich an dem Rückgang der Besetzung der hauswirtschaftlichen Berufe von 706.000 auf 181.000.

o Tätigkeitsbezogene Umschichtungen

Ein Vergleich der beruflichen Strukturen der Erwerbstätigen gibt keine
Auskunft über Veränderungen in den beruflichen Tätigkeiten. Die Berufsbezeichnungen mögen gleich bleiben, die Tätigkeiten können sich
verändern; die gleichen Tätigkeiten können aber auch im Laufe der Zeit
anderen Berufen zugeordnet werden; die sog. "Berufsschneidung" kann
sich verändern. Nur eine Erhebung der Tätigkeiten selbst kann hier
Aufschluß geben. Mit dem Mikrozensus in der Bundesrepublik werden nun
laufend stichprobenhaft berufliche Haupttätigkeiten erfragt. Leider
reichen diese Erhebungen nicht bis in das Jahr 1950 zurück. Ich konnte
hier nur auf eine neue Studie des Instituts für Arbeitsmarkt- und
Berufsforschung zurückgreifen, die dieses Institut zusammen mit der
Prognos AG durchgeführt hat. Dabei ging es primär um die Arbeits-
marktmodellrechnung bis zum Jahre 2000 (vgl. ROTHKIRCH/WEIDIG 1985).
In diesem Zusammenhang sind aber Vergangenheitswerte analysiert worden, was z.T. zu korrigierten Abschätzungen der vorhandenen Daten
geführt hat. In der Übersicht 27 ist eine Tabelle abgedruckt, die die
Entwicklung der Tätigkeitsstrukturen enthält, allerdings nur für einen
relativ kurzen Zeitraum (entnommen aus: Institut für Arbeitsmarkt und
Berufsforschung (Hrsg.): Zahlenfibel. Nürnberg 1986, S.136/137). Auch
diese Daten bestätigen die bisherigen Feststellungen: eine tendenziel-
le Abnahme der Tätigkeiten der Primärproduktion wie auch der handwerklichen und maschinellen Fertigung. In nur 7 Jahren vermindern sich die
Erwerbstätigen in diesem Bereich um ca. 1,6 Mio.! Auch der Bereich von
Lagerhaltung, Transport und Vertrieb ist nach wie vor rückläufig. Dies

Übersicht 6.7

Entwicklung der Erwerbstätigen nach
Tätigkeitsgruppen 1973 – 1980 – in 1000

Erwerbstätige/Tätigkeitsgruppen

Tätigkeitsgruppen	absolut		in Prozent		Entwicklung 1973/1980	
	1973	1980	1973	1980	absolut	in Prozent
I Herstellen, Gewinnen	8 201	6 801	31,6	27,2	- 1 400	- 17,1
1 Gewinnen, Fördern	2 106	1 584	8,1	6,3	522	24,8
2 Mit Handwerkzeug fertigen	3 394	2 934	13,1	11,7	460	13,6
3 Maschinell fertigen	2 701	2 283	10,4	9,1	418	15,5
II Hilfsfunktionen für Produktion und Dienstleistungen	5 135	4 844	19,8	19,4	291	- 5,7
4 Kontroll- und Prüfarbeiten	771	651	3,0	2,6	120	15,6
5 Maschinen bedienen, regeln, warten	939	971	3,6	3,9	+ 32	+ 3,4
6 Reparieren	1 501	1 446	5,8	5,8	55	3,7
7 Lager-, Versand-, Sortierarbeiten	1 307	1 182	5,0	4,7	125	9,6
8 Transportieren von Gütern/Personen	617	594	2,4	2,4	23	3,7
III Verteilende, administrative und koordinierende Funktionen	8 054	8 310	31,0	33,3	+ 256	+ 3,2
9 Unspezifische Handelstätigkeiten	2 097	2 051	8,1	8,2	46	2,2
10 Produktbezogene beratungsintensive Handelstätigkeiten	350	331	1,3	1,3	19	5,4
11 Kundenbezogene beratungsintensive Mittler-/Maklertätigkeiten	252	260	1,0	1,0	+ 8	+ 3,2
12 Standardisierte Informationsverarbeitung im Büro	1 778	1 611	6,8	6,4	167	9,4
13 Sach-/Antragsbearbeitung	1 090	1 258	4,2	5,0	+ 168	+ 15,4
14 Sonstige Bürotätigkeiten	261	306	1,0	1,2	+ 45	+ 17,2
15 Forschungs- und Entwicklungstätigkeiten	564	581	2,2	2,3	+ 17	+ 3,0
16 Sachbezogene Entscheidungsfunktionen	687	796	2,6	3,2	+ 109	+ 15,9
17 Personenbezogene Entscheidungsfunktionen	975	1 116	3,8	4,5	+ 141	+ 14,5
IV Dienstleistungen erbringen	4 564	5 033	17,6	20,1	+ 469	+ 10,3
18 Reinigen, Haushalt besorgen	1 473	1 367	5,7	5,5	- 106	- 7,2
19 Lehren, Ausbilden, Erziehen, Betreuen	795	1 080	3,1	4,3	+ 285	+ 35,8
20 Ordner, Bewacher	967	960	3,7	3,8	- 7	- 0,7
21 Rechtspflege	263	311	1,0	1,2	+ 48	+ 18,2
22 Physisch, psychisch behandeln/beraten	944	1 181	3,6	4,7	+ 237	+ 25,1
23 Publizieren, künstlerisch arbeiten	122	134	0,5	0,5	+ 12	+ 9,8
Insgesamt	25 954	24 988	100,0	100,0	- 966	- 3,7

Quelle: IAB-Projekt 1/4–325 A – Zusammengestellt aus Projektberichten
der PROGNOS AG, Basel

*) Ohne „Personen in Ausbildung"

Übersicht 27: Entwicklung der Erwerbstätigen nach Tätigkeitsgruppen 1973–1980
(Quelle: Institut für Arbeitsmarkt- und Berufsforschung 1986)

ist vermutlich zum größten Teil auf Konzentrationsprozesse zurückzuführen, die den Transportbedarf verringern. Bei den Bürotätigkeiten scheint sich langsam ein Sättigungszustand einzuspielen: dies wird im übrigen auch an den wachsenden Zahlen von Arbeitslosen, die aus diesen Tätigkeitsbereichen kommen deutlich. Expansiv ist dagegen nach wie vor die Tätigkeit von Forschung und Entwicklung sowie des Managements. Die typischen Dienstleitungen der modernen Gesellschaft wie Lehren, Betreuen, Ordnen, Überwachen, Rechtspflege, gesundheitlich Behandeln und Beraten sind auch in den 7 hier betrachteten Jahren angewachsen. Wenn wir diese Daten einmal als Bilanz aufstellen, so läßt sich feststellen, daß in den 7 Jahren von 1973-1980 in den Bereichen der Produktion, der Lagerhaltung, des Transports und des Vertriebs sowie der Reinigung, Hauswirtschaft und Bewirtung ca. 1,8 Mio. Arbeitsplätze verlorengingen. Dem stand die Neuschaffung von ca. 1,2 Mio. Arbeitsplätzen in den Bereichen von Büro, Disposition und sonstigen Dienstleistungen entgegen. Der Nettoverlust von ca. 600.000 Arbeitsplätzen schlägt sich in der Verminderung der Erwerbstätigenzahl nieder - und damit weitgehend in Arbeitslosigkeit, über die laufend so viel veröffentlicht wird, daß wir hier nicht die Grunddaten reproduzieren müssen.

1.3.2.2. Entwicklung und Strukturen des produktiven Systems in einzelnen Wirtschaftsbereichen

Zu Beginn dieses Kapitels wurde außer auf die Entwicklung des Arbeitsvermögens auch auf den Prozeß der Kapitalisierung der deutschen Wirtschaft seit 1950 hingewiesen. Der Prozeß schlägt sich in einem wachsenden Anteil des produktiv eingesetzten Sachanlagevermögens an der Produktion nieder. Die Relation von - in MARXscher Diktion - "lebendiger" zu "toter" Arbeitskraft verschiebt sich permanent zugunsten der toten. Quantitativ sah dies in der Zeit von 1950-1980 so aus, daß der Kapitalstock der bundesdeutschen Wirtschaft von einem Indexwert 100 auf einen Indexwert von 450 stieg. Dabei handelte es sich weitgehend um abgeschöpfte und privat angeeignete Mehrarbeit. Diese Kapitalisierung bedeutet eine völlig veränderte Kombination der

Produktivkräfte in den Betrieben, so daß das Arbeitsergebnis pro Arbeitsstunde real mehr als verfünffacht werden konnte (Arbeitspro-duktivität). Kann man bis zu dem hier berücksichtigten Zeitpunkt 1980 wohl durchweg noch sagen, daß eine zunehmende Technisierung der Pro-duktion mit einem wachsenden Kapitalstock einhergeht, so wird dies für die Zukunft vermutlich nicht mehr undifferenziert gelten, weil die modernen, auf der Informations- und Computertechnologie basierenden Technologien z.T. einen geringeren Kapitalbedarf erfordern als frühere Technologien. Bisher jedenfalls schlug sich der Technisierungsprozeß auch in einer steigenden Kapitalintensität der Produktion nieder; diese wuchs von 1950-1980 um nahezu das Vierfache.

Auch die Konzentration in der Wirtschaft ist eine Komponente der Kapitalisierung. So hat seit 1950 die durchschnittliche Unternehmens-größe nach Beschäftigten sich etwa verdoppelt; die 40 nach dem Umsatz größten Industrieunternehmen, das sind 0,025 o/oo aller Unternehmen, beschäftigen heute ca. 14% der Arbeitnehmer. Der Umsatzanteil der 50 größten Industrieunternehmen am Gesamtumsatz der Industrie stieg von ca. 25% 1954 auf gut 60% heute. In einzelnen Branchen ist der Konzen-trationsgrad allerdings erheblich höher HÜBNER/ROHLFS 1984, S.271): In der Tabakbranche haben die 6 größten Unternehmungen einen Umsatzanteil von 93%, im Büromaschinensektor einen Umsatzanteil von 88%, in dem Mineralölsektor haben die 6 größten Unternehmungen einen Umsatzanteil von 81%, in der Elektrotechnik haben die 6 größten Unternehmungen einen Umsatzanteil von 42%.

Trotz dieser Kapitalisierungs- und Konzentrationsprozesse darf man aber nicht in den Fehler verfallen anzunehmen, daß der industrielle Großbetrieb die dominante Organisationsform in unserer Arbeitsland-schaft wäre. Nur knapp 25% der Erwerbstätigen arbeitet in der Indu-strie; ca. 18% dagegen im Handwerk, 14% im Handel. Allein der öffent-liche Dienst beschäftigte 1984 ca. 4,5 Mio. Arbeitskräfte, das Hand-werk ca. 3,8 Mio., der Einzelhandel ca. 2,5 Mio.. Etwa zwei Drittel aller abhängig Beschäftigten sind in den kleinen und mittleren Unter-nehmen der Wirtschaft tätig; 99,8% aller umsatzsteuerpflichtigen Un-ternehmen in unserer Wirtschaft sind den Kategorien "klein" bzw. "mittel" zuzuordnen. Diese kleinen und mittleren Unternehmen erwirt-schaften ca. 55% aller steuerbaren Umsätze und 41% aller Bruttoinve-

stitionen; sie erzeugen ca. die Hälfte des gesamten Bruttoinlandspro-
duktes (vgl. auch Bundesministerium für Wirtschaft 1982). In der
realen Produktion und Kombination von Produktionsfaktoren dominiert
also keineswegs die "große Industrie". Weil in einführenden Lehrbüchern immer wieder eine starke Einseitigkeit festzustellen ist, wollen
wir einmal stichprobenhaft die Bereiche der Landwirtschaft und des
Handwerks etwas näher beleuchten. Zu beiden hat bislang die gegenwärtige Soziologie so gut wie nichts zu sagen vermocht.

o Landwirtschaft

Rückblickend kann man feststellen, daß es wohl kaum übertrieben ist,
für die Landwirtschaft von einer "revolutionären" Entwicklung zu sprechen. Jahrtausende hindurch war dieser Bereich dominant für den Le-
benserwerb, für die gesellschaftliche Verfassung, für das individuelle
und kollektive Bewußtsein. Von Jahrhunderte dauerndem Feudalismus ging
die Entwicklung in kapitalistische Verhältnise auf dem Lande über bis
hin zu heute völlig neuen Verhältnissen. Produktivkräfte und Produktionsverhältnisse haben sich dort dramatisch gewandelt, so daß die
moderne landwirtschaftliche Produktionsweise sozio-ökonomisch ein
System darstellt, das in keine geläufige Typologie paßt. Wir haben
nämlich heute zwar Privateigentum an Grund und Boden, rationale Be-
triebsrechnung, einen hohen Kapitalstock, ein extrem hohes Mehrprodukt, aber keine kapitalistischen Verhältnisse auf dem Lande. Es gibt
kaum nennenswerte fremde Lohnarbeiter dort, sondern fast nur Familien-
arbeitskräfte; einen Markt findet man dort für den Bereich der Arbeit
nicht, für den Bereich der landwirtschaftlichen Produkte nur rudimen-
tär.
Die Einkommensverhältnisse sind so, daß volkswirtschaftlich gesehen,
ein Durchschnittseinkommen erwirtschaftet wird, das gerade zur Reproduktion von Arbeitskraft und Kapital ausreicht. Zunehmend wird allerdings bei den kleineren Bauernhöfen bereits Kapital wegen nicht zurei-
chenden Einkommens aufgezehrt (Datengrundlage der folgenden Ausführungen sind im wesentlichen die Agrarberichte der Bundesregierung). In
den meisten Betrieben arbeitet man nach dem Prinzip des "Einmann-
Betriebes". Die ökonomische Produktionssphäre ist nicht abgetrennt von

den anderen Lebensbereichen: Unternehmung ist gleich Betrieb ist gleich Haushalt ist gleich Familie. Die Naturabhängigkeit der Produktion ist trotz "Industrialisierung" der Landwirtschaft erheblich geblieben: Arbeit ist nach wie vor - anders als in allen anderen Arbeitsfeldern - an natürliche Rhythmen und an sonstige unmittelbare Naturbedingungen gebunden. Die Natur läßt sich nicht so homogenisieren, standardisieren und glätten wie in der industriellen Produktionssphäre; damit sind die Arbeitsmengen und Ertragsmengen nicht genau kalkulierbar und auch nicht gleichmäßig über das Jahr hinweg verteilbar. Einzelne Arbeitswochen können deshalb durchaus noch 70-80 Stunden Arbeit verlangen, die durchschnittliche Arbeitszeit liegt um ca. 10 Stunden pro Woche höher als bei den Selbständigen im Gewerbe und im Dienstleistungssektor. Viele Betriebe erbringen dabei keineswegs das erforderliche Einkommen; 40% der landwirtschaftlichen Betriebe werden als Nebenerwerbsbetriebe geführt; d.h. die Haupterwerbsquelle liegt außerhalb des Betriebes, meist in der mehr oder weniger nahegelegenen Industrie. 10% der Betriebe sind Zuerwerbsbetriebe, d.h. es muß der geringere Teil des Einkommens über Lohnarbeit verdient werden; die restlichen 50% sind Vollerwerbsbetriebe. Die gewaltige Steigerung der innerlandwirtschaftlichen Arbeitsproduktivität durch den bereits untersuchten Vorleistungsbezug, bzw. die drastische gesteigerte "Mitproduktivität der Natur" durch Kraftmaschinen und Düngemittel hat zu dieser Situation geführt. Die Maschinisierung der Landwirtschaft schlägt sich nieder in der Entwicklung des Kapitalstocks (ohne Boden): betrug der Kapitalstock 1949 70 Mrd. DM in der deutschen Landwirtschaft (in Preisen von 1976) so 1984 210 Mrd. DM: also eine Verdreifachung innerhalb nur einer Generation!. Der Kapitalkoeffizient, also das Verhältnis des Kapitalstocks zum Bruttoinlandsprodukt, hatte 1982 einen Wert von 5,3; nur noch in der Wirtschaftsgruppe "Energie und Bergbau" ist der Kapitalkoeffizient mit einem Wert von 6,5 höher (Zahlen nach Statistischem Jahrbuch 1985). In der Industrie allgemein liegt der Kapitalkoeffizient bei 2,0. Die Kapitalintensität, d.h. der Kapitalstock pro Erwerbstätigen liegt in der Landwirtschaft bei ca. 150 Tsd. DM, die Differenz zur Industrie beträgt zwar hier immerhin noch 50%, ist aber nicht so groß wie die Differenz bei dem Kapitalkoeffizienten. Dies bedeutet, daß der erhöhte Kapitaleinsatz die

"Produktivkraft der Natur" erheblich gesteigert hat.

Die Landwirtschaft hat heute einen Selbstversorgungsgrad der Bevölkerung der Bundesrepublik von über 100% erreicht. Damit werden etwa 5
Personen pro ha landwirtschaftlicher Fläche ernährt, 1953 waren es
erst 2 Personen pro ha, 1933 1,5. Eines der wichtigsten Arbeitsmittel
dürfte der Schlepper sein, von denen ca. 1,3 Mio. in der deutschen
Landwirtschaft im Einsatz sind. Von 1950 bis heute hat sich die Menge
der in der Landwirtschaft eingesetzten Düngemittel verfünffacht. Jedes
Jahr werden ca. 1,4 Mio. Tonnen Stickstoff, 750.000 Tonnen Phosphate,
1 Mio. Tonnen Kali und 1,5 Mio. Tonnen Kalk in der Landwirtschaft
verwendet.

Die Prozesse der gesteigerten Produktivkraft landwirtschaftlicher
Produktion schlagen sich in der Entwicklung der Zahl landwirtschaftlicher Betriebe nieder (s. Übersicht 28).

1949 gab es ca. 1,6 Mio. landwirtschaftliche Betriebe in der Bundesrepublik, heute noch etwa 732.000. Insbesondere die kleinen landwirtschaftlichen Betriebe sind dramatisch reduziert worden: Betriebe mit
einer Fläche bis zu 5 ha verminderten sich in der eben angegebenen
Zeit von 859.000 auf heute 229.000. Die Anzahl der Betriebe zwischen 5
und 20 ha von 660.000 auf heute 296.000 Betriebe. Die Anzahl der
größeren landwirtschaftlichen Betriebe stieg dagegen: die Betriebe mit
20 bis 50 ha von 112.000 auf 171.000, die Zahl der Betriebe mit 50 bis
100 ha Land von 12.600 auf ca. 31.000 und die Betriebe von mit 100
u.m. ha von 2.900 auf heute 5.000 Betriebe.

Wenn man sich die Verteilung der Arbeitskräfte in der Landwirtschaft
im Jahre 1984 ansieht, so wird deutlich, daß die Masse der kleineren
und mittleren Betriebe praktisch ohne familienfremde Arbeitskräfte
wirtschaftet. Erst beginnend mit der Größenordnung von 50 ha finden
wir Fremdarbeitskräfte in größeren Anteilen, absolut gesehen allerdings bleibt ihre Zahl verschwindend gering. Man sieht ebenfalls in
dieser Zusammenstellung, daß die allermeisten Betriebe tatsächlich
"Einmann-Betriebe" sind; denn man darf nicht von der Anzahl der Arbeitskräfte ausgehen, sondern muß "Vollarbeitskraft-Einheiten" zur
Grundlage nehmen. Im Detail wissen wir heute relativ wenig über die
landwirtschaftlichen Arbeits- Lebensverhältnisse; die Wirtschaftsso-

Entwicklung der Zahl der landwirtschaftlichen Betriebe
mit ... ha landwirtschaftlicher Nutzfläche:

Jahr	1-5	5-20	20-50	50-100	100 u.m.	insgesamt
1949	858.784	659.954	112.421	12.621	2.971	1.646.751
1960	617.437	629.487	122.015	13.672	2.639	1.385.250
1984	228.820	296.288	171.442	30.943	5.017	732.510

Arbeitskräfte in der Landwirtschaft 1984
in Betrieben mit ... ha landwirtschaftlicher Nutzfläche:

	1-5	5-20	20-50	50-100	100 u.m.	insgesamt
Arbeitskräfte						
- gesamt	525.900	722.400	471.800	99.600	24.400	1.843.900
- durch-schnittl.	2,3	2,4	2,8	3,2	4,9	2,5
Voll-Arbeits-krafteinheiten						
- gesamt	171.600	345.800	302.800	67.200	18.200	905.500
- durch-schnittlich	0,75	1,2	1,8	2,2	3,6	1,2
Familienar-beitskräfte, in %	89	95	93	78	37	91

Übersicht 28: Betriebe und Arbeitskräfte in der Landwirtschaft (eig. Berechnungen nach Daten des Stat. Jahrbuches 1985)

ziologie hat sich um diesen wesentlichen Bereich gesellschaftlicher Arbeit bisher praktisch nicht gekümmert (s. aber POPPINGA 1979; SCHMALS/VOIGT 1986).

o Handwerk

Fast ausschließlich hat sich die Wirtschafts- wie auch die Betriebssoziologie auf die "Große Industrie" ausgerichtet. Deshalb bestehen auch in anderen Bereichen gesellschaftlicher Arbeit große Forschungsdefizite und Wissenslücken. Wie in Bezug auf die landwirtschaftliche Arbeit, so gilt auch in Bezug auf den Bereich des Handwerks, daß wir über keinerlei neuere Forschungsarbeiten verfügen, geschweige denn über theoretische Ansätze oder über in der Lehre vermittelbare einigermaßen gesicherte Erkenntnisse. In den 60er Jahren gab es zwar vereinzelt Ansätze dazu, die insbesondere von dem damals noch sozialwissenschaftlich arbeitenden Institut für Mittelstandsforschung in Köln/Bonn hervorgebracht wurden. Aus den letzten 20 Jahren sind mir aber keine einschlägigen Werke oder Studien bekannt. Da ich nun der Auffassung bin, daß in eine Wirtschaftssoziologie alle wesentlichen Bereiche der Arbeit gehören, möchte ich ähnlich wie bezüglich der landwirtscahftlichen Arbeit zumindest einige Grundinformationen weitergeben. Diese können angesichts der Forschungslage nur recht oberflächlich bleiben.

- Zum Handwerksbegriff

Wir haben in der Alltagswelt häufig mit Handwerkern bzw. Handwerksbetrieben zu tun, wir verwenden also diesen Begriff relativ unbefangen. Die amtliche Statistik enthält die Handwerksberichterstattung, es gibt Handwerkszählungen und handwerkswissenschaftliche Institute und schließlich Handwerkskammern und Handwerksinnungen. Im täglichen ökonomischen und politischen Leben scheint diese Bezeichnung also recht unproblematisch zu sein. Ein erster Blick in die Liste der Handwerkszweige der Bundesrepublik Deutschland kann allerdings der Anfang dazu sein, einige Fragen zu stellen: Was ist denn das Gemeinsame von Maurern, KfZ-Elektrikern, Klempnern, Bäckern, Friseuren, Optikern, Fotographen, Vulkaniseuren? Oder: was das Gemeinsame von insgesamt 125 verschiedenen Handwerkszweigen und 40 "handwerksähnlichen Gewerben" wie z.B. Asphaltierer einerseits und Schönheitspfleger andererseits oder Innereien-Fleischer und Bestatter? Die gemeinsame Bezeichnung "Handwerk" ist zunächst ausschließlich juristisch bestimmt und zwar durch die Handwerksordnung von 1953 in der Fassung von 1965. Ebenso lapidar wie nichtssagend - weil tautologisch - wird dort bestimmt, daß derjenige pflichtmäßig der Handwerkskammer zugehört, der ein Gewerbe gemäß der Positivliste der Handwerkszweige vollständig oder in wesentlichen Tätigkeiten handwerksmäßig betreibt. Was "handwerksmäßig" heißt, bleibt im Gesetz offen; eine umfangreiche Rechtssprechung hat sich deshalb angeschlossen, die aber keineswegs zu einer vollständigen Klarheit geführt hat (vgl. HAGEBÖLLING 1983). Die Entscheidung, ob ein Betrieb ein Handwerksbetrieb ist oder z.B. ein Industriebetrieb, ist nicht nur wegen der damit verbundenen unterschiedlichen Kammerzugehörigkeit und der Subsumtion unter unterschiedliche gesetzliche Vorschriften von Bedeutung, sondern auch wegen des für die Führung eines

Handwerksbetriebes seit 1935 im Regelfall erforderlichen "Großen Befähigungsnachweises" in Form der bestandenen Meisterprüfung. Dieser Befähigungsnachweis hat neben der berufsfachlichen eine betriebswirtschaftliche und eine ausbildungsqualifikatorische Komponente. Interessant ist nun, daß die Juristen ohne spezielle Fachkenntnisse bei der Unterscheidung von Handwerks- und Industriebetrieben durchweg mit sozialwissenschaftlichen, insbesondere betriebs- und organisationssoziologischen Kriterien arbeiten. Zu diesen gehören vor allem die erforderlichen Fachqualifikationen, die geringe betriebliche Arbeitsteilung, das relativ festgelegte abgegrenzte Arbeitsprogramm, die persönliche Mitarbeit des Inhabers und die relativ geringe Betriebsgröße.

Bei allen diesen Abgrenzungsbemühungen ist mindestens zweierlei zu beachten: Erstens handelt es sich dabei um Abgrenzungen zwischen Betriebstypen bzw. genauer Unternehmenstypen und nicht um eine Abgrenzung von Arbeitstypen: Es gibt in Industriebetrieben Arbeit, die man handwerklich nennen kann und umgekehrt in Handwerksbetrieben auch industriemäßige Arbeitsplätze. Handwerksstatistiken sagen deshalb nie etwas über das Ausmaß an handwerklicher Arbeit in der Bundesrepublik aus, sondern nur etwas über einen formal-juristisch definierten Unternehmenstyp gewerblicher Arbeit. Zweitens ist die Abgrenzung zwischen Handwerk und Industrie rein gesellschaftlich-historisch-traditionaler Art; sie entspringt keiner Sachlogik. Man könnte alle Unternehmen insgesamt schlicht "Unternehmen" nennen und je nach politischen, ökonomischen, sozialen oder wissenschaftlichen Zwecken gemäß diversen Kriterien unterscheiden: Etwa nach der Größe, der Branche, nach den Produktionsformen oder Produktionsprogrammen, nach den Eigentumsverhältnissen oder wie auch immer. Trotz vieler historischer Brechungen und trotz der gewaltigen Umwälzungen der Wirtschaft und Gesellschaft in den letzten 200 Jahren finden wir hier eine Anknüpfung in der Selbst- und Fremddefinition einer bestimmten Gruppe von Erwerbstätigen an eine tausendjährige Tradition, die zumindest den Anschein einer historischen Kontinuität erweckt. Erst eine sozio-ökonomische Tiefenanalyse der gegenwärtigen Produktionsweise dieses Betriebssystems könnte zeigen, ob eine materiale Differenz zu anderen Produktionsformen besteht und nicht nur eine solche in dem Selbstbewußtsein oder gar

in der Ideologie. Immerhin könnte es sein, daß zugleich in einer
Gesellschaft unterschiedliche Produktionsweisen existieren, die - in
biologischer Analogie - sogar symbiotische Beziehungen zueinander
aufweisen könnten. Wir kommen später darauf noch zurück. Wie dem auch
sei, deutlich ist jedenfalls, daß eine solche Ausdifferenzierung nur
Bestand haben kann, wenn eine gemeinsame Interessenlage der unter den
Begriff des Handwerks fallenden Personen vorhanden ist und wenn eine
hinreichend große politische Energie mobilisiert werden kann, um eine
solche Differenzierungsstrategie auch zu realisieren und beständig
Grenzen zu anderen aufrecht zu erhalten. "Standespolitik" dieser Art
ist dabei stets eine Politik der Schließung und Schleusung, d.h. der
Definition und Kontrolle der Zugehörigkeit zur Eigengruppe. War in der
vorindustriellen Zeit diese Politik der Schließung und Schleusung noch
weitgehend getragen durch eine auch kultische und religiös fundierte
Zunft, so geschieht dies heute nicht zuletzt über die Rechtspolitik.
Der "Große Befähigungsnachweis", spezielle Handwerksgesetze, Innungs-
und Kammerwesen definieren hier das formale Regelungssystem, das die
primäre Funktion der Konkurrenzbegrenzung hat. Wir haben damit drei
Teilsysteme, die für sich und in ihrer Beziehung zueinander untersucht
werden müßten, um zu bestimmen, was heute Handwerk heißt und wie es
seine sozio-ökonomische Sonderstellung zu bewahren weiß: (1): das
materiale System der Arbeit und der Arbeitsbedingungen, (2): das
rechtliche System der abgrenzenden Regulierungen und Sonderregelungen
und (3): das ideologische System des individuellen und kollektiven
Handwerksbewußtseins. Dabei wäre die Rolle der Handwerksorganisationen
gebührend zu berücksichtigen. Dazu wäre z.B. zu untersuchen, inwieweit
dort Handwerkskulturen oder auch -ideologien gepflegt und gefördert
werden, inwieweit also die kulturelle Reproduktion des Handwerks auch
im Bereich des Innungs- und Kammerwesens vollzogen wird. Auch der
Einfluß dieser Handwerksorganisationen auf die Legislative und Exeku-
tive wäre zu analysieren. Dies könnte aber nur im Rahmen einer ange-
wandten Verbands- und Organisationstheorie erfolgen. Mangels vorlie-
gender Untersuchungen zu diesem Komplex ist hier nichts weiter auszu-
führen.

- Zur deskriptiv-statistischen Lage des Handwerks

Das Handwerk insgesamt hat sich in der Zeit von 1949-1984 wie folgt
entwickelt:

Jahr	Zahl der Betriebe	Zahl der Beschäftigten	Ø Zahl der Beschäftigten pro Betrieb
1949	863.000	3.058.000	3,5
1956	752.000	3.625.000	4,8
1960	719.000	3.835.000	5,3
1967	597.000	3.899.000	6,5
1978	462.000	3.878.000	8,4
1984	461.000	3.734.000	8,1

(Quelle: RWI)

__Übersicht 29a:__ Entwicklung des Handwerks von 1949-1984

Seit 30 Jahren ist also die Zahl der im Handwerk Beschäftigten etwa
konstant und zwar sowohl absolut als auch relativ im Verhältnis zu den
Erwerbstätigen insgesamt (Quote: ca. 15%, diese Quote ist bemerkens-
werterweise seit mehreren hundert Jahren etwa gleich!). Die Zahl der
Betriebe ist also gesunken, was eine Vergrößerung der Betriebe, also
eine Konzentration, zur Folge gehabt hat. Heute arbeitet etwa die
Hälfte der im Handwerk Tätigen in Detrieben mit 20 u.m. Beschäftigten.
Die größten Betriebseinheiten sind dabei im Baugewerbe zu finden sowie
in der Gebäudereinigung. Der relative Anteil des Handwerks am Bruttoinlandsprodukt bleibt die gesamte Zeit hinweg ebenfalls gleich und
zwar bei ca. 11%. Diese bemerkenswerte Stabilität auf der hochaggre-
gierten Ebene ist sicherlich erklärungsbedürftig und läßt Fragen nach
den handwerksinternen Anpassungsprozessen entstehen, die ich hier
nicht beantworten kann. Einige Entwicklungen zeichnen sich aber auf
der Oberfläche ab:

- so nimmt der Umsatzanteil ständig zu, der auf Leistungen an die
  gewerbliche Wirtschaft entfällt, also im formellen System der Ökonomie verbleibt; der Anteil des Umsatzes mit Endverbrauchern liegt
  heute unter 50%

Nr.	Wirtschaftsgliederung	1968		1972		1976		1980		1982	
		I	H	I	H	I	H	I	H	I	H
2o	Chem. Industrie	100	100	149,2	348,9	295,6	324,2	421,4	-	457,4	-
21	H.v. Kunstst. u. Gummi	100	100	165,8	170,5	204,7	280,5	310,5	-	318,3	-
22	Gew.v. Steinen u. Erden	100	100	177,5	224,6	186,1	281,7	297,6	283,2	290,5	271,5
23	Eisen u. NE	100	100	125,7	185	179,1	236,9	248,9	324,3	262,9	320,3
24	Stahl-,Masch.-,Bau	100	100	164,4	201,3	229,4	271,6	362,9	405,1	404,9	394,4
25	Elektrotechnik	100	100	174,3	199,9	244,8	322	305,7	506,4	330,2	503,4
26	Holz-,Papier-,Druck	100	100	150,3	185,9	190,1	257,9	322,8	234,6	317,8	221,1
27	Leder-,Textil-,Bekl.	100	100	133,2	147,7	148,8	194,8	191,6	124,4	195,3	110,3
28/29	Nahrung-/Genuß	100	100	134,7	127,8	178,4	161,3	288,7	193,7	315,5	202

Übersicht 29b: Indexreihen der Umsatzentwicklung von Handwerk und Industrie 1968-1982

Anmerkungen:

(1) Bis 1976 einschließlich liegt der Wirtschaftsgliederung die Systematik der Wirtschaftszweige für die Umsatzsteuerstatistik, Ausgabe 1962, ab 1979 die Ausgabe 1979 zugrunde; für die Handwerksdaten 1980 und 1982 liegt die revidierte Kurzfassung der Systematik für die Handwerkszählung 1977 zugrunde.

(2) Ab 1979 enthalten die Daten für das Verarbeitende Gewerbe insgesamt auch die des produzierenden Handwerks.

(3) Bis 1976 einschließlich wurden nur Steuerpflichtige mit einem Umsatz von mehr als 12.000 DM ohne Mehrwertsteuer, aber 1979 mit mehr als 20.000 DM Umsatzsteuer erfaßt.

- weiterhin nimmt der Anteil des Handels am Umsatz des Handwerks zu
- eine Umorientierung auf Dienstleistungen ist festzustellen, insbesondere für die gewerbliche Wirtschaft.

Im Vergleich zur Entwicklung der Industrie läßt sich keinesfalls die einfache These stützen, daß die Industrie das Handwerk verdrängt habe. Wie die Übersicht 29b für die Zeit von 1968-1982 zeigt, zieht das Handwerk in einigen Bereichen (Steine/Erden, Stahl- und Maschinenbau) mit der Industrie etwa gleich.

In anderen Bereichen weist das Handwerk höhere Wachstumsraten auf (Eisen- und NE-Verarbeitung, Elektrotechnik). Nur in den Branchen: Holz/Papier/Druck, Leder/Textil/Bekleidung sowie Nahrungs- und Genußmittelherstellung hat eine Verdrängung stattgefunden (diese Berechnungen führt dankenswerterweise Dietmar Franck durch). Im Jahre 1978 (neuere Zahlen liegen mir zur Zeit leider nicht vor) verteilten sich die Marktanteile des produzierenden Handwerks gemäß Übersicht 30.

Zum Teil gravierende Umschichtungen innerhalb des Handwerks fanden zwischen den einzelnen Handwerkszweigen statt, die auch als Anpassungsprozesse interpretiert werden können. Dabei haben wir neben Konzentrationsprozessen innerhalb der Handwerkszweige auch solche für das Handwerk insgesamt zu verzeichnen. Heute (1984) entfallen auf nur 8% der Handwerkszweige 70% des Umsatzes, 56% der Betriebe und 60% der Beschäftigten. Solche Anpassungen und Bewegungen lassen sich mit einem populationsökologischen Ansatz nachvollziehen und interpretieren. Die Anpassungsprozesse laufen dabei offenbar nicht innerhalb der einzelnen Betriebseinheiten ab, sondern im Wege von Betriebsstillegungen und Neugründungen, also über populative Bewegungen. Nach der Handwerksrollenstatistik der Bundesrepublik Deutschland, die auch die handwerklichen Nebenbetriebe mit einbezieht (diese machen etwa 10% der Handwerksbetriebe insgesamt aus) hat sich der Gesamtbestand an Handwerksbetrieben von 1966-1985 von ca. 698.000 auf 538.000 reduziert. Diese Differenz von 160.000 Betrieben ist aber Resultat von insgesamt 565.000 Zugängen und 725.000 Abgängen an Betrieben im Verlaufe dieser 20 Jahre. Selbst wenn man für Umbuchungen und ähnliche Vorgänge ca. 10% von diesen Bewegungszahlen abzieht, bleibt das gewaltige Ausmaß der Bewegungen eindrucksvoll.

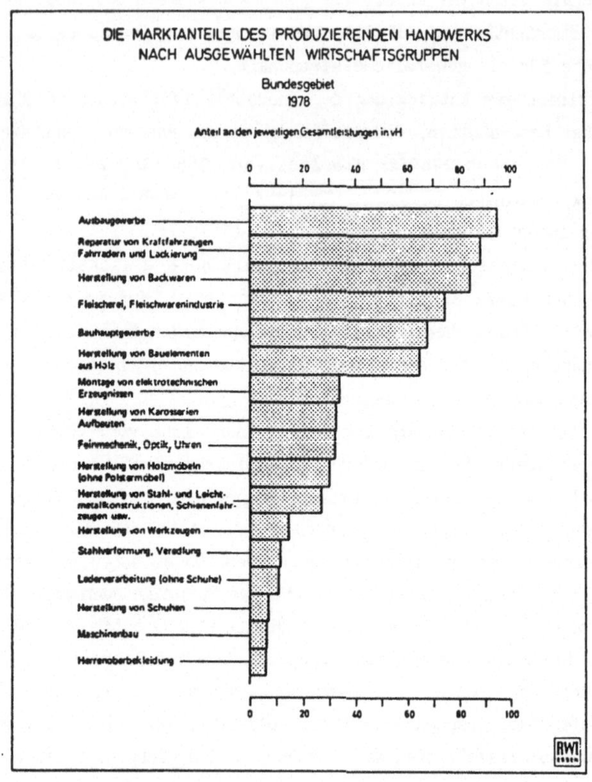

Übersicht 30: Marktanteile des produzierenden Handwerks (Quelle: BECKERMANN 1980)

Aber auch bereits dann, wenn man nur die Salden zwischen zwei Zeitpunkten vergleicht, läßt sich ein Eindruck von den Bewegungen im Handwerk vermitteln (vgl. Übersicht 31). Diese Zahlen drücken dabei noch gar nicht die "wirklichen Bewegungen" aus, da es sich ja nur um Differenzbeträge handelt. Aber trotzdem läßt auch bereits diese Übersicht die Frage nach den Steuerungsprozessen innerhalb dieses gesamten Bereichs gesellschaftlicher Arbeit entstehen. Von gleich großer Bedeutung ist die Frage nach den Folgen für die Arbeitskräfte, die durch solche Bewegungen freigesetzt werden. Forschungsergebnisse aus dem Bereich der Wissenschaft sind mir zu solchen Fragen nicht bekannt.

<u>Beschäftigte im Handwerk</u>
"Bewegungsbilanz 1970-1984"

Zugänge		Abgänge	
Bäcker	16.100	Fleischer	5.400
Konditoren	3.300	Schneider	44.800
KfZ-Mechaniker	2.500	Schumacher	21.900
Radio- u. Fernseh-techniker	2.500	Kürschner	1.400
		Möbeltischler	7.100
Augenoptiker	7.900	Raumausstatter	8.600
Zahntechniker	24.700	Textilreiniger	19.300
Zimmerer	1.600	Elektroinstallateur (Hd., Rep.)	200
Dachdecker	15.800		
Sanitär- u. Heizungs-techniker	5.100	Fotografen	3.500
		Uhrmacher, Gold- u. Silberschmiede	6.900
Elektroinst. (Bau)	2.700		
Schlosser	14.500	Friseure	14.900
Maschinenbau u. Werkzeugmacher	8.400	Maurer u. Straßenb.	289.000
		Maler u. Lackierer	30.000
Karosseriebauer	3.400	Bautischler	10.000
Gebäudereiniger	241.800	Landmaschinenmech.	4.800
Abgänge von Handwerk insgesamt	157.500	Übrige	44.800
	513.700		513.700

<u>Übersicht</u> <u>31</u>: "Bewegungsbilanz" der Beschäftigten im Handwerk 1970-1984 (Quelle der Daten: RWI)

Auf der statistischen Ebene kann also das eine oder andere gebildet werden; eine Tiefenanalyse, insbesondere in die internen Strukturen und Prozesse des Handwerks hinein, läßt sich damit allerdings nicht durchführen. Auch Daten über arbeitssituationale Bedingungen - soweit sie überhaupt vorliegen - sind eher oberflächlicher Art. So hat WEIMER (1983) im Auftrag des RKW eine Auswertung offizieller Statistiken unter dem Aspekt der Lage der Klein- und Mittelunternehmen vorgenommen und zwar im Hinblick auf Lohn, Qualifikation, Arbeitsbedingungen u.ä. Größen mehr. Soweit dort überhaupt speziell auf das Handwerk Bezug genommen wird, läßt sich feststellen, daß die Tariflöhne etwa dem Niveau der Industrie entsprechen, die Effektivlöhne aber niedriger liegen; wegen des relativ hohen Facharbeiter- bzw. Gesellenanteils ist zumindest das formale Qualifikationsniveau in dieser Hinsicht nicht geringer als in der Industrie, es fehlt aber natürlich zum großen Teil der ganze Bereich der akademisch höher Ausgebildeten. Was Arbeitsbedingungen und Arbeitsbelastungen anbelangt, ist zu konstatieren, daß im Handwerk wegen eines geringeren Technisierungs- und Rationalisierungsniveaus der Anteil körperlicher Schwerarbeit sowie allgemein die Arbeitsbelastungen höher liegen als in der Industrie - ausgenommen vermutlich die nervlichen Belastungen. Besonders belastete Berufe sind vornehmlich im Handwerk zu finden. Auch der Unfallschutz dürfte dort insgesamt eine geringere Bedeutung haben als in der Industrie (vgl. WEIMER 1983).

Mit diesen Stichworten beschließen wir unsere einführenden Hinweise auf Elemente, Strukturen und Prozese der realen Ebene der Wirtschaft. Wie stets bei solchen Einführungen ist das allermeiste nicht angesprochen worden.

2. Ökonomische Steuerung und gesellschaftliche Formbestimmtheit der Wirtschaft

2.1. Die kapitalistischen Produktionsverhältnisse im Überblick

2.1.1. Vorbemerkungen

Wir wollen uns nun in ausgewählten Aspekten der Ebene der ökonomischen Steuerung der realen Prozesse und der Ebene der gesellschaftlichen Formbestimmtheit der Wirtschaft zuwenden. Um einen systematischen Überblick über die nachfolgenden Ausführungen zu verschaffen, soll das formale Schema, das in dem Kapitel B entwickelt wurde, nun inhaltlich konkreter ausgefüllt werden. Dabei konzentrieren wir uns auf die (moderne) kapitalistische Produktionsweise. Elemente der realen Ebene dieser Produktionsweise haben wir bereits bezüglich der Bundesrepublik Deutschland kennengelernt: hoher Kapitalstock, reales Wachstum des Bruttosozialproduktes, 90% aller Erwerbstätigen sind abhängig Beschäftigte, Einsatz von Technik auf wissenschaftlicher Grundlage usw.. Im folgenden geht es nun um die weiteren Ebenen des sozial-ökonomischen Systems: wie wird in dieser Produktionsweise der ökonomische Produktions- und Austauschprozeß "gesteuert", welche gesellschaftlichen Verhältnisse prägen die ökonomischen Stoffwechsel- und Aneignungsprozesse? Existieren regulative Institutionen der abstützenden Absicherung der Reproduktion des Gesamtsystems?

MAX WEBER, der sich in seinem Gesamtwerk ausführlich mit der Entstehung des modernen Kapitalismus auseinandergesetzt hat, bringt die seiner Auffassung nach wesentlichen Charakteristika des modernen Kapitalismus in den "Vorbemerkungen zu den gesammelten Aufsätzen zur Religionssoziologie" (WEBER 1964c, S.343ff) besonders klar zum Ausdruck. Danach ist Kapitalismus

- "identisch mit dem Streben nach Gewinn, im kontinuierlichen, rationalen kapitalistischen Betrieb: nach immer erneutem Gewinn: nach 'Rentabilität'"
- das ökonomische Handeln ist orientiert an Kapitalrechnung, d.h. planmäßigem, formal-rationalem Kalkül
- der "neuzeitliche" Kapitalismus beruht auf (formell) freier Arbeit (also nicht z.B. Sklavenwirtschaft oder feudal gebundenen Arbeitspersonen), auf
- freiem Gütermarkt, auf
- der Trennung von Haushalt und Betrieb sowie auf
- rationaler Technik und Betriebsorganisation.

Gegen diese Beschreibung wird man kaum etwas einwenden können - allein sie bewegt sich auf der Oberfläche der "Erscheinungen". Es fehlen Kategorien, die das, was wir vorn in Anlehnung an MATURANA die "Organisation" genannt haben, erfassen. Es fehlen Kategorien und Theoreme, die den Reproduktionsprozeß dieser Produktionsweise selbst erfassen. Es ist kein Ansatz, der unterschiedliche theoretische Zugangsebenen unterscheidet. WEBER kann deshalb auch nicht erklären, wie der Akkumulationsprozeß des Kapitals selbst zustande kommt. Das Besondere des Kapitalismus ist für WEBER beschreibbar mit Hilfe der Kategorie der Rationalität und Paraphrasierungen dieses Themas, die sich z.B. auf die Bedingungen der Möglichkeit von Rationalität beziehen ("freie Arbeit", Entwicklung des Prinzips der methodischen Lebensführung im Puritanismus, um zwei Beispiele zu nennen). Abgesehen von den gravierenden theoretischen Schwierigkeiten, die immer dann auftreten, wenn man auf die "Irrationalitäten" (auch formaler Art) innerhalb dieser Produktionsweise hinweisen kann, bleibt die WEBERsche Kennzeichnung selbst formal. Alles das, was WEBER als Eigenheiten des Kapitalismus betont, ist m.E. nur Folge oder Bedingung des Kapitalismus, Erscheinungsweise, nicht der Kapitalismus selbst. WEBER formuliert sozusagen um den Kern herum. Wir wollen dagegen in der grundlegenden Charakterisierung MARX folgen und Kapitalismus als eine ökonomische Gesellschaftsformation verstehen, in der das Kapital als ein spezifisches sozio-ökonomisches Verhältnis der Aneignung von Mehrarbeit fungiert (siehe zur vergleichenden Auseinandersetzung mit MARX und WEBER: BADER et al. 1980; klassisch LÖWITH 1960). "Kapital" kann deshalb in der Wirtschaftssoziologie nicht wie in der herrschenden Ökonomik als Inbegriff eingesetzter Produktionsmittel oder als Herkunftsbezeichnung für Vermögensgegenstände einer Unternehmung definiert werden. "Kapital" heißen in einem sozialtheoretisch gehaltvollen Sinne vielmehr eingesetzte Produktionsmittel erst dann, wenn sie der akkumulativen Aneignung der Erträge fremder Arbeit dienen (vgl. zur Bestimmung des Kapitals als gesellschaftliches Verhältnis zwei besonders pointierte Textstellen bei MARX 1973, S.407ff sowie 1964, S.822ff). Diese Fremdheitsbeziehung zwischen Kapital und Arbeit kann dabei durchaus unterschiedlich konstituiert sein. Zu MARXens Lebzeiten im letzten Jahrhundert hatte man natürlich noch vornehmlich an die Fremdheit zu denken, die durch die formal-juristischen Eigentumsbeziehungen gesetzt war: der Unternehmer war insofern Kapitalist als er Eigentum an den Produktionsmitteln hatte und fremde Arbeit zu "beschäftigen" in der Lage war. Diese Form existiert heute natürlich auch noch, nur scheint die

Fremdheitsbeziehung vielfältiger und abstrakter geworden zu sein. Die massenhafte Umwandlung der großen Unternehmungen in juristische Personen mit beschränkter Haftung, staatliches Eigentum in erheblichen Größenordnungen (z.B. Bahn, Post, Teile der Energieversorgungsunternehmen, Krankenhäuser, Bildungseinrichtungen, Verkehrseinrichtungen, Verwaltungen) und schwerer durchschaubare Mechanismen der Kapitalverwertung lassen insgesamt für die 90% aller Erwerbstätigen, die Güter her- bzw. bereitstellen, die sie nicht selbst verwerten bzw. die Güter verwerten, die sie nicht selbst hergestellt haben, die reale Fremdheit eher noch größer erscheinen. Zwar haben wir auch heute noch konkrete Personen, die man als "Kapitalisten" bezeichnen kann. Der Trend aber geht hin zu einem "Kapitalismus ohne Kapitalisten". Dies wäre der Fall, in dem das Kapital nicht nur dem Scheine nach, sondern faktisch sich selbst verwertet. (Eine kleine Spekulation: selbst wenn heute in der Bundesrepublik alle Unternehmungen in das juristische Eigentum der Erwerbstätigen selbst fielen, selbst wenn dann die angestellten Manager innerhalb der Betriebe von allen gewählt würden, dürften sich die Zwänge zur rentablen Kapitalverwertung mit all' ihren Folgeerscheinungen kaum auflösen; vgl. dazu unter anderem Aspekt bereits ENGELS 1973, S.260).

2.1.2. Konkretisierung des analytischen Bezugrahmens

Um unseren allgemeinen Bezugsrahmen zu konkretisieren, nehmen wir zunächst einmal eine drastische Vereinfachung vor. In neutralen Ausdrücken formuliert, setzen im System der Wirtschaft _Menschen_ _Produktionsmittel_ ein, um _Produkte_, ggf. _Überschüsse_, zu produzieren, die letztlich in irgendeiner Weise auf das "System der _Bedürfnisse_" bezogen sind. Wir wollen nun die unterschiedlichen Ebenen des kapitalistischen Wirtschaftssystems dadurch verdeutlichen, daß wir den Sachverhalten, die mit den eben genannten unterstrichenen Begriffen gemeint sind, jeweils spezielle analytische Kategorien zuordnen. Insgesamt ergibt sich die in der Übersicht 32 wiedergegebene Tabelle.

1. Die allgemeinen Sachverhalte ...	Menschen	Produktionsmittel	Produkte	Überschüsse	Bedürfnisse
2. ...erscheinen auf der <u>realen</u> <u>Ebene</u> als ...	Arbeitskraft	akkumulierte Produktivkräfte	Gebrauchswerte	Mehrprodukte	Bedarfe
3. ...erscheinen auf der <u>ökonomischen</u> <u>Steuerungs-</u> <u>ebene</u> als...	Lohnkosten	Investitionen, Kosten	Waren mit Preisen	Gewinne	Nachfrage
4. ...erscheinen auf der <u>gesell.-</u> <u>formativen</u> <u>Ebene</u> als...	Lohnarbeit	Kapital	Werte	Mehrwerte	Interessen
5. Ebenen 3 und 4 werden verklammert über ...	Eigentumsverhältnisse		Marktverhältnisse		Machtverhältnisse
6. das Gesamtsystem wird reguliert durch ...	Staat, nicht-staatl. Verbände, Bewußtsein, Ideologien, politische Kultur ...				

<u>Übersicht 32:</u> Kategorientabelle des analytischen Bezugsrahmens

Bevor wir einige zentrale Elemente ausführlicher behandeln, seien knappe Erläuterungen zu der Kategorientabelle gegeben. Diese soll insgesamt diejenigen Auftrennungen und Abstraktionen widerspiegeln, die für die kapitalistische Produktionsweise typisch sind.

- Die <u>arbeitenden</u> <u>Menschen</u> sind auf der realen Ebene nur mit ihrer Arbeitskraft von Bedeutung, wobei - wie oben ausgeführt - der Wert des Arbeitsvermögens allein von der Verfaßtheit des Gesamtsystems bestimmt wird. Unter der monetären Steuerungsperspektive dagegen wird allein der Aspekt der Kosten des Einsatzes von Arbeitskraft thematisiert. Zwischen beiden Gesichtspunkten können sich dabei durchaus Inkongruenzen ergeben, weil Qualifikationen und Lohnkosten divergent sind. Auf der gesellschaftlich-formativen Ebene ist die größte Zahl (90%) der Erwerbstätigen in einem Lohnarbeitsverhältnis beschäftigt; dies ist <u>ein</u> Wesensmerkmal des Kapitalismus. Sie erscheinen auf dieser Ebene also als rechtlich definierte Vertragspartner mit im einzelnen zugestandenen Rechten und auferlegten Pflichten (Arbeitsrecht).

- Die <u>Produktionsmittel</u> stellen sich auf der realen Ebene (wie ausgeführt) als akkumulierte Produktivkräfte der Arbeit dar; auf der monetären Steuerungsebene dagegen als Investitionen bzw. Kosten (Abschreibungen, Betriebsmittel, Verbrauchsmittel etc.). Nur insofern gehen sie in unternehmerische Kalküle ein. Auf der gesellschaftlich-formativen Ebene haben Produktionsmittel Kapitalfunktion, d.h. sie dienen der Steigerung der Arbeitsproduktivität, um damit das Ausmaß an möglicher Mehrarbeit zu erhöhen, deren Erträge dann - zumindest zum Teil - zur Erhöhung des Kapitalstocks bzw. zu dessen innerem Wachstum an Effizienz führen. Lohnarbeits- und Kapitalverhältnis sind zwei Seiten derselben Sache. Sie sind gesellschaftliche Verhältnisse, weil Aneignungs- und Herrschaftsfunktionen nicht der realen Ökonomie entspringen, sondern der sozialen Strukturierung von Ungleichheit.

- Die <u>Produkte</u> oder Güter die - wie ausgeführt - auf der realen Ebene als Gebrauchswerte erscheinen, erhalten auf der ökonomischen Steuerungsebene Warencharakter. Als Waren drücken sie ihre Tauschrelationen zueinander in Preisen aus. Darauf kommen wir gleich ausführlicher zu sprechen. Auf der gesellschaftlich-formativen Ebene nehmen die Güter des ökonomischen Verkehrs die Wertform an; d.h. sie erscheinen als etwas anderes als auf der realen Ebene. Konkreter ist dies die Form des Tauschwertes, die die Waren annehmen. Güter erscheinen also unter vier Aspekten: in der Gebrauchswertform, in der Warenform, in der Wertform sowie in der Preisform.

- Die produzierten <u>Überschüsse</u> stellen sich auf der realen Ebene als Mehrprodukte von Mehrarbeit dar (der Leser wird sich an die Ausführungen vorn erinnern). Auf der ökonomisch-monetären Steuerungsebene können diese Überschüsse die Geldform des Gewinnes annehmen, während seit MARX die Kategorie des Mehrwertes für die gesellschaftlich-formative Ebene zur Bezeichnung derjenigen Überschüsse reserviert ist, die eine Gewinnerzielung überhaupt erst ermöglichen. Mehrwert und Gewinn sind dabei vollkommen unterschiedlicher Qualität, wie wir noch sehen werden.

- Die Kategorie der <u>Bedürfnisse</u> führe ich hier als "außerökonomische" Größe wieder ein, um exemplarisch deutlich zu machen, daß unsere Ebenendifferenzierung durchaus anschlußfähig ist an angestammte Begriffsfassungen und um zu zeigen, auf welchem Wege das Individuum sozusagen wieder in die Wirtschaft hineinkommt. Auf der realen Ebene läßt sich sinnvoll die Kategorie des Bedarfs ansiedeln; auf der Steuerungsebene diejenige der Nachfrage, womit wir uns in Übereinstimmung mit der üblichen nationalökonomischen Begriffsfassung befinden. Auf der gesellschaftlich-formativen Ebene scheint die Kategorie des Interesses angemessen zu sein. Das werden wir noch zu begründen haben.

- Der sozio-ökonomische Gesamtprozeß wird nun institutionell verklammert und reproduziert durch die Eigentums-, Macht- und Marktverhältnisse. Diese bilden die konkreten Strukturen dieses gesellschaftlichen Teilsystems aus.

- Schließlich wird in der Tabelle nochmals auf die regulative Ebene hingewiesen. Ausführungen dazu erfolgen im Kapitel 3.

2.2. <u>Elemente der ökonomischen Steuerungsebene</u>

2.2.1. <u>Die Warenform der Güter des gesellschaftlichen Austausches</u>

Güter können im formellen System der kapitalistischen Marktwirtschaft nur prozessiert werden, wenn sie die Warenform annehmen. Warenform

erhalten diejenigen Güter, die <u>zwischen</u> Wirtschaftssubjekten ausgetauscht werden. Wenn z.B. innerhalb einer großen Unternehmung Teilprodukte von einem Werk in ein anderes transportiert werden, erfolgt
diese ökonomische Formverwandlung in Ware offenbar nicht, wohl aber,
wenn die gleichen Teilprodukte einer fremden Unternehmung gegen Geld
überlassen werden. Wenn innerhalb eines Bekanntenkreises einer dem
anderen Tips für die Steuererklärung gibt, hat diese Dienstleistung
offenbar keinen Warencharakter; wenn ein Steuerberater konsultiert
wird dagegen schon. Wenn jemand einen Tisch in Heimarbeit zu eigenem
Gebrauch fertigt, nimmt dieses Produkt keine Warenform an; wenn ein
Möbelschreiner einen Tisch für einen Besteller herstellt, ist dies
anders. Wenn jemand einen Blumenstrauß kauft, nimmt dieser für einen
Moment die Warenform an; verschenkt er ihn an seine Frau, erhält er
offenbar diese Form nicht. Wenn jemand ein Brötchen kauft, hat es in
dem Moment die Warenform; wenn er es aufißt, offenbar nicht mehr.
Die Warenform ist eine spezifische sozio-ökonomische Gestalt, die ein
Gut innerhalb einer ökonomischen Interaktion annimmt. Etwas wird zur
Ware, wenn es von dem einen "ver-äußert" und von dem anderen "ent-
äußert" wird. Die Warenform ist also eine Zwischenform, in der Produkte sich von den Produzenten ablösen und einem anderen übertragen
werden und zwar unter Entstehung eines Anspruchs auf Gegenleistung. In
der ökonomischen Interaktion findet also ein Prozeß der Formverwandlung statt. Dies hat SCHILLER bereits ausgedrückt. In seinem Gedicht
"Pegasus im Joche" heißt es zu Beginn: "Auf einem Pferdemarkt - viel-
leicht zu Haymarket,/wo andre <u>Dinge</u> <u>noch</u> <u>in</u> <u>Ware</u> <u>sich</u> <u>verwandeln</u>,/
Bracht' einst ein hungriger Poet/Der Musen Roß, es zu verhandeln". Ein
Ding wird gleichsam sich selbst entfremdet, indem es zu Ware wird. In
welcher Weise es dann wieder angeeignet wird, ob es gar in diesem Akt
wieder zu sich selbst kommt, bleibt dahingestellt, hängt von dem
Erwerber ab (Pegasus kommt erst zum Schluß nach diversen "Entfremdun-
gen" wieder zu sich selbst). Dem Verkäufer ist es jedenfalls durchweg
gleichgültig, welchem Gebrauch das Produkt zugeführt wird.
Die Warenform ist also die Transport- oder Zirkulationsform von Produkten; sie ermöglicht ein "Herbeischaffen", läßt das "Verwenden"
unberührt. Das "Herbeischaffen" ist nun nach ARISTOTELES der Gegenstand der Erwerbskunst (der Chrematistik - der "Krämerlehre"), das

"Verwenden" Gegenstand der Ökonomie im engeren Sinne (ARISTOTELES 1965, S.21). So ist es auch verständlich, daß der Ausdruck "Ware" der Blütezeit des Hansehandels im Mittelalter entstammt und dort wohl aus der "Gewähr", die der Händler dem Käufer zu leisten hatte herrührt. Jedenfalls wird "Ware" dann alsbald für alle Güter gebraucht, die Handelsobjekt sind und die den Schatz des Kaufmanns bilden. Dies verweist bereits auf ökonomisch-gesellschaftliche Bedingungen: es muß Überschußproduktion vorliegen, Arbeitsteilung vorhanden, Nachfrage gegeben sein. Der Händler darf nicht am Produkt als Gebrauchswert, sondern nur an der Warenform interessiert sein. Es muß Austauschregeln geben und Austauschinstitutionen. Mit der Ware wird etwas Fremdes erworben, mit ihrer Produktion etwas für Fremde her- oder bereitgestellt. Ihre Produktion erfolgt gemäß Nachfragevermutungen des Produzenten bezüglich potentieller Käufer; ihr Erwerb erfolgt aufgrund von "Gebrauchswertversprechen" (so ein Terminus von HAUG 1980) seitens des Verkäufers bzw. der Ware selbst. Da die Warenform die interaktionale Prozeßform eines Produktes ist, läßt sie sich in ihrer kommunikativen Qualität untersuchen. Man kann sogar noch schärfer formulieren: <u>die Warenform ist die ökonomische Kommunikationsform der Produkte.</u> Ökonomisches Kommunikationselement ist also nicht nur das Geld, wie LUHMANN behauptet. Nur weil dies so ist, kann man z.B. überhaupt von einer "Warenästhetik" sprechen (so HAUG 1980).
Die "Fungibilisierung" von Produkten setzt nicht nur ein Verrechnungs- und Steuerungsmedium wie z.B. das moderne Geld, sondern eben auch eine abstraktere Form der Produkte selbst voraus. Die Abstraktheit des warenförmigen ökonomischen Verkehrs zeigt sich also nicht nur in der Preisform der Produkte, in der alle Qualitäten auf einen einzigen quantitativen Geldausdruck kondensiert sind, sondern daneben in nicht-monetären sprachlichen, ästhetischen oder anderen z.B. bestimmte Lebensformen symbolisierenden Codierungen. Diese zeigen sich in konkreter Gestalt dann im Design, in Produktnamen, in Verpackungen, in Marktingkontexten, in Angebotsorten und -arten, die allesamt auf generalisierte Deutungs- und Bedeutungsmuster angewiesen sind, um überhaupt formuliert und verstanden werden zu können. Produkte müssen zeigen, daß sie Waren sind, sie müssen dies kommunizieren.

Die MARXsche Fassung des Warenbegriffs ist in sich unklar bis widersprüchlich und vor dem Hintergrund der eben angestellten Überlegungen
defizitär. MARX formuliert zunächst zu Beginn des ersten Bandes des
"Kapitals":

"Die Ware ist zunächst ein äußerer Gegenstand, ein Ding, das durch
seine Eigenschaften menschliche Bedürfnisse irgendeiner Art befrie-
digt" (MARX 1968, S.69).
Und in der "Kritik der Politischen Ökonomie":
"Die Ware ist zunächst, in der Sprechweise der englischen Ökonomen,
irgendein Ding, notwendig, nützlich, oder angenehm für das Leben,
Gegenstand menschlicher Bedürfnisse, Lebensmittel im weitesten Sinne
des Wortes. Dieses Dasein der Ware als Gebrauchswert und ihre natürliche handgreifliche Existenz fallen zusammen" (MARX 1974, S.15).

Hier werden Form und Inhalt verwechselt: in der <u>Warenform</u> sind Dinge
gewiß keine "Lebensmittel", sondern in ihrer Eigenschaft als Gebrauchswert. Im Gebrauch verliert ein Ding ja gerade seine Wareneigen-
schaft. Der Gebrauchswert ist keine Unterform der Ware, sondern des
Produktes. Daß MARXens Begriffsfassung unstimmig ist, zeigt sich auch
daran, daß er im weiteren Verlauf seiner Überlegungen und in anderen
Zusammenhängen durchaus einen spezielleren Warenbegriff als Formbe-
griff verwendet; z.B.:

"Nur Produkte selbständiger und voneinander unabhängiger Privatarbei-
ten treten einander als Waren gegenüber" (MARX 1961, S.57).
Oder noch klarer:
"Wir gehen von der <u>Ware</u> - von dieser spezifischen gesellschaftlichen
Form des Produktes - als Grundlage und Voraussetzung der kapitalisti-
schen Produktion aus. ... Als solche Voraussetzung behandeln wir die
Ware, indem wir von ihr als dem einfachsten Element der kapitalisti-
schen Produktion ausgehn". "Andrerseits aber ist das Produkt, das
Resultat der kapitalistischen Produktion, Ware" (MARX 1968, MEW 26.3,
S.108).

Die Besonderheiten der Warenform werden in der Doppelnatur von Gebrauchswert und Tauschwert gesehen, wobei die (Tausch-)Wertform die
kapitalistische Spezialität ist. Darauf kommen wir im nächsten Kapitel
zu sprechen.
Der Anschlußsatz an den eben zitierten Text ist aber noch wesentlich
im Hinblick auf die vorn (Teil B) eingeführte Kategorie der "autopoietischen" Selbstreproduktion des ökonomischen Systems. In genau der

gleichen Sprache wie heute MATURANA und LUHMANN formuliert MARX nämlich: "Was als ihr Element erscheint, stellt sich später als ihr eigenes Produkt dar" (ebenda). Die Autopoiesis des ökonomischen Systems wird hier also auf der Ebene der Warenform gesehen: die Elemente des Systems (Waren) werden aus den Elementen des Systems (Waren) produziert. Daß dies nur ein Aspekt der "Autopoiesis" bei MARX ist, werden wir noch sehen; daß MARX hier weiter ist als LUHMANN, sieht man aber bereits jetzt.

Im formellen Sektor unserer Wirtschaft verläuft die gesellschaftliche Aneignung arbeitsteilig von privaten Einzelproduzenten her- bzw. bereitgestellter Güter weitgehend über die Warenform ab. Sie ist die Form, in der die "gesellschaftliche Synthesis" erfolgt, wie SOHN-RETHEL diesen Sachverhalt ausdrückt (SOHN-RETHEL 1972). Die "Wiederaneignung" erfolgt also z.B. nicht über ein zentralistisches System der Redistribution oder über die Zuteilung und Einlösung von Anrechtsscheinen auf erzeugte Güter. Sie erfolgt auch nicht planmäßig oder kooperativ, sondern abstrakter: die Ware abstrahiert von ihren Produktionsbedingungen genauso wie von ihren Verwendungsbedingungen. SOHN-RETHEL spricht deshalb von einer "abstraktiven Kraft des Warentausches" (ebenda, S.46). Er verfolgt im weiteren die These der prägenden Potenz dieser Form ökonomischen Verkehrs auf die menschlichen Denk- und Erkenntnisweisen. Hier wird also ein Aspekt der ökonomischen Formbestimmtheit der Gesellschaft thematisiert. Zuvor hatte LUKACS (LUKACS 1970/1923/) die auf die gesamten Gesellschaftsverhältnisse durchschlagenden "struktiven" Wirkungen der Warenform untersucht und mit der Kategorie der "Verdinglichung" belegt. Es entstehe durch diese Form der abstrakten ökonomischen Kommunikation eine "zweite Natur" der vermeintlich objektiven Zusammenhänge und Sachzwänge, die dem Menschen das Bewußtsein der gesellschaftlichen Konstruiertheit ihrer Ökonomie nähmen und damit ein revolutionäres Bewußtsein unterdrückten. Wir wollen LUKACS einmal selbst etwas ausführlicher zu Worte kommen lassen:

"An dieser struktiven Grundtatsache ist vor allem festzuhalten, daß durch sie dem Menschen seine eigene Tätigkeit, seine eigene Arbeit als etwas Objektives, von ihm Unabhängiges, ihn durch menschenfremde Eigengesetzlichkeit Beherrschendes gegenübergestellt wird. U.z. geschieht dies sowohl in objektiver wie in subjektiver Hinsicht. Objektiv, indem eine Welt von fertigen Dingen und Dingbeziehungen entsteht (die Welt der Waren und ihrer Bewegung auf dem Markte), deren Gesetze zwar allmählich von den Menschen erkannt werden, die aber auch in diesem Falle ihnen als unbezwingbare, sich von selbst auswirkende Mächte gegenüberstehen. Ihre Erkenntnis kann also zwar vom Individuum zu seinem Vorteil ausgenützt werden, ohne daß es ihm auch dann gegeben wäre, durch seine Tätigkeit eine verändernde Einwirkung auf den realen Ablauf selbst auszuüben. Subjektiv, indem, - bei vollendeter Warenwirtschaft - die Tätigkeit des Menschen sich ihm selbst gegenüber objektiviert, zur Ware wird, die der menschenfremden Objektivtät von gesellschaftlichen Naturgesetzen unterworfen, ebenso unabhängig vom Menschen ihre Bewegungen vollziehen muß, wie irgendein zum Warending gewordenes Gut der Bedarfsbefriedigung. Was also die kapitalistische Epoche charakterisiert, sagt MARX, ist, daß die Arbeitskraft für den Arbeiter selbst die Form einer ihm gehörigen Ware...erhält. Andererseits verallgemeinert sich erst in diesem Augenblick die Warenform der Arbeitsprodukte". (LUKACS, a.a.O., S.175)

Hierin wird der Sachverhalt der Verdinglichung u.a. auf zwei weitere Momente, die noch nicht von mir genannt wurden, zurückgeführt: (1) den besonders großen Umfang derjenigen Produkte, die unter dem Kapitalismus überhaupt die Warenform annehmen und (2) auf die Warenform der Arbeitskraft selbst.

Den **ersten Aspekt** betont u.a. auch WALLERSTEIN besonders, wenn er meint, daß man sagen könne, "daß die historische Entwicklung des Kapitalismus den Drang beinhalte, alle Dinge in Waren zu verwandeln" (WALLERSTEIN 1984, S.11). Die Warenform ermöglicht offenbar eine Entgrenzung der Produktion und spiegelbildlich dazu eine Entgrenzung des Erwerbs von Produkten, so daß MARX sein "Kapital" mit dem Satz einleiten kann: "Der Reichtum der Gesellschaften, in welchen kapitalistische Produktionsweise herrscht, erscheint als eine 'ungeheure Warensammlung'" (MARX 1968, S.49). Unter dem Kapitalismus müssen immer neue Produkte erfunden, immer weitere Bereiche "kommodifiziert" werden, weil sonst der Prozeß der Akkumulation nicht fortschreiten kann. Damit wird diese Produktionsweise als expansiv, imperialistisch oder kolonialistisch (HABERMAS) gekennzeichnet. Dieser Aspekt wurde insbesondere von POLANYI (1978) vertieft, von dem wir einige Grundüberlegungen in dem Abschnitt über Markt referieren werden.

Der **zweite Aspekt,** nach dem auch die Arbeitskraft (**nicht:** der Arbeitende!) zur Ware wird, läßt sich z.T. bereits auf dieser Ebene, z.T. aber auch erst an späterer Stelle klar machen. Die Warenform ist, so wurde ausgeführt, die Bewegungsform des ökonomischen Verkehrs. Für die kapitalistische Produktionsweise ist es nun unabdingbar, daß auch das gesellschaftliche Arbeitsvermögen fungibel ist, damit es je nach den Erfordernissen eines effizienten Kapitaleinsatzes realloziert werden kann. Feudale Bindungen an Grund, Boden und Haus z.B. erfüllen diese Voraussetzung nicht. Erst der "freie Arbeiter" auf einem freien Arbeitsmarkt, erst die Institution der Vertragsfreiheit also, schafft hier notwendige Voraussetzungen. Damit aber die Allokation der Arbeitskraft ökonomisch steuerbar ist, muß sich ein Arbeitsmarkt ausbilden, der als flexibler Fond des gesellschaftlichen Arbeitsvermögens fungiert, indem aus ihm je nach Bedarf Arbeitskraft bezogen bzw. sie wieder in ihn hinein entlassen werden kann. Neben anderen Waren zur Produktion ist auf diese Weise zum Preis des Arbeitslohns Arbeitskraft beziehbar, einsetzbar, verwertbar. Das Problem, auf das nun insbesondere POLANYI (ebenda) hinweist, besteht darin, daß im Gegensatz zu anderen Waren der Träger der Ware Arbeitskraft, nämlich der Arbeiter, nicht für den Verkauf produziert wird (gleiches gilt natürlich für die Natur). Die Arbeitskraft werde damit nur _wie_ eine Ware behandelt, sei aber keine.

Die Warenform erzeugt somit eine gegenüber der sonstigen Warenförmigkeit verschärfte Entfremdungssituation: sein Arbeitsvermögen erzeugt der Arbeitende (durch Ausbildung z.B.) zum Verkauf an Fremde. Den Käufer interessiert nur das Arbeitsvermögen, ihm bleiben die Person sowie der Produktionsprozeß des Arbeitsvermögens fremd. Auch für die Arbeitskraft als Ware trifft der Sachverhalt der kommunikativen Verselbständigung zu. Nicht nur an Diplome, Zeugnisse, Titel, Subsumtion unter Lohngruppen, sprachliche Verselbständigungen von Stellenbeschreibungen und Qualifikationen ("dynamisch", "mobil", "verantwortungsbewußt", "zuverlässig" usw.) ist zu denken, sondern in erster Linie an die moderne Form der Beruflichkeit des Arbeitsvermögens im formellen Sektor der Wirtschaft. Man kann mit BECK/BRATER/DAHEIM (1980) die Berufsform des Arbeitsvermögens als dessen Warenform begreifen. Berufe werden von diesen Autoren als "Fähigkeitsschablonen" jeweils bestimmten Zuschnitts begriffen, denen konkrete Arbeitskraft

subsumiert wird und unter denen sie auf dem Arbeitsmarkt erscheint.
Diese Fähigkeitsschablonen sind durchaus in unserem Sinne kommunikative Codeformen. Sie signalisieren sozusagen ein Gebrauchswertversprechen, indem sie Qualifikationserwartungen erzeugen, stabilisieren und
standardisieren. Wie andere generalisierte und standardisierte Verco-
dungen dienen sie der Erleichterung des ökonomischen Verkehrs durch
Orientierungsvereinfachung, d.h. durch Abstraktion von allem Besonderen der individuellen Subjekte. Diese Codifizierungsbemühungen gehen
in der Bundesrepublik relativ weit. Zwar kann man etwa 26.000 verschiedene Berufsbezeichnungen feststellen; die Zahl der amtlich aner-
kannten Ausbildungsberufe ist aber reduziert auf etwa 450. Durch
Ausbildungsverordnungen wird hier versucht, Eingrenzungen, Ausgrenzungen und Standardisierung vorzunehmen. Das führt in extremen Fällen,
z.B. im Bereich des Handwerkes mit seinen 125 abgegrenzten Handwerks-
gruppen, dazu, daß diese Differenzierungen zu Arbeitsverboten über die
codifizierten Grenzen hinweg führen, ob faktisch die Qualifikationen
vorhanden sind oder nicht. Die Warenform ist damit zugleich eine Form,
in der auf dem Arbeitsmarkt die Konkurrenz reguliert wird.
Insgesamt läßt sich festhalten, daß die in der Warenform gesetzte
Fremdheit, Objektivität, Verselbständigung und Standardisierung Bedingung ist für die Entwicklung und Aufrechterhaltung des äußerst komplexen Systems der Wirtschaft. Das erhebliche Ausmaß an Umwegproduktionen, Verkettungen, Reallokationen und Bewegungen ist nur auf der
Grundlage einer solchen Verdinglichung möglich. Das System benötigt
als System den unpersönlichen, auftrennenden Vergesellschaftungsmodus
der Warenform.

2.2.2. Die Geldform des gesellschaftlichen Austauschs der Waren

2.2.2.1. Allgemeine Bestimmung der Geldform

Güter sind nur als Elemente des formellen Systems der Wirtschaft
Waren. Sie erhalten diese Form nur solange, wie sie sich innerhalb
dieses Systems befinden. Güter zirkulieren nicht im System der Wirtschaft; sie "laufen" vielmehr in diesem System nur eine zeitlang in

der Warenform "mit". Was wirklich und als einziges zirkuliert, ist das Geld. Die Graphik in der Übersicht 33 soll dies veranschaulichen.

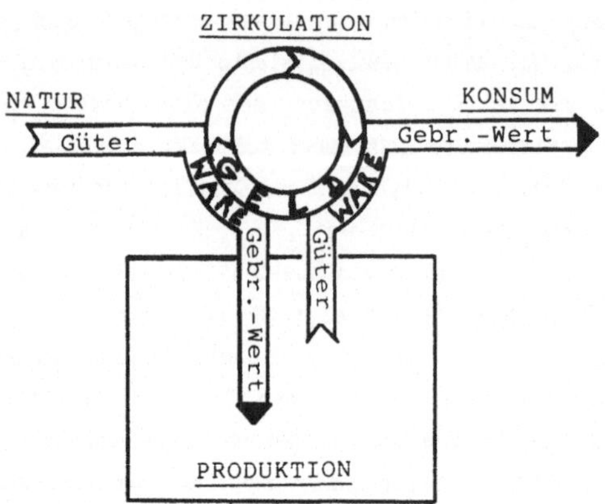

<u>Übersicht 33:</u> Geldzirkulation und Güterstrom im System der Wirtschaft

Um mit dem Geldkreislauf (in entgegengesetzter Richtung) eine zeitlang mitlaufen zu können, müssen die Waren neben ihrer realen Form die Preisform annehmen, welche ebenfalls als eine spezielle kommunikative Form begriffen werden kann. Das ökonomische System besteht also keineswegs nur aus Zahlungen, wie dies in der Konzeption LUHMANNs (a.a.O.) angesetzt wird.

Das Geld ist <u>kein Tauschmittel</u>; das Geld ist <u>Zahlungs</u>mittel. Tauschmittel ist die Arbeit bzw. deren Produkt - sei es eigener oder fremder Arbeit, über die bzw. deren Produkte man verfügt. Es ist deshalb konsequent, wenn MAX WEBER im Zusammenhang von Geldgebrauch von "indirektem Tausch" spricht (WEBER 1964a, S.56). Insgesamt sieht er die "primären Konsequenzen <u>tyischen</u> Geldgebrauchs" wie folgt:

"1. der sogenannte 'indirekte Tausch' als Mittel der Bedarfsversorgung von Konsumenten. Das heißt die Möglichkeit: a) örtlicher, b) zeitlicher, c) personaler, d) (sehr wesentlich auch:) mengenhafter Trennung der jeweils zum Abtauschen bestimmten Güter von den zum Eintausch begehrten. Dadurch: die außerordentliche Ausweitung der jeweils gegebenen Tauschmöglichkeiten, und, in Verbindung, damit:
2. die Bemessung gestundeter Leistungen, insbesondere: Gegenleistungen

beim Tausch (Schulden), in Geldbeträgen;
3. die sogenannte 'Wertaufbewahrung', das heißt: die Thesaurierung von Geld in natura oder von jederzeit einzufordernden Geldforderungen als Mittel der Sicherung von künftiger Verfügungsgewalt über Eintausch-chancen;
4. die zunehmende Verwandlung ökonomischer Chancen in solche: über Geldbeträge verfügen zu können;
5. die qualitative Individualisierung und damit, indirekt, Ausweitung der Bedarfsdeckung derjenigen, die über Geld oder Geldforderungen oder die Chancen von Gelderwerb verfügen, und also: Geld für beliebige Güter und Leistungen anbieten können;
6. die heute typische Orientierung der Beschaffung von Nutzleistungen am Grenznutzen jener Geldbeträge, über welche der Leiter einer Wirt-schaft in einer von ihm übersehbaren Zukunft voraussichtlich verfügen zu können annimmt. Damit:
7. Erwerbsorientierung an allen jenen Chancen, welche durch jene zeitlich, örtlich, personal und sachlich vervielfältigte Tauschmög-lichkeit (Nr. 1) dargeboten werden. Dies alles auf Grund des prinzi-piell wichtigsten Moments von allen, nämlich:
8. der Möglichkeit der Abschätzung aller für den Abtausch oder Ein-tausch in Betracht kommenden Güter und Leistungen in Geld: Geldrech-nung". (ebenda)

Damit umfaßt WEBER die medialen Steuerungsfunktionen des Geldes, die eine erhebliche Komplexitätssteigerung des Wirtschaftssystems gegenü-ber Formen naturalen Tausches erlauben. Diese Komplexitätssteigerung besteht zum einen in der Funktion der Möglichkeit zur Steigerung der Rationalität ökonomischer Kalküle, zum anderen in der Abstraktions-funktion des Geldes (wir beschränken uns im folgenden auf kurze Anmer-kungen und verweisen im übrigen auf die umfassende Darstellung von soziologischen Geldtheorien bei HEINEMANN 1969; einen knappen Über-blick geben auch KUTSCH/WISWEDE 1986, S.94ff; im übrigen sollte zu diesem Abschnitt wieder BADER et al. 1980 hinzugezogen werden).

Geld <u>abstrahiert</u>

- von den realen Grundlagen und Prozessen dessen, was es symbolisiert: man sieht dem Geld nicht an, woher es stammt, wieviel Arbeit von wem unter welchen Bedingungen aufgewendet werden mußte

- von den Produkteigenschaften und Produktmengen, die alle in der Preisform auf eine Zahl zusammengezogen sind

- von dem sozialen Status der Geldverwender: modernes Geld ist kein Klassengeld, sondern allgemein sozial nicht nur anerkannt, sondern sogar mit gesetzlichem Annahmezwang versehen

- von zeitlichen Verwendungsrestriktionen: es ist nicht an bestimmte

Zeiten, Feste, Messen usw. gebunden, sondern überbrückt gerade Zeit-
differenzen; es kann "Wert aufbewahren", zukünftige Leistungen auf
die Gegenwart diskontieren, Leistungsansprüche verschiedener Zeit-
punkte gleichnamig machen (Barwertrechnung)
- von örtlichen Restriktionen: modernes Geld ist typischerweise nicht
  auf bestimmte Orte, Regionen, Volkswirtschaften gebunden, sondern
  "Weltgeld" (MARX)
- von dem realen, jeweils momentanen Güterreichtum oder gar Überfluß,
  indem es Knappheit suggeriert, artifizielle Knappheit schafft, um so
  den Anreiz- und Verteilungsmechanismus des Marktes zu erhalten (vgl.
  dazu LUHMANN 1972).

Geld hat sich zu einem universalen Steuerungsmedium entwickelt; dies
wird in der Volks- und Betriebswirtschaftslehre ausführlich behandelt.
Daß Geld heute so umfassende Funktionen übernehmen kann, ist nur
möglich vor dem Hintergrund eines <u>nicht-monetär</u> gesteuerten regulativen und absichernden politischen Systems. Die nicht-geldlichen Funktionsvoraussetzungen des Geldes liegen also im wesentlichen in dem
modernen Staat und in dem modernen Recht begründet. Das unabdingbare
Vertrauen, das erforderlich ist, um einen so hoch komplexen (d.h.:
unwahrscheinlichen) Steuerungsmechanismus in Funktion zu halten, muß
primär Staatsvertrauen sein. Geld erfüllt seine kommunikativen Steuerungsfunktionen vielleicht "autopoietisch" (LUHMANN), nicht aber "automatisch", sondern nur solange politisches Systemvertrauen in ökonomisches Systemvertrauen konvertierbar ist.
Sehen wir uns nun einmal genauer an, inwiefern man Geld als ein Medium
der ökonomischen Kommunikation verstehen kann; denn diese Bestimmung
herrscht in der gegenwärtigen Soziologie fraglos vor (dies ist auch
bereits von HEINEMANN a.a.O. sehr klar herausgearbeitet worden).

2.2.2.2. <u>Geld als Medium ökonomischer Kommunikation</u>

Die Deutsche Bundespost wirbt in einer Anzeige für ihren Girodienst
u.a. mit dem folgenden Text:

> Mit gutem Grund sind der Post wichtige Kommu-
> nikations- und Transportfunktionen über-
> tragen worden. An jedem Ort sollen zu jeder
> Zeit ohne Ansehen der Person zu vernünftigen
> Bedingungen Kommunikationsmöglichkeiten
> zur Verfügung stehen.
> Geldtransfer ist in einer modernen Industriege-
> sellschaft nichts anderes als Kommunikation.
> Deshalb ist es nur folgerichtig, daß die
> Deutsche Bundespost mit dem Postgirodienst
> auch diese Aufgabe erfüllt: Jeder Bürger soll

Sie (bzw. ihre Werbeagentur) hat sich offenbar soziologisches Wissen
zu eigen gemacht - was ja wahrlich nicht alle Tage vorkommt: "Geld-
transfer ist in einer modernen Industriegesellschaft nichts anderes
als Kommunikation"! Machen wir uns an einem einfachen - fast zu einfachen - Beispiel eine solche Bestimmung klar: man stelle sich vor,
jemand geht in einen Supermarkt! Er nimmt einen Einkaufswagen, geht an
den Regalen entlang, prüft Preise und Waren - soweit dies möglich ist
- vergleicht die Preise der Waren unterschiedlicher Produzenten untereinander sowie mit den Preisen, die er noch im Gedächtnis hat; er lädt
die Waren, die er erwerben will, in den Einkaufswagen ein und fährt
ihn zur Kasse. Dort wird die Ware auf ein Förderband gelegt, die
Kassiererin gibt die Preise in ein Kassengerät ein, der Käufer liest
die Summe ab, die Verkäuferin wiederholt die Summe wahrscheinlich noch
einmal - der Käufer zahlt, nimmt die Ware und geht hinaus - das alles,
ohne selbst ein einziges Wort gesprochen haben zu müssen. Der Verkäufer selbst - der Ladeninhaber - ist noch nicht einmal in Erscheinung
getreten; die Kassiererin wäre prinzipiell durch einen Kassierautoma-
ten ersetzbar - wenn nur die Leute ehrlicher wären. Obwohl also keine
verbale Kommunikation stattgefunden hat, vollzog sich offenbar doch
eine Reihe von Kommunikationsakten, die an weitreichende Voraussetzungen gebunden sind: So hat der Verkäufer dem Käufer mitgeteilt, daß er
Ware hat, die er gegen einen bestimmten DM-Betrag herzugeben bereit
ist. Mit der Angabe eines Preises auf der Ware macht er deutlich, zu
welchen Konditionen er die Ware abgibt. Die Preise symbolisieren
Angebots- und Nachfrageverhältnisse. Der Käufer symbolisiert, wenn er
den Laden betritt, daß er Geld hat, welches er auszugeben bereit ist
für Ware, die der Supermarkt grundsätzlich führt - ein Supermarkt ist
ja kein Museum. Die Gesamtsumme auf der Kasse zeigt, wieviel DM insge-

samt zu zahlen sind, man erfüllt diese Erwartung selbstverständlich,
ohne weitere Diskussion und ohne Begründungszwang seitens der Kassiererin. Ein Feilschen ist ebenso ausgeschlossen wie ein Angebot seitens
des Käufers statt der Geldzahlung den Laden auszufegen.
Jeder hat sofort alles verstanden, der Warenabsatz erfolgt reibungslos. Für uns ist dies eine Selbstverständlichkeit, weil das Geld ein
hochgradig spezialisiertes Medium ist, das eine Situation sehr genau
und eng zu definieren in der Lage ist. Anders als die verbale Umgangssprache ist dieses Medium kaum interpretationsfähig. So selbstverständlich dies an der Oberfläche ist, so voraussetzungsvoll und kompliziert ist es im Hintergrund.

Geld in Analogie zur Sprache oder gar als eine Sondersprache zu verstehen ist keine Besonderheit der modernen Soziologie: bereits 1816
formulierte der romantische Staatswissenschaftler ADAM MÜLLER, daß das
Geld nichts anderes als eine Sprache sei (zitiert bei HEINEMANN 1969).
In der soziologischen Systemtheorie, die in der Tradition von PARSONS
steht, wird Geld explizit als ein Kommunikationsmedium interpretiert.
Teils wird das Geld als eine spezielle Sprache aufgefaßt (bei PARSONS
selbst, bei LUHMANN), teils als eine Zusatzeinrichtung zur Sprache,
als "Kommunikationsverstärker" (JENSEN 1984), teils als ein "technisches" Medium, das Sprache ersetzt (so bei HABERMAS, insbesondere
1979). Versuchen wir einmal, uns solche Deutungen zu veranschaulichen:
B habe Güter, die A besitzen möchte. A kann nun zu B sagen: "Gib mir
bitte dieses Gut, denn ich habe Hunger". Das wäre eine verbalsprach-
liche Form; A begründet, warum er von B das Gut haben möchte. Er
appeliert dabei an das gemeinsame Wertsystem: daß derjenige, der mehr
hat als er braucht, einem Hungrigen etwas abgibt. Diese Situation, die
A als Solidaritätssituation definieren möchte, ist noch keine ökonomische. Wenn nun A zu B sagt: "Gib mir dieses Gut, so arbeite ich für
Dich oder gebe Dir etwas anderes dafür, was ich habe", so ist dies
bereits eine ökonomische Tauschsituation, die über verbale Kommunikation herbeigeführt und gehandhabt wird. A und B werden nun feilschen
und sich gegenseitig zu begründen suchen, was der eine dem anderen
geben müßte, damit der Tausch vollzogen werden kann. Auch hier will A
den B beeinflussen, ihm das Gut auszuhändigen, er beruft sich dabei

aber nicht mehr auf Solidarwerte, sondern bietet eine Gegenleistung an; er versucht, seine verbale Kommunikation durch ein Leistungsangebot zu verstärken. Er könnte auch versuchen, Zwang auszuüben; dies wäre aber wiederum eine völlig andere Situation. Wenn A statt eigener Arbeit oder eigener Ware nun dem B Geld anbietet, übernimmt das Geld die Rolle des Kommunikationsverstärkers; Geld ist hier dann als eine Zusatzeinrichtung zur Sprache zu verstehen. Man beruft sich nicht mehr auf gemeinsame Werte, man wendet keinen Zwang an, man hat keinen großen Begründungsaufwand: mit Geld kann man von der Moral absehen. Das Funktionieren eines solchen Systems ist natürlich ungleich voraussetzungsvoller als die beiden anderen Formen des Wechsels des Warenbesitzers.

Wenn A die Ware von B nimmt und ihm dann Geld gibt wie in unserem Supermarktbeispiel, kann man auch sagen: hier hat Geld als oder statt Sprache fungiert. Wovon hängt es nun ab, ob Geld als oder statt Sprache fungiert? Ich meine, es hängt primär von dem Sprachbegriff selbst ab; und dies läßt sich wohl auch im Vergleich von PARSONS und HABERMAS feststellen. PARSONS hat einen allgemeineren, abstrakteren Begriff von Sprache als HABERMAS. PARSONS versteht unter Sprache jedes Symbolsystem, das Botschaften zu transportieren in der Lage ist (vgl. zum Einstieg den Band: PARSONS 1980).

Wir wollen im folgenden einmal rein formal anhand von Kriterien aus der allgemeinen Kommunikationstheorie durchprüfen, inwiefern man Geld als sprachliches Kommunikationsmedium charakterisieren kann:

o Digitale oder analoge Codierung?

Ein digitales Zeichensystem liegt dann vor, wenn die Zeichen von dem Bezeichneten abstrahieren und ein eigenständiges Sondersystem bilden, für das Übersetzungsregeln angegeben werden müssen. Ein analoges Zeichen dagegen verweist unmittelbar auf das Bezeichnete: die Aussage: "Ich liebe Dich" ist in digitalen Zeichen formuliert - ein Kuß dagegen, der das gleiche aussagen mag, ist ein analoges Kommunikationsmedium. Modernes Geld ist nun zweifellos ein digitales Medium im Unterschied zu früheren Formen des Waren- oder Stammesgeldes. Es ist ein abstraktes, in mathematischen Zahlen operierendes Medium, das abgehängt ist von unmittelbaren Bedeutungen.

o Kontextgebundene oder kontextfreie Sprache?

Die Ausdrücke und Idiome der Umgangssprache haben in aller Regel erhebliche Bedeutungshöfe, überdies sind die Ausdrücke und Idiome durchweg mehrdeutig. Der Sinn einer speziellen Aussage erschließt sich deshalb erst aus der Situation, aus dem Handlungs- und Sprachkontext heraus. Die Umgangssprache ist für schnelle, eindeutige Kommunikation zu wenig standardisiert. Wir finden deshalb in vielen Bereichen Standardisierungen und Spezialisierungen von Sprachen, soz. "Technisierungen", die eine Vereindeutigung ermöglichen sollen. Wissenschaftliche Spezialsprachen gehören dazu wie auch die Mathematik, genaue Definition von Rechtsbegriffen sind ebenso in diesem Zusammenhang zu nennen wie die Formularisierungen im Behördenverkehr und in anderen Organisationen. Computersprachen wären ebenfalls zu nennen. Alle solche Sondersprachen sollen von spezifischen subjektiven, situationsbezogenen Kontexten entbinden. Auch das Geld nun läßt sich als ein solches standardisiertes und spezialisiertes Kommunikationsmedium verstehen: es "technisiert" in diesem Sinne die Kommunikation.

o Code und Message eines Symbols

Daß Geld Symbolcharakter hat, braucht man wohl in diesem Zusammenhang nicht weiter zu erläutern; das ist offensichtlich. Jedes Symbol nun hat die beiden Aspekte: "Code" und "Message"; "Code" bezieht sich dabei auf die Zeichenhaftigkeit selbst, also auf die Eigenarten des Zeichens oder auch des Codesystems: die Beziehungen der Zeichen eines Zeichensystems zueinander sind mit dem Ausdruck "Code" angesprochen, während "Message" sich auf die Nachricht bezieht, die das Symbol transportieren soll. So sind die Symbole DM, Dollar und Gulden Codes, die solche "Messages" wie Kaufangebote, Angebots- und Nachfrageverhältnisse, Tauschwerte transportieren können.

o Informationsfunktion und Steuerungsfunktion eines Kommunikationsmediums

Jedes Kommunikationsmedium kann man daraufhin untersuchen, inwiefern und wodurch es informatorische sowie steuernde Funktionen ausübt. So vermag die Umgangssprache Informationen zu übermitteln; sie ist aber auch ein ganz entscheidendes Mittel für die wechselseitige Beeinflussung von Personen. Auch dem Geld lassen sich beide Funktionen zuordnen: Geldsymbole informieren z.B. über Verkaufsabsichten, über Preiserwartungen oder über Leistungserwartungen. Geld hat im ökonomischen System überdies zentrale Steuerungsfunktionen im Hinblick auf die Mobilisierung von Ressourcen, auf Kapitalbildungsprozesse, im Hinblick auf Allokations- und Distributionsprozesse, im Hinblick auf Leistungssteigerungen oder Leistungsverminderungen. Geld steuert somit materielle, immaterielle wie auch Machtprozesse.

o Inhaltsdimensionen und Beziehungsdimension einer Kommunikation

Nach der sozialpsychologischen Kommunikationstheorie hat jede Kommunikation einen Inhalts- und einen Beziehungsaspekt. Wenn ich zu einem Studenten sage: "Ihre Hausarbeit ist gut geworden", dann teile ich auf der Inhaltsdimension eine bestimmte Bewertung mit. Zugleich aber wird eine Beziehungsdimension deutlich: nämlich die, daß ein Lehrer-Schüler-Verhältnis besteht, indem der eine, der Lehrer, eine Bewertungskompetenz oder auch eine Macht besitzt. Jede Kommunikation benutzt, aktualisiert oder konstituiert nun jeweils bestimmte soziale Beziehungen zwischen den Kommunikationspartnern.

Auch für Geld gilt diese Doppelstruktur: in der Inhaltsdimension vermittelt Geld Informationen über Preise, Tauschraten, Reichtum, Armut, Erwartungen, Knappheiten usw. In der Beziehungsdimension konstituiert eine geldvermittelte Interaktion eine spezifische soziale Beziehung, eben eine Geschäftsbeziehung, die andere mögliche Beziehungen zwischen den Interaktionspartnern zunächst einmal neutralisiert, ausblendet und somit die Rollen der Beteiligten auf Rollen von Geschäftspartnern spezialisiert. Man kommt in den Supermarkt eben nicht als Mutter, Studentin, Frau, sondern als potentielle Käuferin, die einen Kaufvertrag zu schließen bereit ist. Wegen dieser hochgradigen Spezialisierung der Sozialbeziehungen lassen sich diese sowohl technisieren wie verrechtlichen.

**o Syntaktische, semantische, sigmatische und pragmatische Dimensionen
eines Kommunikationsmediums**

Die Semiotik, die Lehre von dem Kommunikationsprozeß, teilt sich auf
in die Teilgebiete der Syntaktik, Semantik, Sigmatik und Pragmatik
analog zu den unterschiedenen syntaktischen, semantischen, sigmati-
schen und pragmatischen Aspekten jedes Kommunikationsmediums und seiner Verwendung in Kommunikationsprozessen. Die Syntaktik befaßt sich
mit den Beziehungen der Zeichen eines Zeichensystems zueinander: mit
der Grammatik einer Sprache, d.h. mit den Regeln der Zeichenverknüp-
fung. Auf das Geld bezogen wären dies z.B. die Systeme des Rechnungs-
wesens, der Bilanzierung, der Zahlungsbedingungen, der terms of trade,
der Zins- und Kapitalrechnung usw. Die semantische Dimension erfaßt
die Bedeutungsbeziehungen zwischen Zeichen und dem symbolisierten
Gegenstand: Geld bedeutet "Wert" der Ware, ein Preis wird als hoch
oder niedrig empfunden, ein Liquiditätsstatus gibt Auskunft über die
Zahlungsfähigkeit. Die Sigmatik befaßt sich mit der Beziehung zwischen
dem Zeichensystem und dem realen abgebildeten System und sie
untersucht, inwieweit es zwischen diesen Entsprechungen gibt. Sie
fragt etwa, inwieweit Zeichensysteme nicht beliebig oder zufällig so
sind wie sie sind, sondern inwieweit sie selbst von dem abgebildeten
realen System bestimmt sind: so kann man etwa versuchen, das Geldsy-
stem als solches als eine Abbildung der kapitalistisch-marktwirt-
schaftlichen Gesellschaftsformation zu interpretieren. Die pragmatische Dimension schließlich thematisiert Beziehungen zwischen dem Zei-
chenverwender und dem Zeichensystem, so z.B. seine Kompetenz zur
Zeichenverwendung, seine sprachliche oder kommunikative Kompetenz und
seine typischen Weisen, in denen er mit dem Zeichensystem umgeht.
Bezüglich des Geldes kann man unter diesem Aspekt z.B. nach der geld-
bezogenen Kompetenz fragen, die sich auf zwei Unterdimensionen diskutieren läßt. Der Vermögensbegriff bietet hierfür eine willkommene
Doppeldeutigkeit: die geldbezogene Kompetenz läßt sich nämlich dahingehend differenzieren, daß man einmal nach dem realen Geldvermögen,
dem Tauschvermögen eines Subjektes fragt, das sich in Kaufkraft darstellen läßt. Zum anderen aber ist davon zu unterscheiden das codebe-
zogene Vermögen, das sich darauf bezieht, inwieweit ein Subjekt die
Geldgrammatik und Geldsemantik beherrscht, also "mit Geld umgehen"

kann. Die geldethologische Forschung zeigt, daß Geldverständnis und
Geldverwendungsverhalten zwischen den Subjekten deutlich differieren.

o Voraussetzungen für das Funktionieren eines Kommunikationsmediums
Was schließlich die Funktionsvoraussetzungen eines Kommunikationsmediums anbelangt, können wir ebenfalls auf Erkenntnisse der allgemeinen
Kommunikationssoziologie zurückgreifen. Zunächt einmal ist es beinahe
selbstverständlich, daß die Interaktionspartner einen gemeinsamen
Zeichenvorrat besitzen müssen; d.h. genauer: sie müssen sowohl, was
die Syntax als auch was die Semantik der Symbole anbelangt, einen
gemeinsamen Wissens-, Qualifikations- und Bedeutungsbestand haben.
"Gemeinsam" heißt aber nicht unbedingt: "deckungsgleich": eine bestimmte, minimale Schnittmenge aber muß vorhanden sein. Dazu gehört,
zweitens, daß sie sich an einem Kernbestand gemeinsam geteilter Normen
orientieren, weil jedes soziale Handeln in komplexen Systemen normativ
gesteuert verlaufen muß; man kann nicht in jeder Situation die handlungsleitenden Regeln neu aushandeln: je größer dieser Bestand ist, je
ausgefeilter das Normensystem ist, desto einfacher und entlasteter
kann die Interaktion erfolgen. Dies ist gerade für das ökonomische
System mit dem Medium Geld kennzeichnend.
Überdies muß, drittens, sichergestellt sein, daß die Definitionen der
Situation, in der die Interaktionspartner miteinander kommunizieren,
gleichsinnig erfolgen. Es muß "Eingangssignale" geben, die den Interaktionspartnern jeweils anzeigen, daß es sich um eine ökonomische
Geschäftssituation handelt und nicht um eine Situation der unverbind-
lichen Konversation, der gemeinsamen Freizeitgestaltung oder derglei-
chen mehr. Solche Signale, die bestimmte und nur bestimmte Situationsdefinitionen aufrufen, müssen gelernt werden. Einfache Signale sind
z.B. der Firmenbriefbogen, das Betreten eines Geschäftes, die
Benutzung von Bestellformularen, die Verwendung einer geschäftlichen
Sprache, das Handeln innerhalb einer bestimmten Geschäftszeit usw. In
der bewußten Unkenntlichmachung solcher Signale kann dann auch eine
Taktik liegen, um Außenstehende im Unklaren zu lassen, ob man zu
geselligen oder zu geschäftlichen Zwecken zusammengekommen ist. Das
gemeinsame Mittagessen von Geschäftsfreunden, die Abendparty mit Poli-

tikern und Unternehmern sind solche gemischten Situationen, die nur
durch Zusatzsignale dem Insider die wirklichen Situationsdefinitionen
klar werden lassen. Im ökonomischen Normalbetrieb allerdings funktioniert die Situationsdefinition in aller Regel in klarer Weise.
Viertens muß bezüglich des Mediums der Kommunikation in unserem Zusammenhang: bezüglich des Geldes, eine allgemeine Annahmebereitschaft
bestehen. Wir haben im Geldbereich ja sogar den gesetzlichen Annahmezwang. Das Medium muß nicht nur in der symbolischen Form verstanden,
sondern auch in seinen inhaltlich-materiellen Formen akzeptiert werden. Schließlich kann man, fünftens, noch feststellen, daß ein Medium
nur dann als Kommunikationsmedium in einem System funktioniert, wenn
man mit generalisierten Interessen rechnen kann. Nur wenn ein allgemeines Interesse am Erwerb von Geld besteht, kann es seine diversen
ökonomischen Funktionen erfüllen. Der Annahmezwang reicht hierzu nicht
aus, wie es sich immer wieder zeigt, daß in Zeiten hoher Instabilität
des Geldes auf andere Tauschmittel zurückgegriffen wird.
Unter solchen kommunikationstechnologischen Gesichtspunkten läßt sich
Geld also sehr wohl als eine spezielle Sprache deuten. HABERMAS verweist allerdings auf weitere Eigenheiten und Elemente sprachlicher
Kommunikation, die ihn dazu bringen, Geld "nicht als eine funktionale
Spezifizierung von Sprache (zu verstehen), sondern als Ersatz für
spezielle Sprachfunktionen" (HABERMAS 1979, S.79). Sprache hat für
HABERMAS vornehmlich die Funktion der Reproduktion der Lebenswelt und
in diesem Zusammenhang: der argumentativen Konsenserzielung, der Norm-
konstitution wie auch der Feststellung von Dissens. Geltungsansprüche
sprachlicher Behauptungen müssen kritisierbar, begründbar und verwerf-
bar sein. Sprache tradiert lebensweltliche Kulturen und vermag andererseits Geltungsansprüche auch von Traditionen zu reflektieren und
damit zu transzendieren. Im Rahmen seines Konzepts der Doppelstruktur
moderner Gesellschaften als System und Lebenswelt (siehe vorn) gehört
Sprache zunächst einmal der Lebenswelt an, Geld dagegen dem (ökonomischen) System. Geld ist innerhalb des HABERMASschen Bezugrahmens ein
technisches Medium der Systemsteuerung, das gerade von normativen
Geltungsansprüchen "abgehängt" kein Kritik transportierendes Medium
der Konsenserzielung ist, Argumentationen nicht bestimmten Personen
zurechenbar macht: Geld koordiniert nicht wie Sprache über die Expli-

kation von Handlungsorientierungen der Akteure, sondern erfüllt syste-
mische Koordinationsfunktionen, die an Handlungs<u>folgen</u> anknüpfen. Auch
HABERMAS unterstellt damit eine "Realabstraktion" des ökonomischen
Systems, was im Geldmedium besonders deutlich hervortritt. Die theoretische Basis einer solchen Auffassung hat nun wiederum MARX geschaffen.

2.2.2.3. <u>Geld als Zirkulationsmittel und Geld als Kapital</u>

In der systemtheoretischen Fassung, der auch HABERMAS - allerdings in
kritischer Absicht - zuneigt, wird das Geld in seiner kommunikativen
Zirkulationsfunktion untersucht. Es bleibt dort offen, was soz. "das
Kapitalistische" an der Geldform ist. Eine solche Auffassung könnte
man, wie auch in Einführungswerken der Volkswirtschaftslehre üblich,
in einem Kreislaufschema abbilden, also etwa so wie in der Übersicht
34:

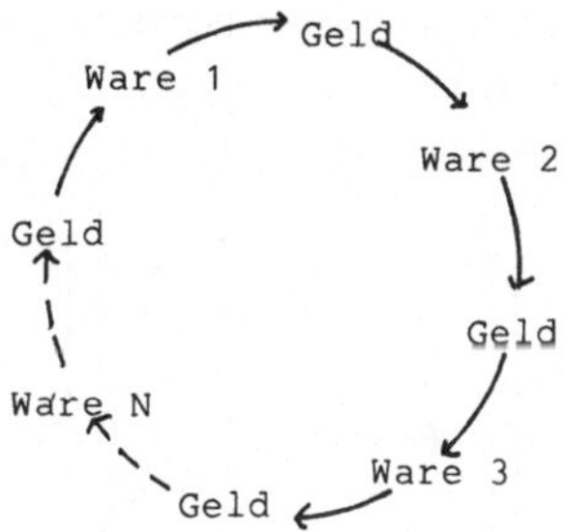

<u>Übersicht 34:</u> Kreislaufmodell von Geld und Waren

Nach dieser Vorstellung besitzt jemand ein Gut, das er als Ware verkaufen kann; mit dem erlösten Geld kauft er eine andere Ware, die er
benötigt usw. Geld wird in der Mittlerfunktion gesehen. MARX hat
demgegenüber gezeigt, daß es für eine Produktionsweise darauf ankommt,
wie dieser permanente Prozeß <u>interpunktiert</u> wird (vgl. dazu MARX 1968,
S.99-191, sowie die Darstellung bei BADER et al: 1980, S.147-167). Er

spricht, wie wir oben auch, von einer "Verdoppelung der Ware in Ware und Geld" (ebenda, S.102; wir würden es aus angegebenen Gründen vorziehen, von einer Verdoppelung des _Produktes_ in Ware und Geld zu sprechen). Ein Produkt erscheint in Warenform und in Geldform. Die Geldform hat nun aber je nach Produktionsweise eine unterschiedliche Funktion:

In der sog. "einfachen Warenproduktion" wird der o.a. Kreislauf wie in folgender Weise interpunktiert:

$$(1) \ldots \text{Ware} - \text{Geld} - \text{Ware} \ldots$$

Unter der "entwickelten, kapitalistischen Warenproduktion" dagegen vollzieht sich die Interpunktion anders, nämlich:

$$(2) \ldots \text{Geld} - \text{Ware} - \text{Geld} \ldots$$

Im _ersten Falle_ verkauft ein Produktbesitzer Produkte als Ware gegen Geld, um von diesem Geld Produkte zu erwerben, die er benötigt: ein Handwerker verkauft einen Tisch, um mit dem Gelderlös z.B. Nahrungsmittel zu erwerben. In einem einfachen Modellfall mit drei Produzenten (A,B,C) und drei verschiedenen Waren (W_1, W_2, W_3) läßt sich dies graphisch wie folgt veranschaulichen (Übersicht 35):

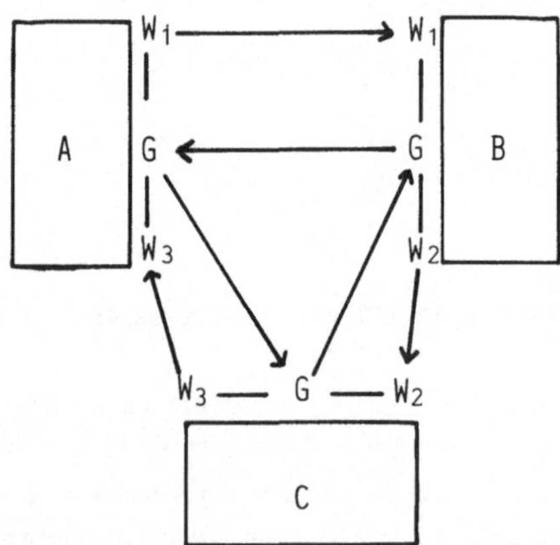

Übersicht 35: "Einfache Zirkulation"

Das Geld hat hier wirklich nur die Funktion der Vereinfachung der wechselseitigen Verrechnung. Der Prozeß ist stationär-kreisförmig; getauscht werden letztlich Gebrauchswerte, weil eine gesellschaftliche Arbeitsteilung vorliegt.

Im zweiten Falle haben wir dagegen nach MARX eine vollkommen andere Struktur. Das Typische besteht einmal in der Form der Interpunktion: Geld ist das "A" und "O" des ökonomischen Zirkulationsprozesses, nicht das Produkt. Das Produkt ist als Ware nur Vehikel des Verkaufserlöses. Die Grundstruktur läßt sich wie folgt graphisch veranschaulichen (Übersicht 36, K="Kapitalist"):

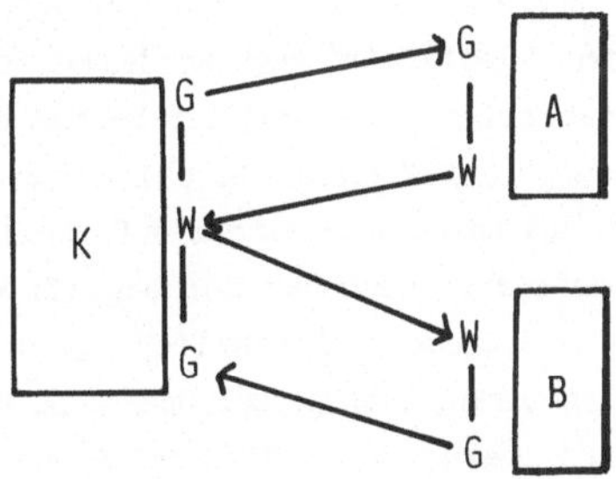

Übersicht 36: Grundstruktur der "entwickelten Kapitalistischen Zirkulation"

Hier wird mit Hilfe von Geld Ware gekauft, um sie (u.U. modifiziert in W') wieder zu verkaufen. Während es im ersten Falle heißt: "verkaufen um zu kaufen", heißt es nun: "kaufen um zu verkaufen" (MARX a.a.O., S.162). Nochmals mit ARISTOTELES gesprochen, ist der erste Prozeß ein "ökonomischer", der zweite ein "chrematistischer". Nun hat der Prozeß der entwickelten Warenzirkulation in der Form der abstrakten Grundstruktur noch gar keinen materiellen Sinn. Dieser ergibt sich erst, wenn man die quantitative Dimension einführt. In dieser nämlich hat der Prozeß die folgende Form.

(2') ... Geld - Ware - mehr Geld - Ware - noch mehr Geld ...

oder bei MARX: ... G - W - G'.

Es wird gekauft, um mit dem Erlös den verfügbaren Geldbetrag durch
Verkauf zu erhöhen: Geld wird eingesetzt, um mehr Geld zu erwirtschaften. Das Geld hat damit zu seiner zirkulativen Vermittlungsfunktion
einen Funktionszuwachs erhalten: es wird als <u>Kapital</u> eingesetzt
(durchaus im Sinne der gegenwärtigen "bürgerlichen" Ökonomik). Der
Gesamtprozeß ist damit nicht mehr stationär-kreisförmig, sondern akku-
mulativ-spiralförmig. In diesem - aber auch nur in diesem - Sinne kann
man sagen, daß das Geld "autopoietisch" funktioniert: Geld "produziert" (mehr) Geld. Daß MARX hier bereits soweit war wie die "moderne"
Systemtheorie LUHMANNs (nur mit einem stärker ausgeprägten substan-
tiell-soziologischen Gehalt) wird auch an dessen Formulierungen deutlich: Kapital "verwertet sich selbst", es herrsche eine "Verwertung
als Selbstverwertung" (MARX a.a.O., S.169). Wir greifen diese Überlegungen im nächsten Abschnitt noch einmal auf, weil wir für ein voll-
ständiges Verständnis erst noch den Wertbegriff klären müssen. Die
MARXsche Werttheorie ist auch erforderlich, um zu verstehen, wie in
dem kapitalistischen Zirkulationsprozeß überhaupt durch Kauf und Verkauf mehr Geld erlöst werden kann. Dies ist sicherlich einmal durch
Handel möglich, bei dem Waren teurer verkauft als eingekauft werden.
Wie wir vorn aber gesehen haben, ist dadurch nur eine Umverteilung von
Reichtum möglich, nicht aber eine Reichtumssteigerung, nicht eine
volkswirtschaftliche Akkumulation, weil eben kein Mehrprodukt erzeugt
wird: Zirkulation kann ja nicht produktiv sein, im Austauschprozeß
kann keine Wertvermehrung stattfinden. Wir gehen deshalb zur nächsten
Ebene über.

2.3. <u>Kapital als gesellschaftliches Verhältnis</u>

2.3.1. <u>Die Wertform der kapitalistischen Ökonomie</u>

Stellt sich unter der Steuerungsperspektive die kapitalistische Produktionsweise als eine bestimmte Form der geldvermittelten <u>Warenge-</u>

sellschaft dar, so in der gesellschaftlich-formativen Perspektive - in der MARXschen Theorie - als ein bestimmter Typ von Klassengesellschaft. Die theoretische Klammer, die die Einheit des Gesamtkonzeptes stiftet, ist die Kategorie des Wertes. Vor diesem Hintergrund ist es gut verständlich, daß die MARXsche Werttheorie seit Ende des letzten Jahrhunderts zu den meist diskutierten Bestandteilen des Werkes von MARX gehört. Allerdings kann man feststellen, daß sich die Diskussion seit 100 Jahren beständig im Kreise dreht. Die Argumente des Für und Wider wiederholen sich. Zu Unklarheiten hat MARX dabei z.T. selbst beigetragen, indem er die Differenzen zwischen seiner allgemeinen Werttheorie und seiner spezielleren Theorie des Tauschwertes nicht deutlich genug herausgearbeitet hat. Wir können und wollen hier in dieser elementaren Einführung die Diskussion um die MARXsche Wertlehre nicht referieren, sondern verweisen stattdessen auf die die Literatur.

(Dem interessierten Leser schlage ich vor, zum Einstieg in dieses Feld nach der Lektüre der nachstehenden Ausführungen die folgende Literatur in der angegebenen Reihenfolge zu studieren: MARX 1968, S.49-108 und S.161-191; BADER et al. 1980, S.114-179; PETRY 1916 ganz; HIMMELMANN 1974 ganz; zur Abrundung: HOFMANN 1971, S.81-112; die Arbeit von PETRY halte ich dabei immer noch für die beste Darstellung; zu z.T. neueren Überlegungen s. auch REHBERG/ZINN 1977 und dort angegebene Literatur)

Im folgenden geht es uns ausschließlich darum zu zeigen, wie man mit Hilfe der Wertkategorie die "Basis-software" oder die "Organisation" (im vorn definierten Sinne) der kapitalistischen Produktionsweise fassen kann und inwiefern diese gesellschaftlich formiert ist.
Zum allgemeinen Grundverständnis sind vorab gegen die Vielzahl der Autoren, die die Werttheorie ablehnen, zwei negative Bestimmungen angezeigt:

(1) Die Werttheorie ist keine Preistheorie. Sie erklärt nicht die Höhe
    der Preise; das ist auch nicht ihre Aufgabe. Wir haben deshalb
    sehr deutlich die vorangegangene Ebenentrennung durchgeführt: die
    Werttheorie gehört nicht auf die Geld- und Preisebene, sondern auf
    die gesellschaftlich-formative Ebene. Alle Aussagen, die beinhalten, daß die Werttheorie falsch oder überflüssig sei, weil sie
    keine Preise erkläre, treffen diese Theorie nicht. Auch für MARX
    bestimmen sich Preise durch durch Angebot und Nachfrage.

(2) Der "Wert" ist in der MARXschen Theorie nichts Metaphysisches -

sonst wäre die heutige Betriebswirtschaftslehre Metaphysik; denn
ihr zentraler Gegenstand sind Werte und Verwertung.
Die Wertform, bzw. die Werte, werden von MARX vielmehr wie folgt
charakterisiert:

"Die Wertform des Arbeitsproduktes ist die abstrakteste, aber auch
allgemeinste Form der bürgerlichen Produktionsweise, die hier auch
als eine besondere Art gesellschaftlicher Produktion und damit
zugleich historisch charakterisiert wird" (MARX 1968, S.95, Fuß-
note 32).
"Als Werte sind die Waren gesellschaftlichen Größen, also etwas
von ihren 'properties' as 'things' absolut verschiednes. Sie stellen als values nur Verhältnisse der Menschen in ihrer productive
activity dar" (MARX 1968, MEW 26.3, S.127).
Wert ist "dinglicher Ausdruck eines Verhältnisses zwischen Menschen, eines gesellschaftlichen Verhältnisses.., das Verhältnis
der Menschen zu ihrer wechselseitigen produktiven Tätigkeit"
(a.a.O., S.145).
Dagegen:
"Wo die Arbeitsgemeinschaft ist, stellen sich die Verhältnisse der
Menschen in ihrer gesellschaftlichen Produktion nicht als 'values'
of 'things' dar". Die Wertform ist eine spezifische Form des
Austausches von Arbeit (a.a.O., S.127).

Mit diesen Bestimmungen ist die gesellschaftliche Funktion der Wertform angegeben, aber noch nicht, was "Wert" ist. Wir wollen deshalb
die MARXschen Bestimmungen im folgenden "paraphrasieren", sie uns für
die heutige Zeit verständlich machen.
Dem kapitalistischen Unternehmer kommt es bei seiner Kombination der
Produktionsfaktoren nicht primär auf den Gebrauchswert der Produkte
an. Vielmehr soll ja die kapitalistische Marktwirtschaft eine Gebrauchswertoptimierung erst sekundär, gleichsam automatisch durch die
vielzitierte "unsichtbare Hand" des Konkurrenzmechanismus erzielen.
Gebrauchswerte müssen zwar produziert werden, weil auch die Konkurrenz
dies tut, die unternehmerischen Ziele sind aber nicht primär auf diese
ausgerichtet. Dem kapitalistischen Unternehmer kommt es aber auch
nicht auf das Geld an; er ist nicht am Geld an sich interessiert;
deshalb auch nicht z.B. an hohen Preisen (höchstens kurzfristig). Dies
würde ja nur per Inflation die Geldmenge aufblähen. Geld ist vielmehr
nur notwendiges "Übel" zur Vereinfachung der Marktaktivitäten, der
Kapitalrechnung usw. Warenform und Geldform der Produkte sind deshalb

zwar notwendige und insofern typische Merkmale einer kapitalistischen Produktionsweise, nicht aber hinreichende oder gar diejenigen Merkmale, die das unverwechselbare "Programm", die typische "Organisation", des Kapitalismus ausmachen. Vielmehr interessiert den kapitalistischen Unternehmer die ökonomische Potenz der eingesetzten Produktionsfaktoren und der hergestellten Produkte bzw. bereitgestellten Dienstleistungen. Rohstoffe, Maschinen, Arbeitskraft und die damit produzierten Güter sind, das lernt heute jeder Betriebswirt, in ihrem ökonomischen "Ertragswert"(so ein zentraler betriebswirtschaftlicher Terminus) von Relevanz; d.h. in ihrer ökonomischen Potenz zur Erhöhung dieser Potenz. Genau dies meint die Kategorie des Wertes. Wert ist die ökonomische Potenz zur Erhöhung der ökonomischen Potenz. Wert ist "selbstreferenzieller Ertragswert". Die Wertform einer Sache ist deshalb die Sache unter der Perspektive der Verwertung in diesem engeren ökonomischen Sinne. Das ist so wenig metaphysisch wie eine unternehmerische Gewinn- und Verlust-Rechnung. Die Wertform ist deshalb neben der Gebrauchswertform, der Warenform und der Geldform (Preisform) eine vierte Form der Güter, die in dieser Hinsicht also Träger von Wert sind. Die Wertform gilt somit für die Einsatzfaktoren des kapitalistischen Produktionsprozesses genauso wie für den Output. Jedes einzelne Gut partizipiert dabei gleichsam mit einem Teil am Gesamtwert aller Güter, ist insofern Teilwert, den es nur als Element innehat. Produkte sind also Wertverkörperung, was durch die Preisform leicht verdeckt wird, da Preise sich nach anderen Mechanismen bilden als der Wert (deshalb ist die betriebswirtschaftliche Kostentheorie nur folgerichtig, wenn sie die Kosten nicht über die Preise definiert, sondern nach anders bestimmten Kostenwerten sucht, d.h. Kosten und Ausgaben unterscheidet).

Die MARXsche Formulierung von dem sog. "Warenfetischismus" kann man vor diesem Hintergrund verstehen: die geldliche Warenform führe zu einer Verselbständigung der produzierten Sachen im Bewußtsein der Menschen, weil die wertbildenden Prozesse verschleiert werden. Da die Produkte im Kapitalismus Wertträger sind, ist es klar, daß im Warentausch auch Werte getauscht werden. Das ist ja gerade dasjenige, was das Interesse des kapitalistischen Unternehmers weckt. Allerdings muß der Wert ja zunächst einmal in die Produkte hineinkommen. Neben der

Tatsache des <u>Primats der Wertform</u> als solcher sind die beiden Aspekte der <u>Wertverteilung im Austausch</u> und der <u>Wertschöpfung in der Produktion</u> diejenigen, an denen sich die Gesellschaftlichkeit der Wertform manifestiert.

o Der Primat der Wertform

Der Primat des abstrakten ökonomischen Ertragswertes als Grundprinzip ist das Hauptmerkmal des Kapitalismus als gesellschaftliche Produktionsweise überhaupt. Die Wertform selbst ist insofern ein gesellschaftliches Produkt, eine gesellschaftliche "Erfindung". Diese war im wesentlichen evolutorisch gebunden an die folgenden Voraussetzungen:

- an die Entwicklung des Geldes bis hin zum modernen abstrakten Weltgeld
- an die "Fungibilisierung" der Produktionsfaktoren und der Arbeitskraft durch eigentumsrechtliche und sonstige bürgerliche Freiheitsrechte (insbesondere im Bereich des Vertrags- und Eigentumsrecht)
- an die Kombination der ersten beiden Sachverhalte; sie ermöglicht erstens die "Verflüssigung" von Sachen, Vermögen und deren Rekristallisierung und Reallokation und damit die notwendige Beweglichkeit des Gesamtsystems; sie ermöglicht zweitens die Ausbildung eines von konkreten Dingen abgelösten rein ökonomischen Denkens und Kalkulierens
- an die Entwicklung einer sozio-ökonomischen Institution, die diese Verwandlungen, Umsetzungen, Reallokationen und sonstigen Bewegungen regelt: dies ist der moderne Markt
- an die Entwicklung einer angepaßten legitimatorischen Ideologie und Wirtschaftsgesinnung.

Auch schon vor dem Siegeszug der kapitalistischen Produktionsweise gab es andere ökonomische Gesellschaftsformationen mit akkumulativen Tendenzen. Die Akkumulationsprozesse waren aber durchweg dinglicher Art, indem sie sich z.B. auf Grund und Boden, Schlösser, Edelsteine, Pferde, Frauen, Nahrungsmittel, Salz o.a.m. bezogen. Sie waren von daher begrenzt. Die Akkumulationsmittel selbst waren nur in engen Grenzen verwertbar, d.h. für die akkumulative Selbstverwertung einsetzbar,

weil das allgemeine Medium der Konvertierbarkeit - das Geld als Kapital - noch nicht in diese Funktion gesetzt war (aber als Zirkulations-
mittel dagegen schon lange). Auch die einzelnen Wirtschaftsakte waren
noch zu stark gesellschaftlich segmentiert und differentiell bewertet:
die Arbeiten der verschiedenen Stände oder Klassen waren "inkommensu-
rabel"; sie waren nur in ihren Gebrauchswerten präsent. Ihre Bewertung
richtete sich dabei aber nicht nur nach dem Gebrauchswert, sondern
auch nach dem sozialen Stand des Produzenten: Sklavenarbeit ist mit
der Arbeit des Handwerkers, des Kaufmanns oder gar des Politikers
nicht tauschbar, nicht vergleichbar: es gibt nichts Gemeinsames. Die
Wertform setzt aber voraus, daß alle Güter eine gemeinsame Dimension
besitzen: die des ökonomischen Wertes, so unterschiedlich ihre Gestalten und ihre Inhalte auch sein mögen. MARX glaubt nun, daß die liberalistische Gleichheitsideologie des aufgeklärten Bürgertums sich im
Zusammenhang mit der Entwicklung der Wertform herausbildet (MARX 1968,
S.74). Ausführlicher dazu hat ENGELS argumentiert (ENGELS 1973, S.93-
100). Die Wertform macht also alle Güter und Produktionsmittel gleichnamig. Produkte bzw. Produktionsmittel völlig unterschiedlicher Konstruktion, völlig verschiedenen Gebrauchswertes können damit gleichen
Wert verkörpern, gleich viel gelten. Da nun dieser ökonomische Wert
die Hauptorientierung im Kapitalismus ausmacht, kann aus der gleichen
Gültigkeit eine Gleichgültigkeit gegenüber den substanziellen, konkreten Inhalten erwachsen. Die beständige Suche nach den ökonomisch
effizienten Möglichkeiten, Kapital zu investieren, macht ja gerade den
kapitalistischen Unternehmer aus. So kann z.B. ein Automobilkonzern
zugleich Eigentümer von Rinderherden und Computerfabriken sein. Der
Handwerksbetrieb dagegen ist gebunden an den im Meisterbrief dokumen-
tierten Arbeitsbereich. Die abstrakte Wertorientierung ist bis heute
deshalb auch eines der Hauptprobleme der kapitalistischen Produktionsweise: daß sie wertorientiert, aber nicht gebrauchswertorientiert
arbeitet, daß der Gebrauchswert immer nur Vehikel des ökonomischen
Wertes im engeren Sinne ist, kann zu Fehlleitungen unter Wohlfahrtsas-
pekten führen. Die Utopie, die in dieser Konzeption steckt, besteht
darin anzunehmen, daß sich die Gebrauchswertoptimierung automatisch
ergäbe. (vgl. auch das Kapitel "Markt").
Die Wertform selbst ist also bereits ein historisch-gesellschaftliches

Produkt und nichts, was den Gütern von Natur aus anhaftet (Archäologen
in tausend Jahren vielleicht werden den Resten unserer Zivilisation
die Wertform nicht mehr ansehen). Als solche ist sie also eine inter-
pretative Leistung, die in der ökonomischen Praxis stets neu vollzogen
werden muß. Die Wertperspektive muß deshalb in unserer Gesellschaft
auch gelernt werden: in kaufmännischer Ausbildung, im Studium der
Betriebswirtschaftslehre, im betrieblichen "Training-on-the-Job". Nur
weil dies so ist, kann man auch fragen, ob und inwieweit die Wirtschaftssubjekte diese Praxis internalisiert haben: handelt ein "kleiner" Handwerker in diesem Sinne kapitalistisch? Ist er wertorientiert
oder wie anders sieht seine ökonomische Deutungsstruktur, sein ökonomischer Habitus aus? Wir müssen hier Antworten schuldig bleiben;
solche Anschlußfragen wären aber für eine weiterführende Wirtschaftssoziologie durchaus zentral.

o Die Wertform im gesellschaftlichen Austauschprozeß

Der ökonomische Wert, der den Produkten beigelegt wird, kann nur
realisiert werden durch den Austausch, speziell durch den geldvermittelten Verkauf. Solange ein Unternehmer ein Produkt auf Lager hält,
hat es nur potentiellen Wert. Aller Produktaustausch ist deshalb
innerhalb der kapitalistischen Produktionsweise wertvermittelt. Der in
allen Produkten als Waren steckende Wert ist nach MARX dasjenige, das
den Warenaustausch überhaupt erst ermöglicht, weil die Produkte
dadurch gleichnamig gemacht werden. Dies liegt daran, daß alle Produktion ja in kapitalistischen Unternehmungen erfolgt, d.h. einen Prozeß
der abstrakten Wertschöpfung durchläuft. Der Austausch z.B. in einer
bäuerlichen Familienwirtschaft erfolgt dagegen direkt, gebrauchswertorientiert. Der Austausch innerhalb einer kapitalistischen Unternehmung ebenfalls. Die Vermittlung der Produkte der Einzelarbeiten läuft
dort über Kooperation oder Organisation. In der kapitalistischen Wirtschaft dagegen erfolgt die Wiederaneignung ohne Plan, ohne Kooperation. Die Wertform ist soz. ein Kooperations- oder Organisationser-
satz. In der Wertform erhalten die diversen privaten Arbeiten ihre
gesellschaftliche Form als Teil der gesellschaftlichen Gesamtarbeit,
des gesellschaftlich erzeugten Gesamtwertes. Die Wertform fungiert in

dieser Perspektive also als eine Vermittlungsform heterogener, privat erzeugter Teilarbeiten. Dies verweist auf verschiedene Eigenheiten der ökonomischen Gesellschaftsordnung: private Produktion, die nicht gemeinschaftlich koordiniert wird, sondern über den abstrakten Marktmechanismus und hochgradige gesellschaftliche Arbeitsteilung, so daß Produktionsergebnisse nicht unmittelbar kommunikativ aufeinander abgestimmt und wechselseitig transferiert werden können.

An einem einfachen Schemabeispiel kann man sich die Wertvermitteltheit des gesellschaftlichen Austauschs im Kapitalismus verdeutlichen. Stellen wir uns einmal zwei Nachbarn vor, der eine sei Werkzeugmacher, der andere Möbelschreiner. Wechselseitig benötigte Produkte könnten sie unmittelbar miteinander austauschen:

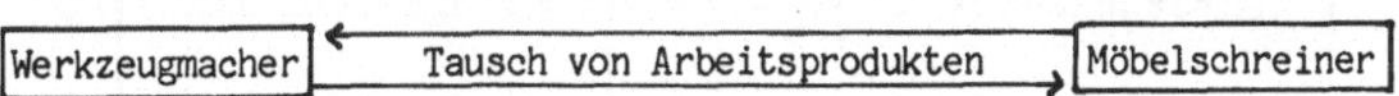

Dieser Tausch würde sich nach den jeweiligen Gebrauchswerten richten, die wechselseitige Verrechnung würde ausgehandelt werden, vielleicht auf der Basis der Arbeitszeit und des eingesetztes Materials; jedenfalls wären sie als einfache Warenproduzenten nicht an einer abstrakten Wertproduktion und Wertmehrung orientiert. Im Falle der kapitalistischen Produktionsweise wären die Arbeitsergebnisse der beiden Nachbarn aber vollkommen anders vermittelt (Übersicht 37).

Die Nachbarn tauschen in diesem Falle ihre Arbeitsprodukte also nicht direkt miteinander aus. Die Produkte werden innerhalb der Institution der kapitalistischen Unternehmungen im Rahmen eines kapitalistischen Wertschöpfungsprozesses hergestellt und in der Waren-, Geld- und Wertform dem Markt zugeführt. Von dort beziehen die Nachbarn in ihrer Rolle als Arbeitnehmer wechselseitig die Produkte voneinander, denen man natürlich in keiner Weise mehr ansieht, daß sie von dem Nachbarn stammen. Sie haben sich verselbständigt, eigene Formen angenommen. Sie sind nicht mehr eigene Produkte des jeweiligen Nachbarn, sondern sie sind als Träger ökonomischen Wertes und nur als solche unter der Leitung eines kapitalistischen Unternehmers hergestellt worden. Ihre Verrechnung und Vermittlung erfolgt auf dieser Wertbasis, in der die

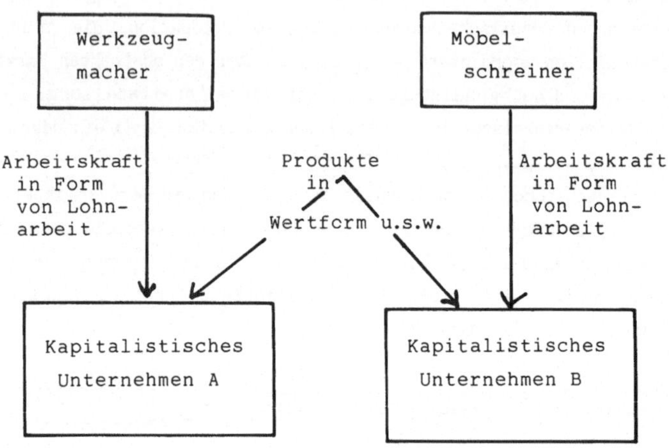

<u>Übersicht 37:</u> Unternehmerisch vermittelte Warenproduktion

Gesellschaftlichkeit der Produktion zum Ausdruck gelangt. Die Produzenten "begegnen" einander nicht als authentische, produzierende Subjekte, sondern höchst abstrakt-formal innerhalb eines komplexen Systems von Wirtschafts- und Rechtsbeziehungen als Lohnarbeiter und Käufer. Wie immer diese beiden Individuen den Erwerb der jeweiligen Produkte deuten, aus der Perspektive des kapitalistischen Systems haben sie Werte getauscht, aus der Sicht der beiden kapitalistischen Unternehmer ist über die Kaufakte Wert realisiert worden. Man kann nun formulieren, daß der abstrakte ökonomische Wert, der "konjektural" innerhalb der kapitalistischen Unternehmung dem Produkt beigelegt wurde, auf dem Markt zu einem Wert im Austausch, zu einem "Tauschwert" wird. Der Tauschwert erscheint damit als eine besondere Erscheinungsweise des abstrakten ökonomischen Ertragswertes. Dieser kann über den Preis des Produktes mehr oder weniger realisierbar sein; der Preis ist nur konkret-quantitativer Ausdruck des abstrakten Wertes, den er mehr oder weniger gut treffen kann.

o Die Entstehung des Wertes in der Produktion

Der Markt ist Realisationsort und in diesem Sinne Verwertungsinstitution her- bzw. bereitgestellter Güter. Auf ihm findet keine Werterzeugung statt. Gewiß kann der Preis unter bestimmten Umständen den "Wert" übertreffen, so daß ein Extragewinn erzielbar ist. Dies aber führt, wie bereits ausführlich erörtert, natürlich nicht zu einer Wertvermehrung der Volkswirtschaft, wohl aber des glücklichen Unternehmers. Typisch für den Kapitalismus ist zwar durchaus eine beständige Umverteilung des volkswirtschaftlichen Reichtums bzw. die Reproduktion bereits vorhandener Disparitäten, aber das unterscheidet ihn eigentlich im Prinzip nicht von vorangegangenen Produktionsweisen. Das wesentliche besteht unter diesem Aspekt vielmehr in dem Prozeß der akkumulativen Reproduktion, der - wie bereits ausgeführt - bis heute erhebliche Dimensionen angenommen hat. Im kapitalistischen System kann Reichtum natürlich nicht als Gebrauchswertreichtum definiert werden - das wäre eine systemfremde Kategorie; vielmehr kann nur ein am ökonomischen Ertragswert orientierter Reichtumsbegriff einen systemlogischen Ort einnehmen. Reichtum erscheint dort also als wertmäßiges akkumulatives Reproduktionsvermögen des eingesetzten Kapitals.

Nach all' den vorangegangenen Erläuterungen dürfte es deutlich sein, daß die Wertschöpfung innerhalb des kapitalistischen Produktionsprozesses nur durch den Einsatz der menschlichen Arbeitskraft sich vollzieht. Jedes Produkt, also auch jedes Mehrprodukt erhält seinen ökonomischen Wert durch die in ihr steckende Arbeit. Die Gesellschaftlichkeit der Wertform bestimmt sich deshalb unter der Produktionsperspektive aus dieser Tatsache der Produziertheit durch menschliche Arbeit heraus. Diese ist aber ein gesellschaftliches Phänomen: wie Arbeit geteilt, koordiniert, organisiert und auf Personen verteilt wird, ist nichts Naturhaftes, sondern stets soziale Konstruktion. Nun sind die Produkte als reale Gegenstände oder Leistungen in vielfacher Hinsicht unterschiedlich, sie besitzen in der realen Form unterschiedliche Gebrauchswerte. Sie sind innerhalb des kapitalistischen Systems nur insofern gleich als sie ökonomische Wertträger sind. Deshalb muß man auch mit MARX gemäß den verschiedenen Formen des Produktes analytisch nach verschiedenen Dimensionen der menschlichen Arbeit unterscheiden.

MARX nennt nun diejenige Dimension menschlicher Arbeit, die der realen Gebrauchswertebene entspricht "konkrete Arbeit". Davon unterscheidet er denjenigen Aspekt menschlicher Arbeit, der den ökonomischen Wert produziert. Diesen nennt er "abstrakte Arbeit". So wie der Kapitalbegriff die ökonomische Form der Produktionsmittel bezeichnet, bezieht sich der Terminus "abstrakte Arbeit" auf ökonomische Wertform der Arbeit. Meint der Ausdruck "konkrete Arbeit" die reale, stoffwechselnde, formverwandelnde Naturkraft des menschlichen Arbeitsvermögens, so bezeichnet der Begriff der "abstrakten Arbeit" das gesellschaftliche Wertschöpfungsvermögen der Arbeit. Diese wertmäßige Interpretation selbst wie auch das quantitative Ausmaß des Wertschöpfungsvermögens sind natürlich gesellschaftliche Erscheinungen. Zu ersterem haben wir bereits oben Ausführungen gemacht. Das quantitative Ausmaß der möglichen Werterzeugung ist insofern gesellschaftlich, als es von den technischen, organisatorischen und qualitativen Produktionsbedingungen und Produktionskräften abhängt.
Auf der Grundlage der bisherigen Ausführungen dürfte unmittelbar deutlich sein, daß der kapitalistische Unternehmer letztlich nur an dem Wertaspekt der Arbeit, also an "abstrakter Arbeit" interessiert ist. Natürlich kann er nicht von dem konkreten Arbeitsvermögen absehen: er muß ja Gebrauchswerte produzieren, die Träger von ökonomischem Wert sind. Aber das ökonomische Wertpotential ist vorrangiger Orientierungsaspekt. Deshalb ist z.B. die Aus- und Weiterbildung immer nur Instrument. Unter dem Gesichtspunkt konkreter Arbeit verliert z.B. der Werkzeugmacher sein Arbeitsvermögen zu handwerklicher Fertigung des Werkzeugs mit der Einführung numerisch gesteuerter Werkzeugmaschinen keineswegs. Diese Qualifikation verliert aber ihren ökonomischen Wert. Da er jetzt vielleicht nur noch mit erheblich geringerem Arbeitsaufwand als zuvor die Maschinen einzurichten und zu kontrollieren hat, wird sich für die Gesamtpopulation der Werkzeugmacher durch Verringerung ihrer Größe die spezielle volkswirtschaftliche Lohnquote verringern. Dies wäre ein Ausdruck für die gesamtwirtschaftliche ökonomische Verringerung des Wertes der abstrakten Arbeit dieser Berufsgruppe.
Abstrakte Arbeit drückt sich also in dem Wert aus, den die menschliche Arbeit einem Produkt zufügt. Nun ist für die kapitalistische Produktion, wie mehrfach betont, die akkumulative Reproduktion typisch.

Damit stellt sich die Frage, wie dieses Wachstum an Wert zustande-
kommt. Auf der Basis der im Kapitel über die reale Ebene der Wirtschaft vermittelten Grundlagen ergibt sich, daß unter der Wertperspektive die Akkumulation über Mehrarbeit läuft, d.h. über die Erzielung
eines Mehrproduktes, welches hier nun als "Mehrwert" erscheint. Mehrwert ist also keinesfalls gleichzusetzen mit Gewinn. Diese Kategorie
liegt ja auf einer ganz anderen Ebene. Mehrwert ist einfach derjenige
ökonomische Überschuß, der durch die menschliche Arbeit in einem
Unternehmen erzeugt, aber nicht konsumiert wird, sondern der vielmehr
im Unternehmen als zusätzliches Kapital verbleibt. Dies ist weder
geheimnisvoll, noch etwas, was auch ein "bürgerlicher Ökonom" eigentlich bezweifeln könnte. Wir benötigen für die Erklärung der Entstehung
des Mehrwertes keinesfalls die noch von MARX unterstellte Annahme, daß
die Arbeitnehmer nur zu ihren einfachen existenziellen Reproduktionskosten entlohnt werden. Es genügt vollkommen, wenn mehr oder minder
große Teile des durch Mehrarbeit erzeugten Wertes nicht nach außen
verteilt, sondern eben akkumuliert werden. Nur weil und insofern der
Mensch in der Lage ist, mehr zu produzieren als er zu seiner bloßen
Existenz benötigt, ist eine Akkumulation von Wert möglich. Daß diese
Akkumulation erfolgt, zeigt bereits ein flüchtiger Blick in die Wirtschaft (vgl. auch das Kapitel C 1.). Der Arbeitslohn ist damit nur ein
Teil des erzeugten Wertes. Er reflektiert die Preisform der Arbeitskraft, nicht die Wertform. Die Verteilung des gesamten in einer Unternehmung und in der Volkswirtschaft erzeugten Wertes ist deshalb natürlich ein gesellschaftliches Phänomen und abhängig von Machtverteilun-
gen sowie von politischen Verhältnissen. Ein Teil des Wertes dient der
stationären Reproduktion des Kapitaleinsatzes (Abschreibungen, Erneue-
rung der technischen Apparaturen, bloße Reproduktion der Arbeitskraft), ein anderer Teil kommt dem Staat in Form von Steuern und
Abgaben zu, ein weiterer Teil ist persönliches Einkommen der Kapitaleigentümer, ein Teil kann der Erhöhung des Bedürfnisniveaus dienen,
der letzte Teil schließlich führt zu einer Erhöhung des Kapitals. Von
der Mehrwertproduktion und -realisation hängt in der kapitalistischen
Produktionsweise also die gesamte Gesellschaftsformation ab. Dies hat
natürlich auch MARX gesehen und deshalb hat er die Forderung nach
Verteilung des gesamten Arbeitsertrages auf die Arbeitnehmer zurecht

für unsinnig erklärt. Weder die Mehrwertproduktion noch die Einbehaltung von Mehrwertanteilen durch die Unternehmungen und den Staat sind per se "Ausbeutung". Eine Ausbeutung liegt vielmehr erst dann vor, wenn (1) die quantitative Aufteilung des Mehrwertes klassenmäßig erfolgt. Das ist dann der Fall, wenn systematisch und permanent eine Gruppe der Gesellschaft wegen eines Machtübergewichts beständig sich zu Lasten der anderen, lohnabhängigen, bereichern kann. Sie liegt (2) dann vor, wenn auch bei hohem Lohn die Physis und Psyche des arbeitenden Menschen aufgrund der Arbeitsbedingungen Schaden nimmt. Neben die monetär-wertmäßige Ausbeutung wäre also eine naturale Ausbeutung zu setzen. Beide können natürlich auch zusammen auftreten, was in vielen Fällen auch heute noch der Fall sein dürfte. Die kapitalistische Produktionsweise hat typischerweise die Tendenz zu beiden Ausbeutungsformen, weshalb sie durch Interessenverbände und den Staat "im Zaume gehalten" werden muß. Das hat seinen Grund darin, daß sie im Prinzip eine sozio-ökonomische Doppelstruktur hat, die sich allerdings zunehmend transformiert. Sie ist einmal auf dem Wertprinzip aufgebaut und hat von daher eine "imperialistische" ökonomisch-verwertende Dynamik, die zwangsläufig akkumulativ verlaufen muß. Dazu ist es erforderlich, daß stets so große Mehrwertanteile wie möglich zurückbehalten werden. Das ist aber zunächst nur möglich, wenn die gesellschaftliche Machtverteilung diesem ökonomischen Prinzip entspricht: der Kapitalismus muß als Klassengesellschaft reproduziert werden, die die Aneignungsrechte bezüglich des Mehrwertes disparat institutionalisiert und zugleich diese Disparität aufrechterhält. Dazu bedarf es eines adaptierten Eigentums- und Arbeitsrechts. Dieses bildet sich im 19. Jahrhundert aus und bleibt in der Grundstruktur bis heute maßgebend. Von einem bestimmten Punkt der Entwicklung des kapitalistischen Systems an scheint aber eine Transformation dieser Doppelstruktur möglich zu sein und sich auch tatsächlich zu vollziehen: wenn das kapitalistische System sich national und international soweit ausgedehnt hat, daß es sich insgesamt verselbständigt, ist es den einzelnen Volkswirtschaften "bei Strafe des Untergangs" nicht mehr möglich "auszusteigen", d.h. sich nicht-kapitalistisch zu verhalten. Das ökonomische System trägt sich dann soz. selbst, es ist nicht mehr auf eine scharf ausgeprägte Klassengesellschaft angewiesen (wohl aber natürlich auf den

regulierenden Staat). Damit werden soz. alle gleich - gleich in ihrer
Subordination unter die Verwertungsimperative. Obwohl also in diesem
Falle sich die "Struktur" des Systems (im vorn definierten Sinne)
geändert hat, ist das Programm, die Organisation gleich geblieben. Die
"autopoietische" Potenz des Kapitalismus wächst damit. Der Prozeß
liefe somit gerade der MARXschen Hypothese zur Transformationsdynamik
entgegengesetzt: der Kapitalismus funktioniert sich selbstverstärkend,
er drängt nicht nach Auflösung, sondern nach Herausbildung in reinerer
Form. Die Entwicklung der Märkte zu Weltmärkten scheint dafür von
herausragender Bedeutung zu sein (Stichworte: die "amerikanische Herausforderung", die "japanische Herausforderung" usw.). Das ökonomische
Wertprinzip erlangt damit verschärfte Bedeutung, wofür der gegenwärtig
ablaufende Rationalisierungsschub der Wirtschaft ein Indikator ist.
Das autopoietische Programm der kapitalistischen Produktionsweise
liegt in diesem Wertprinzip, das MARX bereits klar formuliert hat: der
Wert sei das "übergreifende Subjekt" des Prozesses der beständigen
Verwertung, er schaffe "Wert", weil er Wert ist, er "stellt sich hier
welche Waren und Geld .. bloße Formen" sind (MARX 1968, S.169). Die
ökonomische software des Kapitalismus läßt sich also auf die einfache
Form bringen: G-W-G'. Diese prozessiert den eigentlichen Inhalt der
kapitalistischen Ökonomie: den Wert. Verfehlt wäre es nun allerdings,
aus den eben formulierten Thesen den Schluß zu ziehen, es sei damit
auch zugleich die Auflösung von ökonomisch bedingten Machtverhältnisse
in unserer Gesellschaft impliziert (vgl. zu dem Gesamtbereich der
gesellschaftlichen Ungleichheit auch den Band von HERZ 1983). Mir
scheint vielmehr, daß sich die Beziehungen zwischen dem ökonomischen
und dem System gesellschaftlicher Machtungleichheit umgekehrt haben.
Im klassischen Kapitalismus ist die Klassenstruktur reproduktive Voraussetzung für die kapitalistische Ökonomie. Heute scheint es eher
umgekehrt zu sein. Der hohe Grad an systemhafter Verselbständigung
erlaubt es Personengruppen, in den jeweiligen ökonomischen Entschei-
dungszentren Positionen einzunehmen, die mit Macht ausgestattet sind
und von denen aus ökonomische Macht in politische Macht konvertierbar
ist. Das gesellschaftliche System der machtbezogenen Ungleichheit ist
damit Spiegelbild des ökonomischen Systems, seine Folge und nicht
seine Bedingung (vgl. zu diesem Gesamtbereich, den wir hier keines-

falls weiter ausführen können, als weiterführende Literatur z.B.
WRIGHT 1978; HEILBRONER 1985).

2.3.2. Zur Frage der Koexistenz unterschiedlicher Produktionsweisen innerhalb einer Gesellschaftsformation

Wegen der Bedeutung der kapitalistischen Produktionsweise für unsere
Gesellschaftsformation war es gerechtfertigt, die elementaren
Strukturen, Prozesse und Dynamiken herauszuarbeiten. Dabei sind wir
der Auffassung gefolgt, daß die MARXschen Grundkategorien durchaus
noch ein angemessenes Rüstzeug bereitzustellen in der Lage sind;
zumindest gilt das für die ganz elementaren Prinzipien. Bei einer
fortschreitenden Realanalyse existierender Gesellschaften muß man
natürlich differenzieren, das Instrumentarium weiterentwickeln und
ergänzen. Das kann in dieser Einführung nicht die Aufgabe sein. Aber
hinweisen möchten wir auf **eine** Ergänzungsnotwendigkeit doch noch. Es
ist für die Ökonomie der Bundesrepublik Deutschland kennzeichnend, daß
neben den im strengen Sinne kapitalistischen Unternehmen andere Wirtschaftseinheiten zu finden sind, die man über die ganze Kapitalismus-
analyse nicht vergessen darf: z.B. die landwirtschaftlichen Betriebe,
die Handwerksunternehmen, die Handelsunternehmen, die Freien Berufe
u.a.m. Wir haben diese natürlich auch nicht vergessen, sondern sind ja
im Teil 1 dieses Kapitels auf solche Bereiche eingegangen. Theoretische Konzepte sind allerdings für solche Sektoren kaum in der Soziologie entwickelt worden. Auf der Basis der Wertformanalyse läßt sich
aber immerhin ein Ansatzpunkt - wenn auch eher ein negativer - gewinnen: ein kapitalistisches Unternehmen ist zwangsläufig groß oder anders herum formuliert: nur ein großes Unternehmen kann kapitalistisch
sein, da nur von einem bestimmten quantitativen Kapitaleinsatz an der
Selbstverwertungsprozeß lohnt und da ein nennenswerter Mehrwert überhaupt nur von einem bestimmten Umfang des Personals an möglich ist.
Das bedeutet, daß kapitalistische Unternehmen überhaupt nur in solchen
Bereichen entstehen, in denen Akkumulationschancen größeren Ausmaßes
vorhanden sind. Das setzt mindestens dreierlei voraus: (1) quantitativ

die Möglichkeit zur Massenproduktion, (2) qualitativ eine relative zeitliche Stabilität des Absatzes homogener Güter und (3) wertmäßig eine ökonomische "Lukrativität". Wo (1) und (2) gegeben sind aber nicht (3) setzt durchweg der Staat ein, wo (2) und (3) gegeben sind, aber nicht (1) finden wir eher mittelgroße Betriebe mit stationärer Reproduktion. Wo diese drei Bedingungen gar nicht gegeben sind, finden wir entweder gar nichts oder "kleine" gewerbliche Existenzen mit einfacher Warenproduktion. Das gesamte ökonomische System läßt sich natürlich nicht aufrechterhalten ohne Betriebe in den Bereichen, die kapitalistisch nicht interessant sind. Andererseits sind aber auch die kapitalistischen Unternehmungen angewiesen auf andere Betriebstypen als Lieferanten, Reparateure, Dienstleister, Abnehmer. Hier nun setzt der sog. "dualökonomische Ansatz" an (vgl. z.B. TOLBERT et al. 1980). Dieser unterscheidet nach "Zentrum" und "Peripherie" des Produktionssektors des ökonomischen Systems. Moderne kapitalistische Ökonomien (der Ansatz ist allerdings durchweg auf die USA bezogen) bilden danach ein ökonomisches und politisches Machtzentrum monopolistischer oder auch oligopolistischer Großunternehmen aus, die sich in den o.a. ökonomischen Marktbedingungen bewegen. Daneben existiert eine "Peripherie", die aus einer Vielzahl kleiner und mittlerer Unternehmen gebildet wird mit geringen Chancen zur Kapitalakkumulation. Die im Zentrum liegenden Unternehmungen bestimmen im wesentlichen die ökonomischen Bewegungen (und auch Krisen) des Gesamtsystems, ohne dabei selbst wirklich gefährdet zu werden; vielmehr werden Schwankungen durch die Peripherie abgepuffert. Die peripheren Unternehmen sind diejenigen, die die ökonomischen Krisen am stärksten zu tragen haben. Die Elastizität des Gesamtsystems ist also eine Funktion dieser dualen Struktur. Überdies gehen von dem industriellen Zentrum, zu dem natürlich auch ein ausgebautes Dienstleistungssystem gehört (Banken, Handel, Verkehr) die gesellschaftsevolutorischen ökonomisch-technischen wie auch die juristischen und bewußtseinsmäßigen Impulse aus. Das muß nicht unbedingt für die Inventionen gelten, gilt aber wohl durchweg für die Innovationen. Produkt- und Verfahrensinnovationen, technische und organisatorische Innovationen, Mitbestimmungs- und Personalführungsinnovationen und deren Spiegelungen z.B. im Bewußtsein der dort Erwerbstätigen wie auch in der gewerkschaftlichen Politik dürften überwiegend dem industriellen Zentrum entstammen. Es wäre nun zu fragen, in welcher Weise von dort aus ein Druck auf die Peripherie, z.B. auf das Handwerk, ausgeübt wird. Dieser Druck kann darin bestehen, daß sich die kleinen Warenproduzenten solchen Neuerungen nicht zu entziehen vermögen, daß Erwartungen und Ansprüche dahingehend laut werden, z.B. neue Technologien einzuführen. Zudem sind z.B. die Handwerksbetriebe zur passiven Anpassung insofern gezwungen als sie als Zulieferer, Montierer, Reparateure, Warter usw. tätig sind und zwar sowohl im Konsumgüter- wie auch im Investitionsgüterbereich. Eine empirische Frage wäre also, in welcher Weise solche Diffusionsprozesse vom Zentrum zur Peripherie stattfinden, wie Anpassungsdruck erlebt wird, wie Erwartungen an Modernität sich artikulieren und durchsetzen. Für die gegenwärtige Wirtschaftsweise des Handwerks, wie überhaupt der Klein- und Mittelunternehmen, findet man in der Literatur Bezeichnungen wie "kleinkapitalistisch", "traditonell-alter Kapitalismus", "traditionaler Sektor" oder auch "vorindustrielle Produktionsweise". Solche Kennzeichnungen beinhalten offenbar mehrere Hauptaussagen: einmal ist damit eine historische Dimension angesprochen, indem nämlich die handwerkliche Produktionsweise als unzeitgemäß tituliert wird. Diese Qualifizierung scheint mir außerordentlich voraussetzungsvoll, vorschnell und empirisch ungestützt zu sein. Einmal geht man mit dieser Kennzeichnung offenbar davon aus, daß das ökonomische System einer Gesellschaft nur gemäß eines einzigen strukturierenden Organisationsprinzips homogen sein müßte; daß es zur gleichen Zeit verschiedene Produktionsweisen innerhalb spezifischer Umwelten und Nischen geben kann, wird damit noch nicht einmal als Möglichkeit in Erwägung gezogen. Zudem unterstellt eine solche Qualifizierung ein "vormodernes" Bild des Handwerks - was immer man damit im einzelnen meinen mag; das heißt, es wird davon ausgegangen, daß das heutige Handwerk dem Handwerk der letzten Jahrhunderte mehr oder weniger strukturell entspricht. Das ist aber ganz offenbar empirisch falsch. Die oben genannten Kennzeichnungen arbeiten implizit mit der als unhaltbar erwiesenen These des historischen Niedergangs des Handwerks im Zuge der Industrialisierung; ein symbiotisches Verhältnis kann man sich z.B. nicht vorstellen.

Neben der geschichtlichen Dimension enthalten die Charakterisierungen als "kleinkapitalistisch", "traditional" usw. aber auch noch - durchweg allerdings nicht analysiert - substanzielle Behauptungen über die sozio-ökonomische Verfassung des Handwerks und zwar einmal bezüglich der Wirtschaftsgesinnung oder des Wirtschaftsstils und zum anderen bezüglich der Arbeits- und Produktionsprozesse. Bezüglich des Wirtschaftsstils impliziert die Qualifizierung "kleinkapitalistisch" eine am individuellen Privateigentum festgemachte Kapitalorientierung, die empirisch wohl kaum einlösbar sein wird. Tatsächlich dürften die Arbeits- und Verwertungsprozesse im Handwerk durchweg gerade zur Reproduktion einer mittleren Existenz und zur Reproduktion des eingesetzten Kapitals führen, aber wohl kaum zur Akkumulation. Überdies scheint die Gewinnorientierung auch längst nicht so ausgeprägt zu sein wie im großindustriellen Kontext; zumindest zeigten dies die Untersuchungen von SCHÖBER Mitte der 60er Jahre (SCHÖBER 1968). Allein schon die Restriktionen der Handwerksordnung und der Handwerkskultur scheinen einer Prädominanz der Kapitalverwertung entgegenzustehen: ein Handwerker kann sein kleines "Kapital" nicht in beliebige Verwendungsrichtungen stecken, um es zu vermehren, sondern er ist im Prinzip gebunden an eine Betätigung innerhalb seines Handwerkszweiges. Überdies arbeitet typischerweise der Handwerksmeister selbst mit, ist also nicht Leiter eines Kapitalverwertungsprozesses, sondern selbst entscheidender Träger des unmittelbaren Arbeitsprozesses. Insofern wird man hier wohl eher mit der Vorstellung der von MARX so bezeichneten "einfachen Warenproduktion" der Wirklichkeit näher kommen. Die Formel "W-G-W" symbolisiert ja, daß der sachliche Produktions- und Arbeitsprozeß im Vordergrund steht und instrumentell eingesetzt wird, um Geld zu erwirtschaften, das wiederum der Warenbeschaffung dient. Geld ist dabei nicht, wie bei der entwickelten Warenproduktion G-W-G' als Kapital eingesetzt. Aus alledem folgt natürlich nicht, daß nicht auch der handwerkliche Unternehmer Geld verdienen möchte und daß er nicht auch der Rationalisierung seiner Produktionsprozesse offen gegenüberstehen würde. Die Rationalisierung ist aber wohl nicht durch das Prinzip der Kapitalakkumulation bestimmt, sondern durch das Interesse an einer Verbesserung der individuellen Existenzbedingungen. Auch dadurch bezieht es seine Grenzen. Der dritte Aspekt, der untersucht werden müßte, ist der des Produktionsprozesses als Arbeitsprozeß.

Dieser wäre arbeits- und betriebssoziologisch zu analysieren, um von dorther die spezifische Produktionsweise bestimmen zu können. Dazu aber wäre erst ein Forschungsprogramm zu entwickeln; zu berichten gibt es hier dazu zur Zeit nichts.

Ein letzter Hinweis zu diesem ganzen Feld sei noch angefügt. Unter dem Makroaspekt wäre zu fragen, wie unterschiedliche Produktionsweisen innerhalb einer Gesellschaftsformation miteinander verkoppelt sind, worin also die Einheit des Gesamtsystems besteht bzw. wie sie hergestellt und reproduziert wird. Neben dem hier etwas ausführlicher erwähnten Handwerk wären dazu auch die Bereiche der Dienstleistungswirtschaft, der Freien Berufe und des öffentlichen Dienstes miteinzubeziehen. So wichtig die Analyse und das Verständnis der kapitalistischen Produktionsweise im engeren Sinne ist, es dürfen diese anderen Bereiche darüber nicht vernachlässigt werden.

2.3.3. **Die Interessenform der Bedürfnisse**

Zum Abschluß dieses Abschnittes ist noch einzugehen auf die spezifische gesellschaftliche Art und Weise, wie das Individuum an dem abstrahierenden System partizipiert. So wie die Produkte bestimmte Formen annehmen müssen, um in dem System überhaupt prozessierbar zu sein (Waren-, Geld- und Wertform), so können auch nicht die je individuellen realen Bedürfnisse des Menschen ohne Formverwandlung Eingang in das ökonomische System finden. Sie müssen in eine von dem System verstehbare Sprache umcodiert werden. Wir begreifen nun die **Interessenform als Kommunikationsform der menschlichen Bedürfnisse** innerhalb des ökonomischen Systems. Dies gilt es im folgenden zu erläutern.
Die Alltagssprache ist häufig für die Soziologie aufschlußreich. Wir sprechen dort nämlich zwar davon, daß Tiere wie Menschen Triebe, Instinkte oder Bedürfnisse haben, aber wir sagen nicht: Tiere haben Interessen. Gerade, weil das Interessenphänomen ihnen nicht zukommt, meinen viele Menschen, für die Tiere stellvertretend Interessen wahrnehmen zu sollen. Interessen haben offenbar nur Menschen. Aber auch

für die menschliche Gattung ist dieser Begriff in der Alltags- wie in
der Wissenschaftssprache noch recht neu. Er entsteht in der heutigen
Bedeutung wohl erst im 16.-17. Jh. in England und Frankreich (vgl.
insgesamt zu dieser Thematik auch: HIRSCHMAN 1977). Für das gemeinte
Phänomen hatte man zuvor keinen Begriff - möglicherweise gab es dieses
Phänomen zuvor gar nicht, möglicherweise ist "Interesse" selbst eine
Erscheinung, die erst mit der Neuzeit auftritt und d.h. soziologisch:
mit dem Abbau ständisch-traditional-religiöser Gesellschaftsformatio-
nen und der damit möglich werdenden Individualisierung, Liberali-
sierung, Verkomplizierung des sozio-ökonomisch-politischen Lebens. Der
Ausdruck "Interesse" steht nämlich in dieser Zeit - nachdem er im
Mittelalter allein für "Zinsen" gebraucht wurde wie heute noch im
Englischen - erstmals für "Selbstliebe", Egoismus, Verfolgung individueller Nutzenmaximierung. Dieser Gebrauch ist etwa nachzulesen bei
ADAM SMITH oder in der DIDEROTschen Enzyklopädie. Man könnte nun
versuchen - wie NEUENDORFF dies unternimmt (NEUENDORFF 1973) - eine
Verbindung herzustellen zwischen dem mittelalterlichen Zinsbegriff und
dem neuzeitlichen Interessenbegriff. Dabei stößt man dann auf bemerkenswerte Deutungsmöglichkeiten: Im Mittelalter war das Zinsnehmen -
also das "Interessenehmen" - nur solchen Personen gestattet, die außerhalb der Gemeinschaft standen: Ausländern und Juden - "Interesse"
nahmen also nur Fremde; eine Interessenbeziehung ist eine Fremdheitsbeziehung. Diese Deutung kann man nun auf die neuzeitliche
Marktstruktur ökonomischer Transaktionen beziehen: auch im Markt treten sich Fremde gegenüber, bleibt die Beziehung eine der Fremdheit,
sie ist rein interessengeleitet. Ob dies aber die neuzeitliche Wortverwendung wirklich erklärt, vermag ich nicht zu entscheiden.

Eine Umdeutung des Interessenbegriffes von der rein individualistischen Verwendung wie etwa bei SMITH erfährt der Begriff dann bei MARX:
er wird auf die Klassenlage im Kapitalismus bezogen: Interesse ist
Klasseninteresse, also auf eine bestimmte gesellschaftliche Lage bezogen, aus dieser Klassenlage objektiv resultierend und insofern an das
kapitalistische System gebunden. Bis heute wird in der Soziologie der
Interessenbegriff je nach theoretischem Standpunkt entweder in der
individualistischen oder in der zweiten kollektivistischen Weise ge-

braucht. Eine Sonderstellung nimmt allerdings MAX WEBER ein, der für die weiteren Ausführungen die wichtigste Grundlage gelegt hat.

Das zentrale Thema der Soziologie ist bei WEBER die Frage der Regelmäßigkeiten sozialen Handelns; er fragt, wodurch eigentlich prinzipiell gleichförmiges, regelmäßiges, d.h. erwartbares Handeln zustande kommt und wie es stabilisiert wird. Er findet nun, daß solche Regelmäßigkeiten zunächst aus Brauch oder spezifischer: aus Sitte sowie durch Orientierung an gleichen, geltenden Normen heraus entstehen. Überdies aber können solche Regelmäßigkeiten auch durch die Interessenlage bedingt sein, nämlich dann, wenn "rein zweckrationale Orientierungen des Handelns an gleichartigen Erwartungen" vorliegen (WEBER 1964a, S.21f). Dazu ein ausführliches Zitat:

"Zahlreiche höchst auffallende Regelmäßigkeiten des Ablaufs sozialen Handelns, insbesondere (aber nicht nur) des wirtschaftlichen Handelns, beruhen keineswegs auf Orientierung an irgendeiner als 'geltend' vorgestellten Norm, aber auch nicht auf Sitte, sondern lediglich darauf: daß die Art des sozialen Handelns der Beteiligten, der Natur der Sache nach, ihren normalen, subjektiv eingeschätzten Interessen so am durchschnittlich besten entspricht und daß sie an dieser subjektiven Ansicht und Kenntnis ihr Handeln orientieren: so etwa Regelmäßigkeiten der Preisbildung bei 'freiem' Markt. Die Marktinteressenten orientieren eben ihr Verhalten , als 'Mittel', an eigenen typischen subjektiven wirtschaftlichen Interessen als 'Zweck' und an den ebenfalls typischen Erwartungen, die sie vom voraussichtlichen Verhalten der anderen hegen, als 'Bedingungen', jenen Zweck zu erreichen. Indem sie derart, je strenger zweckrational sie handeln, desto ähnlicher auf gegebene Situationen reagieren, entstehen Gleichartigkeiten, Regelmäßigkeiten und Kontinuitäten der Einstellung und des Handelns, welche sehr oft weit stabiler sind, als wenn Handeln sich an Normen und Pflichten orientiert, die einem Kreise von Menschen tatsächlich für 'verbindlich' gelten. Diese Erscheinung: daß Orientierung an der nackten eigenen und fremden Interessenlage Wirkungen hervorbringt, welche jenen gleichstehen, die durch Normierung - und zwar sehr oft vergeblich - zu erzwingen gesucht werden, hat insbesondere auf wirtschaftlichem Gebiet große Aufmerksamkeit erregt: - sie war geradezu eine der Quellen des Entstehens der Nationalökonomie als Wissenschaft" (ebenda).

Während WEBER auf das interessengeleitete Handeln als einen bestimmten Formtypus sozialen Handelns seine Argumentation abstellt, möchte ich im folgenden mehr im Hinblick auf die Kategorie des Interesses selbst einige Ergänzungen anfügen.

Interessen können offenbar deshalb gesellschaftlich stabilisierend wirken, sie können offenbar deshalb Gegenstand und Mittel ökonomischer Interaktion sein, weil sie Elemente eines gesellschaftlich geteilten Codes sind, also Symbole für die ökonomisch-politische Kommunikation darstellen. Interessen sind also nicht rein individuell-subjektive Empfindungen, Wünsche, Bedürfnisse oder Motive; diese würden, weil sie nicht direkt in das ökonomische System hinein kommunizierbar sind, von anderen nicht verstanden werden. Interessen sind vielmehr abstraktere, verallgemeinerte - generalisierte - auf größere Personengruppen zutreffende und von größeren Personengruppen verstehbare Ausdrucksformen - eben Symbole - für dahinterstehende, vielleicht vielfältige Individualmotive oder -bedürfnisse. Interessen sind sozusagen "gesellschaftlich geronnene Motive"; sie sind generalisiert in

- sozialer Hinsicht: als allgemeiner intentionaler Ausdruck von Menschen in gleicher gesellschaftlicher Lage; sie sind darüber hinaus generalisiert in
- sachlicher Hinsicht: nämlich auf generalisierte Mittel der Motivbefriedigung gerichtet: Geld, Reichtum, Macht, Prestige, Reputation, Wahrheit, Erkenntnis, Arbeitsplatzsicherheit usw.; sie sind weiter generalisiert in
- zeitlicher Hinsicht: sie sind relativ situationsunabhängig zeitlich stabil: der Kampf um einen größeren Anteil am Ertrag der eigenen Arbeit ist Dauerinteresse der Arbeiterschaft seit nunmehr etwa 150 Jahren.

Interessen sind somit ein Verbindungsmechanismus zwischen Individuen und ökonomischem Sozialsystem. Oder, wie DREITZEL formuliert hat: "In der Gestalt von gesellschaftlichen Interessen können sich Bedürfnisse legitimieren, in der Gestalt von Bedürfnissen gehen die gesellschaftlichen Interessen in die Motivation des Rollenspielers ein" (DREITZEL 1972, S.225). Hierin kommt bereits das dialektische Verhältnis von Interessen und Bedürfnissen gut zum Ausdruck. DREITZEL spricht nun davon, daß sich in Gestalt von gesellschaftlichen Interessen Bedürfnisse legitimieren können. Ich möchte dies noch um zwei Aspekte ergänzen. In der Gestalt gesellschaftlicher Interessen können sich Bedürfnisse bzw. Motive in aller Regel überhaupt erst artikulieren und: in Gestalt gesellschaftlicher Interessen lassen sich Bedürfnisorientierungen bzw. Motive organisieren. Artikulation, Legitimation und Organisation von Motiven in Form von Interessen sind aber nur möglich, wenn diese den Handelnden bewußt werden und wenn sie verallgemeinerungsfähig bzw. koordinationsfähig sind. Interessen sind deshalb zwar einerseits ordnungsstiftend aber andererseits durchaus dynamisch zu verstehen. Ihre Dynamik und ihre Kontrolle vollzieht sich im politischen System wie auch auf dem Markt: der Markt ist in seiner idealtypischen Form gerade derjenige sozial-ökonomische Ort, an dem interessengeleitetes Handeln unterschiedlicher Gruppen aufeinandertrifft.

Mit der hier kurz skizzierten Konzeption von "Interessen" habe ich weder eine rein individualistische noch eine rein klassentheoretische Fassung vertreten, sondern eher - wenn man Schubladen liebt - eine "pluralistisch-organisationstheoretische": Interessen lassen sich m.E. weder an Individuen noch an sozialen Klassen allein festmachen, sondern sie können je nach sozialer Lagezugehörigkeit variieren; sie sind also stets soziale Kategorien. Wie nun läßt sich die Kategorie des Interesses für eine kritische Theorie der Gesellschaft einsetzen?

Drei Perspektiven will ich kurz skizzieren:

(1) In einer ersten Perspektive bietet die Kategorie des Interesses, wie ich sie hier entwickelt habe, ein Instrument, um die gesellschaftliche Ermöglichung von Interessenartikulation, -organisation und -legitimation zu untersuchen. Welche individuellen und gesellschaftlichen Bedingungen müssen gegeben sein, damit sich Bedürfnisse über Motive in Interessen fassen lassen? Wie laufen Bewußtheitsprozesse ab, wie Motivbündelungen, wie die Äußerung und Anmeldung von Interessen in der Öffentlichkeit, auf dem Markt und in der Politik? Welche Bedürfnisse bzw. Motive bleiben unterdrückt? Welche spezifischen Bedürfnisse bzw. Motive werden homogenisiert im Prozeß der Interessenformierung? Wie laufen Interessenkonflikte ab? Welche Mechanismen der Interessenaustragung und -durchsetzung hat eine Gesellschaft institutionalisiert? (Märkte, Tarifvertragswesen, Verbände, Parteien, Lobbyismus etc.). Wie sichern sich Interessenorganisationen Macht und Klientel? Vertreten Interessenorganisationen wirklich die Interessen ihrer Mit-

glieder? usw. (vgl. hierzu auch das Kapitel "Soziologie der Wirt-
schaftsverbände" in KUTSCH/WISWEDE 1986, S.167ff; wir unterlassen
deshalb hier diesbezügliche Ausführungen).

(2) Eine zweite Perspektive, in der die Interessenkategorie kritisch-
analytisch verwendet werden kann, ist von grundsätzlicherer Art als
die erste: wie ich versucht habe zu zeigen, ist das Interessenphänomen
- zumindest aber der Interessencode - ein neuzeitlicher, offenbar
gesellschaftsspezifischer sozialer Sachverhalt. Interessen und die
Institutionen, die die Verwirklichung von Interessen regulieren, können wohl nur in einer in sich widerspruchsvollen bzw. in einer als
widerspruchsvoll erlebten Gesellschaft auftreten. Die bürgerlich-
kapitalistische Gesellschaftsformation ist dafür ein Musterbeispiel;
ihr Definitionsmerkmal ist geradezu der sozio-ökonomische Grundkon-
flikt zwischen Arbeit und Kapital und heute zudem wohl der Grundkon-
flikt zwischen Arbeit, Kapital und natürlichen Lebensbedingungen.
Erst in widerspruchsvollen Gesellschaften könnten Interessen als Hül-
len oder vielleicht besser: als Destillate konfliktärer Bedürfnis-
bzw. Motivlagen entstehen und politisch ins Zentrum rücken; denn
Interessen sind stets dialektisch zu verstehen: Interessen sind ja
immer "Gegen-Interessen": Das Interesse der einen wird stets entwik-
kelt und reklamiert gegen das unterstellte, erwartete Interesse der
anderen. In einer harmonischen, von grundlegenden gesellschaftlichen
Konflikten freien Gesellschaft, kann es keine Interessen geben. Das
Interessenphänomen selbst läßt sich also als Ausdruck einer bestimmten
- eben widerspruchsvollen - gesellschaftlichen Wirklichkeit kritisch
analysieren.

(3) Die dritte Perspektive knüpft an der zweiten an, geht aber über
diese hinaus, indem sie den Bezug auf das Individuum wählt; sie ist
bereits in der MARXschen Theorie der Entfremdung (vgl. z.B. MARX 1969,
S.227) formuliert worden: in einer über Interessen gesteuerten Gesellschaft vermag der einzelne nicht seine individuellen, persönlichen, privaten Bedürfnise zu artikulieren und zu verwirklichen, sondern er kann nur partizipieren an den lizensierten Interessenvertre-
tungen. Er muß stets durch die vergesellschaftenden und u.U. entfrem-

denden Institutionen hindurch, sofern seine Bedürfnisse überhaupt in solcher homogenisierten Form gesellschaftsfähig sind.

MARX fragt in diesem Zusammenhang:

"Wie kommt es, daß die persönlichen Interessen sich den Personen zum Trotz immer zu Klasseninteressen fortentwickeln, zu gemeinschaftlichen Interessen, welche sich den einzelnen Personen gegenüber verselbständigen, in der Verselbständigung die Gestalt allgemeiner Interessen annehmen, als solche mit den wirklichen Individuen in Gegensatz treten und in diesem Gegensatz, wonach sie als allgemeine Interessen bestimmt sind, von dem Bewußtsein als ideale, selbst religiöse, heilige Interessen vorgestellt werden können? Wie kommt es, daß innerhalb dieser Verselbständigung der persönlichen Interessen zu Klasseninteressen, das persönliche Verhalten des Individuums sich versachlichen, entfremden muß und zugleich als von ihm unabhängige, durch den Verkehr hervorgebrachte Macht ohne ihn besteht, sich in gesellschaftliche Verhältnisse verwandele, in eine Reihe von Mächten, welche ihn bestimmen, subordinieren und daher in der Vorstellung als heilige Mächte erscheinen?" (ebenda).

Wir können nun auch verstehen, was ich ganz zu Anfang dieses Abschnittes gesagt habe: daß Tiere keine Interessen haben (die Natur ist nicht in sich widersprüchlich), daß es Menschen gibt, die meinen, stellvertretend für die Tiere - und auch für die Pflanzen - Interessen wahrnehmen zu müssen. Eine Interessenvertretung für Tiere und Pflanzen ist nur in einer solchen Gesellschaft erforderlich, in der Interessen als Gegeninteressen reklamiert werden müssen: In einer Gesellschaft, die in Widerspruch zur Natur steht und in einer Gesellschaft, die den Bedürfnissen der Tiere und Pflanzen nicht genüge zu tun in der Lage oder bereit ist: erst dort muß man den Umweg über Interessenorganisationen gehen. Diese aber, so scheint mir, vermag die Entfremdung von der Natur keinesfalls aufzuheben, sondern sie möglicherweise sogar noch zu bestärken; denn vielleicht ist es eine Anmaßung, wenn wir meinen, für die außermenschliche Natur sprechen zu können; dies setzte wohl zumindest eine erhebliche "Renaturalisierung" des Menschen voraus.

2.4. **Markt und Eigentum als sozio-ökonomische Institutionen**

In der Übersicht 32 hatten wir unter dem Aspekt der institutionellen Verklammerung der ökonomischen Prozesse die Eigentums-, Markt- und

Machtverhältnisse genannt. Machtverhältnisse institutionalisieren sich vor allem in der Form von Interessenorganistionen. Darauf haben wir im vorangegangenen Kapitel bereits hingewiesen. Wir wollen uns deshalb jetzt nur noch dem Markt und dem Eigentum als sozio-ökonomische Institutionen zuwenden.

2.4.1. <u>Markt</u>

Markt ist eine spezifische Form der Systemintegration, die sowohl dem ökonomischen Austausch dient als auch der Realisation von ökonomischem Wert. Über den Markt ist sehr viel geschrieben worden, so daß wir uns hier auf einige ausgewählte Perspektiven beschränken wollen (vgl. im übrigen die anderen Einführungen in die Wirtschaftssoziologie sowie die dort angeführte Literatur).
Um die Orientierung in der umfangreichen und vielfältigen Literatur zu diesem Thema etwas zu erleichtern, vorab eine kleine Systematik möglicher Zugangsweisen.
Den Markt als eine sozio-ökonomische Institution kann man auf verschiedene Weise erklärbar und verstehbar machen:

(1) Man kann dies durch historische Analyse tun, indem man eine genetische, evolutionäre Erklärung der Entstehung des modernen Marktphänomens sucht; die historischen Entstehungszusammenhänge können dabei Funktionsvoraussetzungen von Märkten verdeutlichen und somit die sozio-ökonomische Gesamtverfassung einer Gesellschaft in einer bestimmten Zeit als gewordene und sich weiter wandelnde erhellen.

(2) Man kann interkulturell vergleichend vorgehen und so verschiedene Realisationsformen gesellschaftlicher Austauschprozesse im Zusammenhang mit ihren weiteren Umweltbedingungen komparativ verdeutlichen.

(3) Man kann versuchen, logisch-systematisch eine Menge von denkbaren Tauschinstitutionen zu entwickeln und in einem solchen Rahmen dann den Markt inhaltlich kennzeichnen.

(4) Man kann mit Hilfe allgemeinerer soziologischer Theorien das

Marktphänomen untersuchen und den Markt somit als ein Anwendungsbeispiel für die allgemeine Theorie darstellen, also z.B. die Rollentheorie, die Systemtheorie, die Austauschtheorie, die Theorie der politischen Ökonomie, die Machttheorie usw. zu Rate ziehen.

(5) Schließlich kann man versuchen, mit Hilfe einer eher dichotomischen Kategorisierung den Markt durch Gegenüberstellung mit einem empirischen oder theoretischen Gegentypus verstehbar zu machen, also z.B. Markt und Plan, Markt und Organisation, Markt und Hierarchie usw. miteinander zu konfrontieren, um so aus einer differentialanalytischen Vorgehensweise Erkenntnisse zu gewinnen.

Allen diesen Vorgehensweisen ist gemeinsam, daß sie den Markt nicht als eine naturwüchsige, selbstverständliche gesellschaftliche Institution auffassen, sondern als eine kontingente. "Kontingent" heißt dabei: der Markt wird - wie im übrigen jede andere Institution auch - in soziologischer Perspektive als eine Institution verstanden, die von Voraussetzungen, von Bedingungen, abhängig ist; eine Institution, zu der es prinzipiell Alternativen gibt; eine Institution die, weil sie nicht selbstverständlich ist, erklärungsbedürftig und erklärungsfähig ist. Man kann sich ja sehr unterschiedliche Austauschformen vorstellen: den unmittelbaren, zweiseitigen Warentausch zwischen Nachbarn oder Nachbargemeinden, die Ablieferung von Produktionsüberschüssen an eine zentrale Stelle, die dann diese Produktionsüberschüsse neu verteilt, die Vorausplanung aller Produktions- und Verteilungsprozese, um nur einige Beispiele zu nennen. Die historische und kulturelle Wirklichkeit ist im Hinblick auf diese ökonomischen Funktionen außerordentlich vielfältig, was in der wirtschaftstheoretischen oder wirtschaftspolitischen Diskussion häufig unbeachtet bleibt. Soziologisch von Interesse ist also nicht die Ubiquität des Tauschphänomens als solchem, sondern die Varietät der institutionellen Realisationsformen und ihrer Funktionsweisen und Funktionsvoraussetzungen.
In einer umfassenden Darstellung der Markttheorien könnte man einer solchen Gliederung folgen. Dazu haben wir hier aber keinesfalls den Raum und müssen uns deshalb bescheiden. Wir zeigen im folgenden lediglich einige historisch orientierte Perspektiven auf, um sodann zu

einigen neueren Überlegungen zu gelangen.

2.4.1.1. <u>Historische Perspektiven des Marktes</u>

Man kann manchmal lesen und hören, daß es Märkte eigentlich schon immer gegeben habe und zwar Märkte als Stätten des freien Austausches von Überschüssen an Gütern bzw. von Waren; der Markt habe sich dann wegen seiner Funktionsfähigkeit im Hinblick auf seine allokativen und distributiven Funktionen allgemein durchgesetzt. Die Wirtschafts- und Sozialgeschichte zeigt indes, daß die historische Wirklichkeit anders aussah: das, was wir heute als Markt kennen, ist ein durchaus neuzeitliches Phänomen.

Der Markt als selbstregulative Institution des freien Güteraustausches ist dem europäischen Mittelalter und der Neuzeit bis zum Ende des 18. Jhs. unbekannt. Regionale Binnenmärkte existierten praktisch überhaupt nicht, Lokalmärkte werden in den Städten ohne Marktverbindung zum Land gegründet; Fernhandelsmärkte sind auch in den Städten anzutreffen, allerdings in scharfer Abtrennung zu dem städtischen Lokalmarkt. Die Entstehungsgeschichte dieser Märkte ist einerseits die Geschichte von Kämpfen, Zwängen und Reglementierungen mit dem Ziel der Ausschaltung jeglicher Konkurrenz, andererseits - und damit verknüpft - die Geschichte der Schaffung von neuen Einnahmequellen für die Stadtherrschaft. Zölle, Steuern, Marktgerichtsbarkeit, Kran-, Lager- und Maklerzwänge sind Ausdruck für die hohe Reglementierung dieser Orte des Austausches von Gütern. Strenge Regelungen bezüglich des Großhandels, den z.B. die Fernhändler nur betreiben durften, gegenüber dem Einzelhandel, der von den einheimischen Lokalhändlern zu vollziehen war, sollten schützen, sichern, abschotten und begrenzen. Der Maklerzwang sollte die Umsätze kontrollieren, auf die Abgaben zu entrichten waren; der Zwang, bestimmte Wege zu benutzen, diente ebenfalls dazu (vgl. dazu in einer eindrucksvollen Zusammenfassung: WEBER 1958, S.192f).

Der Markt ist in seiner historischen Entstehungszeit also weit davon entfernt, eine Stätte der Verwirklichung von Freiheit zu sein. Wenn wir uns heute die Menge der marktregulierenden Gesetze wie auch die heute noch z.T. ja ruinösen Wettbewerbsbedingungen ansehen, scheint sich allerdings nicht sehr viel geändert zu haben - nur daß wir dafür heute weniger die Ausdrücke "Zwang" und "Kampf" verwenden. Trotzdem war die Weiterentwicklung der Märkte bis hin zu einer "Marktgesellschaft" unaufhaltsam. Der Markt bildet als typische Tauschform des Kapitalismus mit diesem eine unauflösliche Formation - auch wenn gerade kapitalistische Interessen stets nach Beseitigung von Märkten drängen. Das kapitalistisch geformte Wertprinzip hat somit einerseits den Markt für seine Entfaltung zur Voraussetzung, andererseits wirkt dies gerade auf die Zerstörung von Märkten hin. Wir werden darauf später noch einmal zurückkommen.

In Bezug auf die Entwicklung des modernen Marktes will ich nun drei soziologische Perspektiven, die sich gegenseitig ergänzen, vortragen. Auf MARX gehe ich hier nicht noch einmal ein.

Diese sind

- der moderne Markt als Archetypus der rationalen Vergesellschaftung (MAX WEBER)
- der moderne Markt als Institution der Kommerzialisierung des gesellschaftlichen Lebens (KARL POLANYI)
- der moderne Markt als "evolutionäres Universale" (TALCOTT PARSONS).

o Der moderne Markt als Archetypus der rationalen Vergesellschaftung

Ausführungen von MAX WEBER zum Markt finden sich sowohl verstreut in seinem Werk "Wirtschaft und Gesellschaft" als auch konzentriert in einem Textfragment (in WEBER 1964a, S.490ff). Die "Marktgemeinschaft" wird dort als die "unpersönlichste praktische Lebensbeziehung, in welche Menschen miteinander treten können", gekennzeichnet. Heute sagen wir dazu: "abstrakte Systemintegration". Die Unpersönlichkeit liegt in der ausschließlichen Orientierung an "Tauschgrößen":

"Wo der Markt seiner Eigengesetzlichkeit überlassen ist, kennt er nur Ansehen der Sache, kein Ansehen der Person, keine Brüderlichkeits- und Pietätspflichten, keine der urwüchsigen, von den persönlichen Gemeinschaften getragenen menschlichen Beziehungen. Sie alle bilden Hemmungen der freien Entfaltung der nackten Marktvergemeinschaftung und deren spezifischen Interessen wiederum die spezifische Versuchung für sie alle. Rationale Zweckinteressen bestimmen die Marktvorgänge in besonders hohem Maße ..." (ebenda).

WEBERs soziologische Charakterisierung des Marktes ist im Gesamtzusammenhang seiner Theorie des Prozesses der abendländischen Rationalitätsentfaltung zu verstehen. Seit etwa dem 16. Jh. vollzieht sich nach WEBER im Abendland eine Entwicklung zunehmender Rationalität der gesellschaftlichen Verkehrsformen. Der Kapitalismus, die Bürokratisierung, das positive Recht, rationale Musik und Baukunst, Kapitalrechnungsverfahren, wie die doppelte Buchführung, der moderne, legalistische Staat - alle diese sind jeweils spezifische Ausdrucksformen dieses Gesamtprozesses. Wichtig dabei ist zu vermerken, daß es sich um eine Rationalität der Formen und damit nicht zugleich notwendigerweise um eine Rationalität der Inhalte handelt: gerade die mögliche Differenz von in diesem Sinne formaler Rationalität im Gegensatz zu materialer Rationalität hat WEBER sehr beschäftigt. Überdies ist zu betonen, daß WEBER durchaus wiederum zwei verschiedene Begriffe von "formaler Rationalität" hat: einmal meint er damit faktische Rationalität in dem Sinne, daß Handlungen bewußt auf bestimmte Zwecke hin kalkuliert werden ggf. unter Anwendung von entscheidungsunterstützenden Verfahren wie z.B. Buchführung, Gerichtswesen, Professionalisierung. In dieser Hinsicht heißt zunehmende Rationalisierung: zunehmende tatsächliche Kalkülisierung gesellschaftlicher Einrichtungen. Unter einem zweiten, mindestens ebenso bedeutsamen Aspekt, meint WEBER aber nicht die faktische, sondern die unterstellte Rationalität, den Rationalitätsglauben oder gar die Rationalitätsfiktionen, die das soziale Handeln in der modernen Gesellschaft zunehmend orientieren und tatsächlich Vorfindbares zu legitimieren in der Lage sind: die unterstellte Rationalität von Politik, von Technik, von Ökonomie macht deren tatsächliche Ausprägungen überhaupt erst erträglich und läßt sie legitim erscheinen. Das Vertrauen darauf, daß politische Entscheidungen wohl überlegt seien, daß eine Prüfungsordnung Ergebnis rationaler Erwägung sei, daß ein Richter sich nur an das Gesetz halte, dieses Vertrauen ist zunehmend eine notwendige Funktionsbedingung unserer Gesellschaft; d.h. Rationalität ist selbst zu einem Legitimator geworden. Die Zerbrechlichkeit unserer Gesellschaft durch Enttäuschung von Rationalitätsfiktionen läßt sich so gut verstehbar machen.

In diesem Kontext nun charakterisiert WEBER auch den Markt als eine formal-rationale Institution, die in ihrer reinen Form durch absolute Unpersönlichkeit, d.h. anders formuliert: durch absolute Sachlichkeit gekennzeichnet sei.

Traditionelle Märkte haben noch starke Elemente von "Gemeinschaftshandeln", d.h. von unmittelbarer Interaktion, die durch wechselseitige Erwartungen gesteuert ist, was sich z.B. im "Feilschen" ausdrückt. Der moderne Markt aber kennt z.B. gerade Preise unabhängig von Personen und individuellen Feilschvorgängen; es handelt sich vielmehr um eine abstrakte, anonyme Kommunikation am Markt.

Die soziale Integration, d.h. die Abwesenheit von Chaos (Chaos: Situation, in der alle Handlungen in den gegenseitigen Erwartungen die gleiche Wahrscheinlichkeit besitzen) am Markt kommt über eine Interessengemeinschaft zustande, die alle Marktpartner miteinander bilden. Aber WEBER weist überdies auf weitere wichtige Funktionsbedingungen des Marktes hin: es muß eine Marktethik zugrunde liegen, deren Imperative z.B. sind: rationale Kalkulation, Unverbrüchlichkeit des einmal Versprochenen, strikte Reellität, absolute Vertragstreue. Damit werden Voraussetzungen zum Thema gemacht, die durch die rationale Ausgestaltung der weiteren Bereiche der Gesellschaft sichergestellt sein müssen. Man kann also ein Marktsystem nicht einer beliebigen Kultur implantieren. WEBER verweist damit auf diejenige Ebene, die wir die "regulative Ebene" genannt haben. Der Markt ist autonom nicht lebensfähig.

o Der moderne Markt als Institution der Kommerzialisierung des gesellschaftlichen Lebens

KARL POLANYI gibt seinem in den 40er Jahren unseres Jahrhunderts entstandenen Buch den Titel "The Great Transformation". Damit macht er bereits deutlich, was er zeigen will: die Prozesse und Folgen der Umwälzung von einem Wirtschaftssystem - dem vormodernen - in ein anderes: in die moderne Marktwirtschaft. Zeitlich befaßt er sich also mit den sozio-ökonomischen Wandlungen um die Wende des 18. ins 19. Jh. herum sowie mit dem Verlauf des 19. Jhs.. Der gesellschaftlich zentrale Prozeß ist dabei für ihn weniger der sich entwickelnde Kapitalismus im Sinne einer bestimmten Produktionsweise von Gütern, sondern die sich entwickelnden Strukturen in der Zirkulationssphäre. Deshalb stehen bei ihm die Veränderungen der Strukturen und Prozesse der Austauschvorgänge im Brennpunkt und zwar genauer: der sich entwickelnde selbstregulative Markt. Diesen hat es, wie auch POLANYI zeigt, vorher nicht gegeben. Wir haben dies bereits in unserem historischen Überblick ja auch festgestellt.

Seine zentrale, von uns bereits vorn in einem anderen Zusammenhang zitierte, These lautet: "Waren zuvor die wirtschaftlichen Beziehungen in die sozialen Beziehungen eingebettet, so sind nun die sozialen Beziehungen in das Wirtschaftssystem eingebettet". Mit der sich entwickelnden Marktwirtschaft entsteht ein verselbständigtes Wirtschaftssystem, das nach systemeigenen Regeln funktioniert, welches aber zugleich imperialistischen Charakter hat, indem es nahezu alle anderen sozialen Beziehungen in der Gesellschaft beeinflußt bzw. sich unterordnet. Alle vorherigen ökonomischen Beziehungen waren begrenzt durch soziokulturelle Normen, die Produktion erfolgte weitgehend für den Gebrauch; es gab begrenzende Regeln bezüglich des Einkommenserwerbs wie etwa die Zunftregel von der "standesgemäßen Nahrung". Die meisten Austauschprozesse waren nichtmarktlicher Art, sondern einfache Tauschvorgänge, durchaus auch durch Geld vermittelt.

Mit ARISTOTELES sieht POLANYI die Produktion für den eigenen oder auch fremden Gebrauch als das Normale an; nun aber mit der Entwicklung der Marktwirtschaft überwiegt die Produktion für den Verkauf alles andere: die Marktwirtschaft ist ein System der Warenzirkulation, d.h. ein System von Verkäufen und Käufen. Dies hat, wie wir bereits gezeigt haben, auch MARX so gesehen. Diese Wirtschaftsweise aber - so auch schon bereits warnend ARISTOTELES - führe zwangsläufig zu Gewinnstreben und Schrankenlosigkeit. Die Wirtschaft entfessele sich von außerökonomischen Zweckbindungen; im Gegenteil: sie kommerzialisiere gerade auch die außerökonomischen Lebensbereiche. Darunter fallen vor allem: Arbeit, Boden und Geld, die wie Waren behandelt werden, ohne aber solche zu sein, weil sie nicht für den Verkauf produziert werden können. Das zerstörerische Paradox des modernen Marktes liege hierin begründet. Arbeit, das heißt: Menschen, Boden, das heißt: Natur und Geld, das heißt: das Steuerungsmedium werden zu fiktiven Waren. POLANYI wörtlich:

"Die angebliche Ware 'Arbeitskraft' kann nicht herumgeschoben, unterschiedslos eingesetzt oder auch nur ungenutzt gelassen werden, ohne damit den einzelnen, den Träger dieser spezifischen Ware, zu beeinträchtigen. Das System, das über die Arbeitskraft eines Menschen verfügt, würde gleichzeitig über die physische, psychologische und moralische Ganzheit 'Mensch' verfügen, der mit dem Etikett 'Arbeitskraft' versehen ist. Menschen, die man auf diese Weise des Schutzmantels der kulturspezifischen Institutionen beraubte, würden an den Folgen gesellschaftlichen Ausgesetztseins zugrunde gehen: sie würden als die Opfer akuter gesellschaftlicher Zersetzung durch Laster, Perversion, Verbrechen und Hunger sterben. Die Natur würde auf ihre Elemente reduziert werden, die Nachbarschaften und Landschaften verschmutzt, die Flüsse vergiftet, die militärische Sicherheit gefährdet und die Fähigkeit zur Produktion von Nahrungsmitteln und Rohstoffen zerstört werden. Schließlich würde die Marktverwaltung der Kaufkraft zu periodischen Liquidierungen von Wirtschaftsunternehmen führen, da sich Geldmangel und Geldüberfluß für die Wirtschaft als ebenso verhängnisvoll auswirken würden, wie Überschwemmungen und Dürreperioden für primitive Gesellschaften. Märkte für Arbeit, Boden und Geld sind für eine Marktwirtschaft zweifellos von wesentlicher Bedeutung. Aber keine Gesellschaft könnte die Auswirkungen eines derartigen Systems grober Fiktionen auch nur kurze Zeit ertragen, wenn ihre menschliche und natürliche Substanz sowie ihre Wirtschaftsstruktur gegen das Wüten dieses teuflischen Mechanismus nicht geschützt würden" (POLANYI 1978, S.108).

In weiten Teilen des Buches untersucht POLANYI nun die Wirkungen und Bedingungen, die sich daraus ergeben, daß Arbeit, Boden und Geld wie Waren behandelt werden. Er kann dadurch insbesondere die Widerstände, Krisen und die Regulationserfordernisse bezüglich Arbeit, Boden und Geld sehr deutlich machen. So stellt er etwa an dem Beispiel des sog. "Speenhamland-Gesetzes" in England dar, wie Versuche scheitern können, die Wirkungen von Marktprozessen zu begrenzen. 1795 beschlossen die Friedensrichter von Berkshire, daß der Staat ein Minimaleinkommen allen Menschen garantieren sollte. Diese Einkommen waren in Abhängigkeit vom Brotpreis und von der Familiengröße gestaffelt; der Staat sollte dafür sorgen, daß niemand unter die festgesetzten Sätze fiel, indem Erwerbslose den vollen Satz erhielten, Erwerbstätige ggf. die Differenz zwischen diesem Satz und dem Lohneinkommen. Damit war das Lohnsystem von dem Marktmechanismus entkoppelt worden. Doch das Wirtschaftssystem war stärker: die Menschen verarmten, die Arbeitsproduktivität sank ebenso wie die Löhne. 1834 wurde das Gesetz abgeschafft. POLANYI behandelt das Umfeld dieses Gesetzes sehr ausführlich. Er untersucht dann in weiteren Kapiteln die Bemühungen zur Beschränkung der Marktfähigkeit von Boden und Geld.

o Der moderne Markt als "evolutionäres Universale"

TALCOTT PARSONS befaßt sich in seiner Systemtheorie der Gesellschaft auch - im Gegensatz zur gegenteiligen Behauptung vieler seiner Kritiker - mit Prozessen des Wandels von Gesellschaften. Wandel stellt PARSONS sich als einen Evolutionsprozeß vor, der durchaus in ähnlicher Weise in der Gesellschaft abläuft wie in der nichtmenschlichen Natur. Es gibt zu bestimmten Zeiten bestimmte soziale Erfindungen, die sich entweder durchsetzen und damit die gesamte Gesellschaft in einer neuen Struktur, auf einem neuen Niveau, zu stabilisieren in der Lage sind und es gibt natürlich auch soziale Erfindungen, die sich nicht durchsetzen. Zentrale soziale Erfindungen, die die Voraussetzung für größere evolutorische Sprünge sind, sind deshalb auch in den unterschiedlichsten Gesellschaften, die sich durch Evolutionsschübe auszeichnen, vorzufinden. Solche sozialen Erfindungen, die dazu in der Lage sind, nennt PARSONS "evolutionäre Universalien". Beispiele für solche evolutionären Universalien sind das positive Recht, die Bürokratie, das Geld, das Eigentum, der Vertrag und eben auch der Markt (vgl. PARSONS 1971). Die evolutionäre Kraft des Marktes liegt nach PARSONS in der Fähigkeit dieser Institution begründet, eine große Vielfalt von Kombinations- und Rekombinationsmöglichkeiten von Ressourcen unterschiedlichster Art zu bieten. Dadurch werden Innovationen sowie ständig neue Strukturen von Allokationen wahrscheinlich, die kein anderes System in dieser Geschwindigkeit und Vielfalt herzustellen vermag. Der Markt ist also sozusagen einerseits ein "Pool von Genen" andererseits eine "Mutationsinstitution", durch die in Form von kombinatorischen Leistungen eine hohe Anpassungsfähigkeit des sozioökonomischen Systems geschaffen wird. Diese Mobilisierungsfähigkeit erreicht das System des Marktes durch Entgrenzung und Entbindung der Marktteilnehmer von spezifischen sozialen Normen sowie von spezifischer zentralisierter Machtausübung. Man partizipiert am Markt nicht, weil man durch Befehl dazu gezwungen wird, sondern aufgrund eigener Interessenverfolgung; man partizipiert am Markt nicht aus Solidarität mit der ethnischen Gruppe, der man zugehört, sondern weil der Markt Chancen verspricht; man kann die Marktpartizipation in bestimmten

Situationen verneinen, ohne daß man damit z.B. auch gleichzeitig seine
Vater-, Mutter- oder Bruderrolle verletzen würde. Die ökonomischen
Handlungen sind also aus den normativen Bezügen der anderen Subsysteme
viel stärker ausgrenzbar als dies etwa bei traditionalen Gesellschaften der Fall wäre; dies war ja auch die kritisch gewendete Feststellung POLANYIs gewesen. PARSONS bietet uns also inhaltlich keine neue
Erkenntnis an, das haben wir alles bisher auch schon von anderen
Autoren gehört; er bringt die Sachverhalte aber auf eine Kategorie
soziologischer Theorie. Ein wesentliches Problem bleibt für mich in
diesem Konzept aber bestehen: bei PARSONS klingt es so, als ob Gesellschaften, wenn sie sich weiterentwickeln, keine funktionalen Alternativen hätten; daraus, daß in der Geschichte der Markt die beschriebene
evolutorische Kraft gehabt hat, läßt sich m.E. aber nicht schließen,
daß es dazu etwa für Entwicklungsländer oder auch für unsere eigene
Weiterentwicklung keine institutionellen Alternativen gäbe.

Die beispielhaft umrissenen Konzeptionen sind historisch-evolutions-
theoretischer Art. Die soziologischen Kennzeichnungen des Marktes sind
durchweg geeignet, auf etwas modernisiertem Niveau die MARXsche Kapi-
talismustheorie zu ergänzen. Sie stehen zu ihr nicht im Widerspruch.
Was ihnen allerdings fehlt, ist die deutliche Herausarbeitung des
spezifisch "Kapitalistischen" an der Institution des Marktes. Ein
weiterer Aspekt wird in allen diesen Ansätzen impliziert. Der Markt
ist eine "anarchische" Institution mit rein formalem Charakter. Es
findet keine bewußte, planvolle oder gar zielgerichtete Koordination
der ökonomischen Prozesse statt. Der Kapitalismus ist soz. ziellos,
die kapitalistische Gesellschaftsformation hat - etwa im Unterschied
zur sozialistischen - keine bewußte "Teleologie", kein Entwicklungs-
ziel, wohin sich die Gesellschaft fortbewegen soll. Die kapitalistische Gesellschaftsformation ist deshalb soz. "haltlos"; sie kann nur
begrenzt werden (z.B. durch Gesetzgebung).

2.4.1.2. Neuere Ansätze zur Soziologie des Marktes

In diesem Abschnitt möchte ich auf einige neuere Ansätze zur Soziologie des Marktes kurz eingehen. Sie sind als Ergänzung zu den eher

historisierenden Konzepten zu verstehen, die ich in dem vorherigen Abschnitt vorgetragen habe. Es handelt sich dabei um folgende Ansätze:

- das kulturvergleichende Modell HEINEMANNS
- die Analyse der "sozialen Grenzen des Wachstums" von HIRSCH
- die Theorie der "die kommunikativen Marktöffentlichkeit" von BUSS.

Zwischen die Darstellung der Konzepte von HEINEMANN und HIRSCH schiebe ich einen Exkurs über "Marktdilemmata" ein.

o Das kulturvergleichende Modell von HEINEMANN

HEINEMANN (1976) hat einen komparatistisch-differenziellen Ansatz, d.h. er versucht, Erkenntnisse über das Phänomen des modernen Marktes durch Vergleich von verschiedenen Tauschsystemen in unterschiedlichen Gesellschaftsformen zu gewinnen. Dabei bezieht er sich auf Teile des kulturanthropologischen Forschungsmaterials bezüglich der Austauschsysteme in sog. "einfachen Gesellschaften".

Ein marktsoziologisches Forschungsprogramm müßte nach HEINEMANN folgende Themen umfassen:

- die Verschiedenartigkeit der Markt- und Tauschsysteme in den Gesellschaften im Hinblick auf die Widersprüchlichkeiten zwischen formaler und materialer Wirtschaftsrationalität, zwischen Spielregeln und inhaltlicher Normierung, zwischen formaler und materialer Freiheit sowie zwischen Ungewißheit und Gewißheit

- darüber hinaus wären Handlungsorientierungen, Einstellungen, sozial-strukturelle Gegebenheiten und Legitimationsformen als Vorbedingungen und Auswirkungen bestimmter Markt- und Tauschsysteme zu untersuchen

- überdies müßte die Analyse auch außerökonomischer Marktphänomene ein Thema sein und schließlich

- wären Alternativen zu bestehenden Markt- und Tauschsystemen zu untersuchen.

HEINEMANN selbst will in seinem Artikel eine Analyse in drei Bereichen bieten:

(1) eine informative Theorie über Rahmenbedingungen und Strukturgege-

benheiten soll geliefert werden

(2) sodann folgt eine Analyse der Struktur des Marktsystems im Hinblick auf die Art der sozialen Beziehungen zwischen den Tausch-
partnern, bezüglich des Grades der Interessenorientierung sowie
bezüglich der Form von Erwartungsstrukturen

(3) schließlich Ausführungen über Handlungsvoraussetzungen und Bewußt-
seinslagen.

Er geht dabei nach eigener Aussage "idealtypisch" vor, indem er die
sog. "primitive Gesellschaft" mit der sog. "modernen Gesellschaft"
konfrontiert.

In seiner Beschreibung des Marktes tauchen alle Elemente wieder auf,
die wir bisher schon bei anderen Autoren angeführt gefunden haben. So
ist für HEINEMANN der Markt durch eine besondere Art sozialer Beziehungen gekennzeichnet, die in Freiheit und Gleichrangigkeit der
Tauschpartner bestehe; in einer "freien Austauschbarkeit von Sachen
und Personen" sowie in einer Ablehnbarkeit von Sachen und Personen.
Der Markt soll Vergleichsmöglichkeiten schaffen ohne Personen zu bela-
sten; überdies ist der Markt isoliert von anderen Handlungszusam-
menhängen; er abstrahiert also von anderen sozialen Subsystemen.
Schließlich faßt auch HEINEMANN den Markt als einen Kontroll- und
Sanktionsmechanismus auf, der ohne zentralistische Führung auskommt;
er ist ein immanenter Belohnungs- und Bestrafungsmechanismus. In den
primitiven Gesellschaften nun sind seiner Meinung nach alle dieser
Merkmale gerade nicht gegeben. In der wiedergegebenen Übersicht 38
faßt er alle wesentlichen Positionen zusammen.

Gewisse Relativierungen scheinen mir allerdings in Bezug auf das
Grundkonzept angebracht zu sein:
(1) Die Differenzierung in "primitive Gesellschaften" einerseits und
"moderne Gesellschaften" andererseits ist aus mindestens drei Gründen
nicht unproblematisch:

Soziologische Elemente des Marktes	Ausprägungen	
	primitive Gesellschaften	moderne Gesellschaften
Gesellschaftliche Rahmenbedingungen	geringe soziale Differenzierung multifunktionale gesellschaftliche Institutionen. Verhaltenssteuerung durch Solidaritätsverpflichtungen insbesondere im Rahmen umfassender verwandtschaftlicher Bindungen	hohe soziale Differenzierung zweckspezifische, rollenmäßig ausdifferenzierte Daseinsbereiche. Steuerung durch systemimmanente, auf die jeweilige Grundfunktion bezogene Handlungsnormen
Elemente des Marktes 1. Soziale Beziehungen der Tauschpartner	Eingebunden in langfristige multifunktionale Bindungen; Tauschbeziehungen mit anderen, insbesondere verwandtschaftlicher Bindungen verwoben und moralischen etc. Wertungen unterworfen	funktional spezifisch; unpersönlich; affektiv neutral; frei von familiären, politischen, moralischen, religiösen etc. Bindungen
2. Handlungsorientierung	Normenorientierung, insbesondere im Rahmen von Reziprozitätsnormen	Interessenorientierung, hoher Grad an Individualität
3. Erwartungsstruktur	großer Erwartungshorizont, geringer Möglichkeitshorizont und damit geringe Unsicherheit	kleiner Erwartungshorizont, großer Möglichkeitshorizont und damit geringe Gewißheit
Handlungsvoraussetzungen der Marktpartner	Hohe soziale Identifikation, Bereitschaft zu solidarischem Handeln, geringe Empathie	Fähigkeit der Abstraktion, der Distanzierung und Negierung von Sachen, sozialen Beziehungen und Umständen, hohe Empathie
Organisationsformen der Marksysteme 1. Festlegung der Tauschsphären	a) Tauschsphären auch im wirtschaftlichen Bereich stark segmentiert b) Tausch wirtschaftlicher Güter auch gegen Leistungen nicht ökonomischer Art (Prestige, Ansehen, unspezifizierte Dankespflicht)	Festlegung der Tauschsphären parallel zu den differenzierten gesellschaftlichen Daseinsbereichen
2. Festlegung der Gleichheit und der Ungleichheit der Leistungen (Markt als Setzungsprozeß)	Reziprozitätsnormen	Preisbildung, Wertbildung mit Hilfe des Geldes durch Angebot und Nachfrage
3. Sicherung der Äquivalenz der Leistung Verhaltenssteuerung Funktionen von Markt- und Tauschsystemen 1. für die Tauschpartner 2. gesamtgesellschaftlich	Normative Verpflichtungen und Solidaritätsbindungen Reziprozitätsnormen 1. Regelung der „Austauschgerechtigkeit", also a) Festlegung der austauschbaren Leistungen b) Festlegung der Kriterien zur Beurteilung von Gleichheit und Ungleichheit der Leistungen c) Sicherung der Äquivalenz von Leistung und Gegenleistung 2. Integration Erhalt der Stabilität	Interessenorientierung verbunden mit Regelungen zur Verhinderung komperativer Machtvorteile finanzieller Kontroll- und Sanktionsmechanismus 1. wie in primitiven Gesellschaften, jedoch werden die gleichen Funktionen in anderen institutionellen Regelungen gelöst 2. Steigerung der Autonomie des Teilsystems Wirtschaft, Vergrößerung der Innendifferenzierung

Übersicht 38: "Strukturen ökonomischer Markt- und Tauschsysteme" (HEINEMANN 1976)

- Diese Kategorienbildung selbst ist unklar bzw. tautologisch: wenn man nicht unabhängig von der Beschreibung der ökonomischen Strukturen definieren kann, was "primitiv" und was "modern" heißt, so werden primitive bzw. moderne Gesellschaftstypen gerade durch das charakterisiert, was man als abhängige Variable analysieren will: das eine ist durch das andere definiert; dies ist der Sachverhalt einer Tautologie.
- Diese Unklarheit in der Kategorienbildung führt überdies zu einem recht beschränkten Gesichtsfeld: es wird suggeriert, daß "moderne Gesellschaften" Marktgesellschaften seien. Heißt dies, daß z.B. die DDR und die Sowjetunion nicht moderne Gesellschaften seien? Was sind sie dann: "primitive Gesellschaften" wie die Naturvölker? Gerade die zentrale Verwaltungswirtschaft scheint mir aber eher eine Alternative im Rahmen moderner Gesellschaften zu sein. Diese ökonomischen Systemtypen bleiben in der Typologisierung "primitiv" - "modern" völlig unbeachtet.
- Schließlich verführt eine solche Dichotomisierung dazu, alle Zwischen- und Kombinationsformen außer Acht zu lasen.

(2) Eine zweite Relativierung sollte angemerkt werden: eine Dichotomisierung führt leicht zu einer zu stark konstrastierenden Gegenüberstellung, die die Wirklichkeit u.U. aus den Augen verliert. Dies wird besonders deutlich in dem Kategorienpaar unter dem Kriterium der Handlungsorientierung: "Normenorientierung" einerseits, "Interessenorientierung" mit hohem Grad an Individualität andererseits. Ich kann mir keine soziale Beziehung vorstellen, in der auf Dauer motivationsfrei, interessenlos, bloß normenorientiert gehandelt wird; dies könnte wohl bloß eine Maschine leisten; wie ich mir andererseits auch nicht vorstellen kann, wie eine soziale Beziehung allein interessenorientiert (HEINEMANN meint hier "Individualinteressen"), normenfrei funktionieren kann. Ich brauche mich dabei allerdings nicht einmal alleine auf meine Vorstellungskraft zu verlassen: ein Blick in die Wirklichkeit der Märkte genügt: die Normierungen in Form von Rechts-, Umgangs- und Verfahrensnormen sind außerordentlich ausgeprägt.

(3) Und noch ein letzter Aspekt zur Relativierung: m.E. kommt in der
HEINEMANNschen Kennzeichnung des Marktes die Tatsache zu kurz, daß wir
es in unserer Gesellschaft mit einer kapitalistischen Marktwirtschaft
zu tun haben: die für den Kapitalismus spezifischen Eigenarten fehlen.
Diese haben wir bei MARX kennengelernt.

Der Markt ist eine eigenständig nicht funktionsfähige soziale Institution. Das wird u.a. bereits deutlich an den vielfach genannten Marktdilemmata. Da in der Literatur immer nur einige der typischen Probleme
dieser Institution behandelt werden, soll in dem folgenden Exkurs ein
kurzer Überblick über sog. "Marktdilemmata" gegeben werden.

Exkurs: "Marktdilemmata"

Die Marktidee läßt sich auf zwei Grundprinzipien zurückführen:
(1) Erstens ist es die Idee, innerhalb eines sozialen Gebildes nicht
durch eine zentrale Autorität die Inhalte der Wirtschaftsprozesse
vorzugeben, sondern nur die Form und die Struktur des Gebildes zu sichern. Auf eine Formel gebracht, kann man sagen: der Marktidee liegt
ein Konzept formaler Rationalität zugrunde, aber nicht ein Konzept
materialer oder substanzieller Rationalität (wir erinnern uns hier an
MAX WEBER).

(2) Das zweite Grundprinzip besteht darin, daß man am Individuum
orientiert ist und meint, das freie Agieren aller Individuen werde das
"größte Glück der größten Zahl" (BENTHAM) erbringen. Auf eine Formel
gebracht kann man sagen: der Marktidee liegt ein Konzept individueller
Rationalität zugrunde, aber nicht ein Konzept kollektiver, gesamtsy-
stembezogener Rationalität.

Die Utopie der Marktidee besteht nun darin, anzunehmen, daß eine
Institution, die auf den Prinzipien der formalen und der individuellen
Rationalität beruht, zugleich auch material und kollektiv rational
sei. In der sozialtheoretischen Literatur werden nun immer wieder
typische Situationen behandelt, mit denen verdeutlicht werden soll,
wann und warum das Verfolgen individuell-formaler Rationalität eben
nicht zugleich Kriterien materialer und kollektiver Rationalität erfüllt.

Zunächst einige Bemerkungen zum Dilemma formaler und materialer Rationalität. Das kapitalistische Marktsystem ist ein System ohne überge-
ordnete inhaltliche Zielrichtung: während z.B. der Sozialismus eine
inhaltliche Weiterentwicklungsidee hat, nämlich sich als Zwischenstufe
in der bewußten Fortentwicklung hin zu einer kommunistischen Gesellschaft zu verstehen, fehlt bei uns jede inhaltliche Gesell-
schaftsideologie; der Markt ist lediglich ein formales Verfahren, wie

dies z.B. auch ein Verfahren der linearen Optimierung ist. Was inhaltlich, materiell herauskommt, hängt von den jeweils mehr oder weniger
zufälligen Marktstrukturen, was durchweg heißt: Machtstrukturen ab. So
wie man mit einem Verfahren der linearen Optimierung beliebige Inhalte
kalkulieren kann: man kann etwa das Gewinnmaximum bestimmen wie auch
das Zufriedenheitsmaximum, die optimale Ausbeutung der Arbeitskraft
wie das ressourcenschonendste Verfahren, man kann das Verfahren in
einem Industriebetrieb anwenden wie in einem KZ, so bleibt auch der
Markt prinzipiell inhaltlich indifferent. Der Markt ist insofern auch
amoralisch. Es kann deshalb dazu kommen, daß dieser materiell-substanzielle gesellschaftliche Werte nicht erfüllen kann oder diesen gar
widerspricht. Es müssen in den Markt also beständig normative Inputs
geleistet werden zur Gegenregulierung. Überdies ist der Markt in
seiner Individualorientierung auch unmoralisch, wenn man einmal unterstellt, daß der KANTsche Kategorische Imperativ allgemeine Zustimmung
in unserer Gesellschaft findet: die Marktmoral nämlich lautet dem
Kategorischen Imperativ genau entgegengesetzt: "Handle stets so, daß
die Maxime Deines Handelns allein Deinen individuellen Motiven entspricht. Kümmere Dich nicht um die Verallgemeinerungsfähigkeit Deiner
Handlungsmaximen oder Deiner Handlungen!"
Die Marktdilemmata setzen nun hier an, d.h. bei den möglichen Differenzen zwischen individueller und kollektiver Rationalität, die häufig
zugleich auch Differenzen zwischen formaler und materialer Rationalität sind.
Solche Dilemmata will ich kurz darstellen.

- "Gefangenen-Dilemma"

Die Grundstruktur einer Vielzahl von Dilemmasituationen wird durch das
berühmte "Gefangenen-Dilemma" erfaßt. Wir wollen die Grundanlage einmal an einem wirtschaftsbezogenen Beispiel verdeutlichen. A und B
seien zwei konkurrierende Unternehmen, die erwägen, die sog. "Neuen
Technologien" einzuführen, um wettbewerbsfähig zu bleiben. Der Reinerlös auf dem Markt betrage bisher und bei Beibehaltung der bisherigen
Technologie 130 GE für A und 70 GE für B. Die Investitionskosten für
die neuen Technologien würden sich für die Unternehmen auf je 20 GE
belaufen. Falls nur A investiert, kann sie ihren Marktanteil zu Lasten
von B um 30 GE steigern; wenn B investiert, kann sie ihren Marktanteil
zu Lasten von A ebenfalls um 30 GE steigern. Wenn beide investieren,
verändern sich die Marktanteile allerdings nicht. In einer Matrix
abgebildet, sieht die "Spielsituation" dann wie folgt aus; die Zahlen
enthalten jeweils die "Reinerlöse".

Für beide ist es aus rein individueller Sicht und gemäß dem Marktmodell ohne kommunikativen Verabredungsprozeß rational zu investieren,
weil dann gegenüber dem anderen Falle der eigene Reinerlös jeweils
höher liegt. Kollektiv rational wäre es aber für beide, nicht zu
investieren. Die Gesamtwertschöpfung liegt in diesem Falle bei ihrem
Maximum und auch für die Individuen wäre dieser Fall günstiger als die
Investitionen durch beide. Diese Grundstruktur ist durchaus typisch
für das Marktsystem: eine Absprache ist nicht möglich bzw. man traut
dem anderen nicht. Insbesondere werden abstimmende Kommunikationen
dann völlig illusorisch, wenn man an die weltwirtschaftliche Marktkonkurrenz denkt.

A \ B	investiert	investiert nicht
investiert	50 / 110	40 / 140
investiert nicht	80 / 100	70 / 130

- "Large-Member-Dilemmata"

Bei einer großen Zahl von Personen hat der einzelne nur geringe Beein-
flussungsmöglichkeiten in Bezug auf den Gesamtzustand. Daraus kann
folgen:
- daß der einzelne keinen Beitrag zur Veränderung einer auch von ihm
  negativ bewerteten allgemeinen Situation leistet; da alle so kalkulieren, wird sich nichts ändern,
- daß der einzelne sich regelwidrig verhält, weil er den kollektiven
  Schaden als marginal ansieht; wenn jeder einzelne so kalkuliert,
  kollabiert das Gesamtsystem,
- daß der einzelne sich regelwidrig verhält, weil das individuelle
  Optimum dann vorliegt, wenn er abweicht, alle anderen aber regelkon-
  form sind; wenn jeder einzelne so kalkuliert, kollabiert das System.

- "Kollektivgut-Dilemmata"

Ein Kollektivgut (im Extremfall ein "öffentliches Gut") ist ein Gut,
das einem Kollektiv (einer Gruppe, einer Gesellschaft) insgesamt
zukommt, weil es nicht teilbar ist und insofern niemand von der
Nutzung ausgeschlossen werden kann; dies kann technisch (z.B. Wald),
ökonomisch (z.B. Straßenbenutzung) oder sozial normativ (z.B. öffentliche Sicherheit durch Polizei) begründet sein. In einem rein individualistischen Marktsystem entstehen bezüglich solcher Kollektivgüter
in aller Regel drei Problemtypen:
- Das Bereitstellungsproblem: Kein Individuum wird ein Kollektivgut
  bereitstellen, da sein Nutzen eben nicht individuell zurechenbar und
  zuteilbar wäre.
- Das "Free-Rider-Problem" (Trittbrettfahrer-Problem): Wenn niemand
  von der Nutzung ausschließbar ist, wird es immer Personen geben, die
  versuchen, kostenfrei an dem Kollektivgut zu partizipieren.
- Das Problem der "Tragik der Allmende": Ein Kollektivgut unterliegt
  der Gefahr, von jedem einzelnen übermäßig genutzt zu werden (Über-
  weidung im Falle der historischen Allmende). Dieser Fall liegt auch
  z.B. dann vor, wenn Versicherungsnehmer versuchen, zu Lasten der
  Versicherungsgemeinschaft ihre individuellen Versicherungsleistungen
  zu maximieren.

- Individualitätsfiktionen
Grunddilemma: der Markt als Institution erweckt den Anschein der rein
individuellen Nutzbarkeit erworbener Güter, in Wirklichkeit erfolgt
die Nutzung der Güter aber kollektiv.
- Nutzungsdilemma: Der Nutzen eines Gutes wird aufgrund individueller
Verwendungsmöglichkeiten eingeschätzt; wenn aber viele Personen das
gleiche Gut verwenden, ergibt sich u.U. eine Nutzeneinbuße; z.B. für
jeden einzelnen vermag ein Auto einen hohen Nutzen versprechen; wenn
alle ein Auto verwenden, kommt es zu Nutzungsstauungen; daran
schließt sich das Problem des kollektiven Schadens durch individuellen Gebrauch eines Gutes durch viele an.

- Die Unbegrenztheitsfiktion: Der Markt suggeriert, daß im Prinzip
jeder jedes Gut besitzen bzw. nutzen könnte; es gibt aber auch
nichtvermehrbare Güter. Daraus folgt eine Frustration und ein markt-
förmig nie gerecht lösbares Verteilungsproblem (Die Verteilungsfunk-
tion des Marktes wird in der Regel immer nur auf beliebig vermehrba-
re Güter bezogen).

- Das Zehenspitzendilemma: Dies ist eng mit dem Nutzungsdilemma sowie
mit der Unbegrenzheitsfiktion verbunden: wenn man in einer Menge
steht, kann der einzelne besser sehen, wenn er sich auf die Zehenspitzen stellt; wenn alle dieses tun, sieht keiner besser als vorher; alle haben aber höhere Kosten als zuvor; niemand wird dann,
wenn alle auf den Zehenspitzen stehen, den Anfang machen und sich
wieder auf die ganzen Füße stellen: er würde ja überhaupt nichts
mehr sehen. Aktuelles Beispiel: wenn wenige Unternehmen ein schnel-
les Datenverarbeitungssystem haben, sind sie gegenüber anderen im
Vorteil; sind alle damit ausgestattet, hat niemand einen Vorteil,
das Gesamtsystem arbeitet nur auf aufwendigerem Niveau.
- Das Leiter-Dilemma: Ein Spezialfall des Zehenspitzendilemmas ist das
Leiterdilemma: im Zehenspitzendilemma befinden sich die Akteure in
der Ausgangsposition wie in der Endposition auf der gleichen Ebene.
Im Falle des Leiterdilemmas ist die Ausgangs- wie die Endsituation
hierarchisch. Beispiel: soziale Schichtung: wenn jeder versucht,
innerhalb des Systems der sozialen Schichtung eine Stufe höher zu
kommen, wird sich schließlich die gesamte Leiter bloß nach oben
verschoben haben. Die Struktur aber bleibt erhalten.

- Das Selbstauflösungsdilemma des Marktes
Ein Marktsystem tendiert aufgrund der individualistisch ausgeprägten
Rationalität dazu, sich selbst aufzulösen bei gleichzeitiger ideolo-
gischer Hochschätzung des Marktes als Institution. Dies liegt daran,
daß jeder einzelne besser dran wäre, wenn keine Marktstruktur für ihn,
sondern nur für alle anderen herrschten. So drängen Unternehmen stets
auf Ausschaltung von Konkurrenz, statt daß sie dieses systemdefinie-
rende Prinzip förderten. In jedem Markt gäbe es ohne systemwidrige
Interventionen zügige Konzentrationen, Monopolisierungen und Übervor-
teilungen. Der Markt ist ein Gebilde, das nicht allein lebensfähig
ist; dies ist wohl ein einzigartiger Fall im Bereich der sozialen
Gebildetypen. Eine Organisation z.B. ist im Gegensatz dazu ein solches
Gebilde, das sich selbst verstärkt: alle Organisationen tendieren z.B.
zu wachsender Differenzierung, Standardisierung und Formalisierung.

o Die Analyse der "Sozialen Grenzen des Wachstums" von HIRSCH

Vor dem Hintergrund der in dem Exkurs erklärten Marktdilemmata ist die kritische Analyse der modernen Ökonomie durch FRED HIRSCH (1980) gut verständlich. Im Unterschied zu anderen Kritikern der kapitalistischen Marktwirtschaft, die an Funktionsschwächen dieses Systems ansetzen, sieht HIRSCH die Gefährdung des Systems gerade in dessen Erfolg begründet; Erfolg im Sinne der systemeigenen Kriterien des individuellen Wohlstandes, der individualistischen Orientierung usw. In drei Unterthesen kann man seine Argumentation etwa wie folgt zusammenfassen:

(1) Durch zunehmenden Wohlstand an materiellen Gütern steigt die Nachfrage nach nicht vermehrbaren Gütern, insbesondere nach sog. "Positionsgütern", die zwangsläufig knapp sind. Solche Güter sind z.B. Führungspositionen, die Villa im Grünen, Antiquitäten. Dies erzeugt permanente Frustrationen und damit Systemgefährdungen. Damit spricht HIRSCH das "Leiterdilemma" an.

(2) Die zunehmende massenhafte Nutzung von materiellen Gütern beeinträchtigt ihren Gebrauchswert; auch dies führt zu Frustrationen sowie zu erheblichen sozialen Kosten. Damit spricht HIRSCH das "Nutzungsdilemma" und das "Zehenspitzendilemma" an.

(3) Das kapitalistische Gesellschaftssystem ist in Bezug auf die Integration der Gesellschaft auf einen zweiseitigen, differenzierten Moralkodex angewiesen: im Hinblick auf die Funktionsfähigkeit der ökonomischen Märkte muß das Individuum einen individualistischen Egoismus ausbilden - dies ist ein Erfordernis der "Systemintegration" (LOCKWOOD). Im Hinblick auf die außerökonomische Lebenswelt, die "Sozialintegration", ist eine individuelle Sozialorientierung erforderlich. Nun aber durchdringt das Marktsystem immer weitere Lebensbereiche. So z.B. den Bereich der Bildung, den Bereich der Erholung und Freizeit, so daß eine Ökonomisierung oder wie HIRSCH es ausdrückt, eine "Kommerzialisierung der Sozialbeziehungen" stattfindet (ich erinnere an POLANYI). Damit aber dehnt sich der individualistisch-egozentrische Moralkodex zu Lasten der Sozialorientierung weiter aus. Dies

gefährdet die Sozialintegration, damit aber die moralische Basis auch des ökonomischen Systems: sozialorientierte moralische Normen finden immer weniger Räume, in denen sie reproduziert oder gelernt werden können; dies führt z.B. zu einem Abbau solcher moralischen Imperative wie Vertragstreue, Wahrhaftigkeit oder generelle Normenkonformität; dies wiederum erschwert die staatliche Regulierbarkeit, die ja daran gebunden ist, daß eine allgemeine Bereitschaft zur Normenbefolgung besteht. Deshalb - so HIRSCH - geht das Marktsystem an sich selbst zugrunde, es kann nur ein Übergangsphänomen sein. HIRSCH argumentiert, daß in der Wohlstands- und Wachstumsdiskussion, insbesondere unter dem Aspekt der Verteilungspolitik, durchweg davon ausgegangen werde, daß die Konsum- oder Gebrauchsgüter in beliebigen Mengen produzierbar seien und auf der Basis dieser Annahme werden dann Erwartungen geweckt, daß letztlich jeder bei Erhöhung der Arbeitsproduktivität in den Genuß aller Güter gleichermaßen kommen könnte. Dem hält HIRSCH entgegen: "Mit wachsender durchschnittlicher Produktivität und folglich mit zunehmendem demokratischen Wohlstand wächst auch der Appetit auf oligarchischen Wohlstand, tatsächlich ist er sogar schneller" (a.a.O., S.50). Diese Bestrebungen des einzelnen haben dramatische soziale Effekte: "Gesteigerter Wohlstand, der allen verfügbar ist, bedeutet paradoxerweise einen wachsenden Kampf um die Formen des Wohlstands, die nur wenige erreichen können" (ebenda).
Hier nun ist seine Unterscheidung in die sog. materiellen Güter und in die "Positionsgüter" entscheidend. "Materielle Güter" sind diejenigen, bei denen ein kontinuierliches Wachstum bei steigender Arbeitsproduktivität möglich ist. Positionsgüter dagegen sind solche, die entweder absolut oder gesellschaftlich knapp sind und die bei einem extensiven Gebrauch zu Engpässen führen können. Sie heißen deshalb "Positionsgüter", weil sie dazu geeignet sind und in der Regel auch dazu verwendet werden, sozialen Status zu dokumentieren und zu verfestigen, sie dienen also sozialer Differenzierung. Bei einer wachsenden Wirtschaft, d.h. bei einem wachsenden Bestand an Einkommen und einem wachsenden Bestand an materiellen Gütern steigen die Preise der Positionsgüter, da diese ja knapp sind, aber aufgrund von Einkommensüberschüssen stärker nachgefragt werden. Die Einkommenselastizität der Nachfrage nach Positionsgütern ist also von einer bestimmten Einkom-

mensgrenze an größer als eins und zwar in ansteigender Weise. Damit verschwinden die Chancen für die große Mehrheit der Bevölkerung solche sozial oder faktisch knappen Güter zu erlangen. Es entstehen Frustrationen. Beispiele für solche Positionsgüter sind etwa Freizeitgelände, Stadtrandsiedlungen, Urlaubsziele und Führungspositionen. An der Verteilungsstruktur wird sich also nichts ändern. Das Entscheidende ist für HIRSCH immer wieder die Erwartungsenttäuschung, die daraus resultiert, daß einerseits die liberalistische Marktwirtschaftsidee der Bevölkerung vormache, daß jeder alles erreichen könne, daß andererseits aber vorhandende Strukturen doch nur verfestigt werden und zwar im Sinne des Leitereffektes. Alle sind zwar im Niveau höher, die hierarchische Sozialstruktur aber bleibt bestehen. Für den Einzelnen kann sich dies sehr belastend auswirken. So wird etwa eine höhere Bildung zu einem absoluten "Muß", zu einem, wie HIRSCH es ausdrückt, "defensiven Erfordernis", um nicht sozial deklassiert zu werden: der gleiche soziale Status innerhalb der gesellschaftlichen Hierarchie wie früher ist heute nur mit einem viel größeren Aufwand erreichbar. Es findet sozusagen ein inflationärer Prozeß statt. Dies bezeichnet HIRSCH als eine gesellschaftliche Verschwendung. Noch einmal wörtlich HIRSCH: "Die Schwäche der Überflußgesellschaft liegt nicht in den falschen Werten des Überflusses, sondern in ihren falschen Versprechen", (a.a.O., S.161), und: "Der gegenwärtige Kapitalismus erzeugt eine Spannung zwischen den Ansprüchen, die von immer mehr Menschen geteilt werden, und Chancen, die allein aufgrund der beanspruchten Dinge auf wenige beschränkt und ungleich verteilt bleiben" (a.a.O., S.162). Hinzu kommt, daß das Ausmaß der erforderlich gewordenen sog. "intermediären" Konsumgüter ständig zunimmt. Eine Menge von Konsumgütern dient nicht dem Befriedigungszuwachs, sondern ist schlichtes Existenzerfordernis: Jemand, der auswärts wohnt, muß ein Auto haben. Ein Haushalt ohne Kühlschrank ist kaum noch führbar heutzutage u.s.f. Man kann wahrscheinlich sagen, so möchte ich einmal ergänzen, daß wir neben der Verlängerung der Produktionsumwege in unserer Wirtschaft auch eine Verlängerung von Konsumumwegen haben.

Nun noch einige Ergänzungen zur zweiten These; diese lautete in meiner Formulierung: "die zunehmende massenhafte Nutzung von materiellen Gütern beeinträchtigt ihren Gebrauchswert; auch dies führt zu Frustra-

tionen sowie zu erheblichen sozialen Kosten". Ich hatte gesagt, daß HIRSCH hiermit das Nutzungsdilemma oder auch das Zehenspitzendilemma anspricht. Er selbst verwendet auch das Bild des Sich-auf-die-Zehenspitzenstellens. Die Marktwirtschaft ist, so hatten wir auch festgestellt, grundsätzlich am Individuum orientiert. Alle Güter liefern somit ein auf das Individuum zugeschnittenes Gebrauchswertversprechen. Zunehmend aber bestimmt sich der Gebrauchswert eines Gutes aus den Möglichkeiten zu dessen kollektiver Nutzung. Die kollektiven Nutzungsbedingungen aber werden mit dem Erwerb eines Gutes nicht mitgeliefert. Überdies kann das Individuum auch nicht ein Nutzungssystem insgesamt wählen oder kaufen, es kann immer nur einen Teil daraus beziehen. Man kann ein Auto kaufen oder eine Eisenbahnkarte, der Konsument kann aber nicht zwischen den Verkehrssystemen als solchen entscheiden, sondern nur über deren Benutzung. Diese sozialen Nutzungsbedingungen werden nun zunehmend prekär. Sie verursachen nicht nur eine Verringerung der individuellen Gebrauchswerte der Produktion, sondern auch zunehmende soziale Kosten. Diese kann das marktwirtschaftliche System selbst nicht mehr richtig steuern. Auch in dieser Dimension kommt es dann zu Frustrationen von Erwartungen. Man kann zwar mit dem gestiegenen Einkommen zunehmend materielle Güter verkaufen, ihr Gebrauch verschafft aber immer weniger Befriedigung.
HIRSCH selbst sieht nur wenige Auswege aus den von ihm beschriebenen Dilemmata. Er meint, daß man das Grundprinzip unserer Wirtschaft eigentlich umkehren können müßte: statt daß die Verfolgung von Eigeninteressen zum gesellschaftlichen Nutzen beitrage - dies ist ja die alte Ideologie - müßte die Verfolgung der Förderung öffentlicher Güter die Eigeninteressen stärker befriedigen. Zumindest aber müßten sich die einzelnen so verhalten " als ob für sie das gesellschaftliche Interesse an erster Stelle stünde" (a.a.O.,S.251). Dies aber sei nur durch Veränderung der gesellschaftlichen Ethik möglich. Darauf hofft HIRSCH zwar langfristig, aber er sieht in dieser Hinsicht durchaus Probleme. Andererseits sieht er auch, daß staatliche Regulationen häufig defizitär sind. Er fordert somit das Nachdenken über neue Arten von Lenkungsmechanismen. Wichtiger aber vielleicht noch ist für ihn das Erfordernis der Umstimmung des gesamten kulturellen Klimas, des gesamten kulturellen Milieus. Er sagt: "Was wir vorrangig brauchen,

sind nicht neue Instrumente, sondern ein Wandel des Klimas, in dem sie angewandt werden. Der radikale Wandel, den wir benötigen, besteht darin, diese Tatsache zu akzeptieren" (a.a.O., S.254).
Möglicherweise finden sich in den sich andeutenden Wandlungen gesellschaftsbezogener Werte in bestimmten Bevölkerungsgruppen bereits Ansätze für die von HIRSCH geforderte notwendige Neuorientierung. Aber auch das von BUSS (1983) beobachtete Phänomen der "kommunikativen Marktöffentlichkeit" mag einen solchen Wandel signalisieren.

o **"Die Theorie der kommunikativen Marktöffentlichkeit" von BUSS**
BUSS behauptet, daß sich auf den ökonomischen Märkten ein Wandel vollziehe, der das klassische Marktmodell zunehmend in Frage stelle. Der Wandel besteht darin, daß sich insbesondere Großunternehmungen immer stärker als öffentliche Institutionen begreifen, indem sie ihre soziale Verantwortung vermehrt im Sinne eines "humanen Kapitalismus" verstünden und öffentliche Rechenschaft ablegten auch über ihre außerökonomische Funktionen bzw. Aktivitäten. BUSS bezieht sich hier vornehmlich auf Konzepte des "Social marketing" und der "Sozialbilanzen", nennt aber auch weitere Mittel der Förderung der Kommunikation zwischen Unternehmung und Öffentlichkeit bzw. Unternehmung und Kunden wie z.B. Kundenzeitschriften, Pressekonferenzen, Messen, öffentliche Bilanzbesprechungen oder die Einschaltung der Massenmedien. BUSS faßt diese Erscheinungen unter das von ihm sog. "Modell der kommunikativen Marktöffentlichkeit". Dies ist im wesentlichen auf zwei hier zusammenlaufende Tendenzen zurückzuführen: die eine Tendenz ist darin zu sehen, daß Unternehmungen am Markt grundsätzlich nach Ausschaltung des Konkurrenzprinzips streben. Die andere Tendenz liegt in zunehmend öffentlich geäußerten Ansprüchen an die Unternehmungen begründet, ihre vielfachen außerökonomischen Funktionen auch bewußt verantwortlich zu tragen. Dieses "neuartige Öffentlichkeitsprinzip" ist nun für den modernen Markt ein eigenes Strukturprinzip. Die These von der Marktöffentlichkeit bedeutet, daß Marktprozesse nicht mehr allein aus dem Prinzip der Konkurrenz-Rationalität heraus zu erklären sind, sondern daß - darüber hinaus - im Markt soziale Normen und Regeln wirksam werden, die aus den weiteren Bereichen der Gesellschaft stammen und die die Marktteilnehmer nicht mehr ungestraft mißachten können. Sozio-

logisch betrachtet wären damit "Wirtschaft" und "Markt" nicht mehr als rein selbstreferenzielle Systeme konzipierbar. Wirtschaft und Markt werden zunehmend außerökonomisch determiniert; ökonomische Handlungen werden in zunehmendem Maße legitimationsbedürftig, zudem werden die ökonomischen Beitragshandlungen der Individuen, insbesondere auch der Käufer, in zunehmendem Maße motivierungsbedürftig: der Markt alleine reicht als Steuerungs- und Selektionsprinzip nicht mehr aus. Dies liegt in der außerordentlichen Komplexität der modernen Märkte begründet, so daß das neue Öffentlichkeitsprinzip als ein Auswahlkriterium für die Wahl bestimmter Marktpartner gelten kann. Insbesondere, so BUSS , gelte das Prinzip der kommunikativen Marktöffentlichkeit für Unternehmen mit einer "Marktsonderstellung", die z.B. eine Bindung einer bestimmten Kundschaft an das Unternehmen beinhalte bzw. sich eine solche Bindung zum Ziel setzte und deshalb auch versuchte, weitere Lebensbereiche der möglichen Kundschaft zum Thema zu machen und zwar zum Zwecke der Sicherstellung der kommerziellen Beziehungen. Eine Dauerkommunikation kann sich eben nicht nur auf rein ökonomische Objekte beziehen, sie bedarf einer Zusatzmotivation. Insofern spielen zwei Komponenten im Modell der kommunikativen Marktöffentlichkeit für BUSS eine wichtige Rolle:

(1) "Die Herstellung einer spezifischen Unternehmens-Publikums-Beziehung aus der Sicht eines betroffenen Unternehmens (d.h. die Bildung eines Marktintegrates bzw. einer Marktkoalition),

(2) die damit eng zusammenhängende, allerdings über die konkrete Publikumsbindung hinausgehende Funktion eines Unternehmens als "Syndikus öffentlicher Belange" (a.a.O.,S.71).

Es kann sich gemäß BUSS nun auf dieser Grundlage ein relativ festes Muster von Interaktionsbeziehungen zwischen Unternehmungen und Kundschaft ergeben. Während das Wettbewerbsmodell gerade die Nicht-Bindung an bestimmte Unternehmen bzw. bestimmte Produkte bestimmter Unternehmen einerseits und bestimmten Kunden andererseits zum wesentlichen Inhalt hat, macht das Modell der kommunikativen Marktöffentlichkeit gerade diese Bindungen bzw. diese Bindungsbemühungen zu ihrem Gegenstand. Die zentrale Perspektive der Unternehmungen wechselt also: während im Konkurrenzmodell die Beziehungen zwischen den konkurrierenden Unternehmungen im Mittelpunkt stehen, bilden im Modell der kommunikativen Marktöffentlichkeit die Beziehungen zwischen Unternehmungen und Kunden das Zentrum. Diese Beziehungen lassen sich aber eben nicht ökonomisch-spezifisch, sondern nur noch diffus auf weitere Lebensbereiche bezogen sichern. So werden die ökonomischen Beziehungen mit außerökonomischen Attributen versehen, die eine Dauerkommunikation tragen können, um eine Vertrauensintegration zwischen Unternehmungen und Kunden herzustellen. Dieses Vertrauen in bestimmte Unternehmungen ersetzt die rationale Wahl zwischen Gütern. So entscheidet man sich z.B. eher für einen bestimmten Automobilhersteller als für ein einzelnes Produkt dieses Unternehmens. Ein solches Ersatz-Selektionskriterium nimmt mit zunehmender Unfähigkeit des Konsumenten zu, die einzelnen Produkte, die auf dem Markt sind, überhaupt noch miteinander im Hinblick auf ihre Qualität vergleichen zu können.

BUSS weist darauf hin, daß sich für ein solches System der kommunikativen Marktöffentlichkeit bereits auch Institutionen der Kontrolle entwickeln. So gebe es Systeme der öffentlichen Anprangerung und in den USA eine Zeitschrift mit dem Titel "Business and Society Review", die regelmäßig das Verhalten der führenden Unternehmen auf zentralen gesellschaftlichen Problemgebieten analysiert.

BUSS sieht diesen Gesamtprozeß in einem Entdifferenzierungsprozeß in der Gesellschaft überhaupt. Die einzelne Subsysteme des gesellschaftlichen Lebens seien immer weniger voneinander trennbar, sie werden auf höherem Niveau miteinander zunehmend integriert und verschränkt. So zeige sich hier eine Verökonomisierung weiter Bereiche der Gesellschaft, andererseits aber eine "Entökonomisierung der Wirtschaft". Damit erhielte die Wirtschaft mit ihren Unternehmungen einen erheblichen Funktionszuwachs. Der Markt sei keine autonome Institution mehr, sondern er sei geprägt von einer "relativen Heteronomie".

Mir scheint dieses Modell von BUSS einerseits einige wichtige Tendenzen in der modernen Wirtschaft nachzuzeichnen, andererseits scheint es mir aber doch überzogen zu sein. Es ist durchaus offen, ob man das Modell der kommunikativen Marktöffentlichkeit, so wie BUSS es tut, dem Konkurrenzmodell entgegensetzen kann. Mir scheint eher, daß der Wettbewerb sich nunmehr auf weitere Objekte bezieht, daß eben gerade mit Hilfe von Sozialbilanzen, social marketing usw. Wettbewerbspolitik betrieben wird. Wenn das so wäre, wäre das Prinzip der kommunikativen Marktöffentlichkeit kein Alternativprinzip zum Wettbewerb, sondern gerade ein Modell des verschärften Wettbewerbs. Weitere außerökonomische Lebensbereiche würde für Unternehmensinteressen im Sinne des Marketing instrumentalisiert.

Auch bezüglich der zentralen "Entdifferenzierungsthese" würde ich mindestens einen Gedanken entgegnen wollen: wenn es eine zentrale Erkenntnis der Wirtschaftssoziologie überhaupt gibt, dann ist es die der Verschränkung von Wirtschaft und sonstigen sozialen Subsystemen der Gesellschaft. Diese Verschränkung hat es schon immer gegeben; nur: sie war in der Theorie bloß nie so bewußt. Das Neue scheint mir nicht die "Entdifferenzierung" als gesellschaftlicher Sachverhalt zu sein, sondern der Fortschritt in der Theorie der Erfassung von Interdependenzen zwischen der Wirtschaft und anderen Sozialsystemen. Es ist also eher eine Veränderung im Bewußtsein als eine Veränderung im realen Bereich.

2.4.2. Eigentum

Die Eigentumsverfassung einer Gesellschaftsformatiaon wird in der Wirtschaftstheorie und in der politischen Wirtschaftspraxis offenbar als eine zentrale Kategorie bzw. als ein zentraler Sachverhalt behandelt. Individuelles oder kollektives Privateigentum wird als ein grundlegendes Element (neben dem Geld) jedes marktwirtschaftlichen Systems angesehen. Die Form des Eigentums scheide freiheitliche von oktroyierenden Wirtschaftssystemen, scheide Kapitalismus vom Sozialismus oder Kommunismus. Eigentum sei Garant von Freiheit und Selbstentfaltung, hört man auf der einen Seite, Privateigentum sei das Grundübel der kapitalistischen Wirtschaftsform, hört man auf der anderen Seite. Wir wollen in diesem Kapitel einige Grundlagen zum Eigentum behandeln, um einer zu schlichten Alltagsargumentation vorzubeugen. Allerdings ist vorab bereits zu vermerken, daß in den Wirtschafts- und Sozialwissenschaften zwar relativ häufig mit der Kategorie des Eigentums gearbeitet wird, daß aber ein recht niedriges Reflexionsniveau durchweg zu beklagen ist. Die Geschichtswissenschaft und die Rechtswissenschaft sind hier in der Analyse sehr viel weiter fortgeschritten. Die Soziologie hat nicht sehr viel, aber immerhin doch einiges, zum Thema Eigentum zu bieten. Das Defizit in der Soziologie scheint damit zusammenzuhängen, daß sie sich merkwürdigerweise bislang kaum mit Rechten auseinandergesetzt hat, sondern vornehmlich mit Pflichten im Rahmen der ausführlichen Erforschung sozialer Normen (vgl. zu diesem Komplex insgesamt z.B.: BRANDT 1974; NEGRO 1963; LEIPOLD 1983; BURGHARDT 1980; RÖMER 1978; DÄUBLER et al. 1976).

Die ökonomische Theorie hat vor einigen Jahren ausgehend von der neoliberalistischen Position in den USA wieder begonnen, sich mit der Bedeutung des Eigentums für das Wirtschaftsgeschehen auseinanderzusetzen und zwar im Rahmen der "Theorie der Property Rights". Auf diese Theorie gehe ich nicht ein, sondern verweise auf die inzwischen ausreichend vorhandene Literatur, die auch in deutscher Sprache relativ stark angewachsen ist und die bereits z.T. Lehrbuchcharakter angenommen hat (vgl. z.B. SCHÜLLER 1983).

Die folgenden Ausführungen sind in vier Unterpunkte geliedert:

- zunächst einige Informationen zum Begriff des Eigentums

- dann folgen historische Aspekte des Eigentums

- daran schließt sich ein Abschnitt zu Funktionen und Funktionswandlungen des Eigentums an

- schließlich folgen knappe Ausführungen zu dem Komplex Eigentum und Individualverhalten (Besitzverhalten)

2.4.2.1. Zum Begriff des Eigentums

o Zur Wortgeschichte

Das Wort "Eigentum" ist aus dem germanischen "aig" = haben und dem althochdeutschen "tuom" = Verhältnis gebildet und wird vom Meister Eckhart (1260-1327) für die Übersetzung des lateinischen "proprietas" eingesetzt (alles nach SCHWAB 1975).
"Eigentum" wird im Mittelalter synonym mit "das eigen" verwendet und bezeichnet eine spezifische Subjekt-Objektbeziehung, nämlich eine solche des Habens. Im Mittelalter ist dieses Wort vor dem Eindringen römischen Rechtsdenkens allerdings noch weit davon entfernt, die allgemeine und abstrakte Bedeutung anzunehmen, die für die heutige Wortverwendung charakteristisch ist. Es ist vielmehr typisch für das

deutsche Mittelalter, daß stets in konkreten Beziehungen gedacht und
gehandelt wird. So bezeichnet das Eigentum eben nur eine Habeform
unter vielen anderen wie z.B. "erbe", "gut", "fahrendes habe", "len",
"leihe", u.a.m. (nach SCHWAB 1975). "Eigen" und "Eigentum" können sich
dann im Verlaufe eines Generalisierungs- und Abstraktionsprozesses als
Oberbegriffe durchsetzen, was endgültig aber erst im letzten Jahrhundert geschieht. Neben diesem Abstraktions- und Verallgemeinerungspro-
zeß macht dieser Begriff aber auch eine Verengung durch: konnte er
sich im Mittelalter neben Sachen auch auf Personen, z.B. Familienmit-
glieder des Hausherren sowie auf Privilegien, Gerichtsbefugnisse oder
Zinsrechte beziehen, so wird er im Verlaufe der Geschichte auf Sachen
eingeengt. Zu der Begriffsabstraktion und der Begriffsverengung tritt
dann noch ein dritter Veränderungsprozeß hinzu: dies ist der im Eigentumsbegriff ausgedrückte Grad des Verfügungsrechtes des Eigentümers.
War dieses früher in vielen unterschiedlichen Formen denkbar, so wird
heute zunächst einmal ein Höchstmaß an Verfügungsfreiheit des Eigentümers mitgedacht. Dem steht nicht entgegen, daß Eigentumsrechte faktisch auf vielfache Weise eingeschränkt sein können und auch tatsächlich eingeschränkt sind.
Neben dem allgemeinen Begriff des Eigentums kennen wir Spezifizierun-
gen wie "Privateigentum", "Gemeineigentum" usw. Dabei soll von der
Etymologie her im Moment nur der Ausdruck "Privateigentum" noch etwas
erläutert werden. Man kann manchmal in Schriften lesen oder auch in
Diskussionen hören, wie einer, der besonders pointiert wirken will,
erläutert, daß der Ausdruck "Privat"-eigentum auf das lateinische
"privare" zurückgehe. "Privare" heißt "berauben". Leider machen nun
diese klugen Köpfe häufig den Fehler, daß sie das Partizip falsch
bilden: "Privatum" heißt nicht "das Geraubte", sondern das "Beraubte".
Die Pointe ist dahin. Das Privateigentum ist nämlich das der öffentlichen, der staatlichen Herrschaft Beraubte, das dieser Entzogene, und
insofern nur dem einzelnen Unterworfene.

o Eigentum als soziales Konstrukt

In der heutigen wirtschafts- und sozialwissenschaftlichen Literatur
wird der Eigentumsbegriff häufig leider ebenso ungenau verwendet wie
in der außerwissenschaftlichen Sprache. Es sind deshalb einige Klar-
stellungen erforderlich, die zu genauerem Denken anhalten sollen;
unser Denken kann ja nie präziser sein als unsere "Denkzeuge", die
Begriffe, es sind. Bereits im Althochdeutschen, so hatten wir eben
gehört, bezeichnete der Begriff eine Subjekt-Objekt-Beziehung. Dies
hat sich zwar bis heute im Prinzip erhalten, wird aber sehr häufig
nicht beachtet. Man findet nämlich den Ausdruck "Eigentum" in sehr
vielen Fällen synonym mit dem Ausdruck "Vermögen" oder "Vermögensgut"
verwendet; etwa wenn man von "großem" oder "kleinem Eigentum" spricht
oder von der "ungerechten Verteilung des Eigentums" usw. Eigentum
meint aber nicht das Objekt, sondern eine Beziehung zu einem Objekt.

Aber auch diese Kennzeichnung scheint mir nicht genau genug zu sein, wenn sie auch häufig zu finden ist: Eigentum sei eine rechtliche Beziehung zwischen einer Person und einer Sache. Noch problematischer wird es, wenn man, wie BURGHARDT (1980), von einem "Eigentums-Haben" an einer Sache spricht, also von einem Eigentums-Eigentum!? Wenn wir Eigentum als ein mehr oder weniger beschränktes Verfügungsrecht bezeichnen, das insbesondere in dem willkürlichen Nutzungsausschluß Dritter besteht, so dürfte eigentlich deutlich sein, daß "Eigentum" keine Person-Sachen-Beziehung, sondern eine soziale Beziehung ist. Jedes Recht ist ex definitione eine Regelung von Beziehungen zwischen menschlichen Subjekten, wobei natürlich Sachen Regelungsobjekte sein können. Eigentum ist also weder mit dem Eigentumsobjekt gleichzusetzen, noch mit der bloßen Subjekt-Objekt-Beziehung, sondern mit einer Rechtsbeziehung zwischen Personen hinsichtlich einer Sache. Eigentum ist also ein soziales Konstrukt. Es ist nichts einer Sache Anhaftendes, nichts Natürliches, sondern etwas, das erst im Rahmen eines meist sehr komplizierten Sozial- und Rechtsgefüges konstruiert wird und insofern auch davon abhängt, inwieweit dieses Sozial- und Rechtsgefüge gelernt, verstanden, legitimiert und befolgt wird. Jeder einzelne Akt des Realgütertransfers in einer Gesellschaft bedarf deshalb auch zusätzlich des expliziten oder impliziten Transfers von Verfügungsrechten. Ein Gegenstand kann zum bloßen Betrachten weitergegeben werden, zu Leihe, zu Miete, zu Pacht zu sonstigem Gebrauch z.B. als Werkzeug in einer Fabrik oder eben zum Eigentum im engeren rechtlichen Sinne. Jede dieser Verfügungsweisen kann wiederum auf vielfältige Weise beschränkt sein. Da sich der Eigentumstatbestand nur auf Sachen erstrecken kann (ich beziehe hier in Sachenbegriff auch Patente und geistige Produkte mit ein), sollte ein sozialwissenschaftlich geschulter Mensch einen weiteren Begriffsfehler nicht begehen: er sollte nicht den Herrschaftsbegriff für diesen Sachverhalt verwenden: Herrschaft bezeichnet die Verfügungsgewalt über Personen, Eigentum die Verfügungsgewalt über Sachen. Die Juristen verwenden in diesem Zusammenhang häufig eine sozialwissenschaftlich nicht haltbare Terminologie (obwohl historisch von der Ableitung aus dem lat. "dominium" begründbar).

Wir können also bis jetzt festhalten, daß Eigentum nicht eine bloße

Habe-Beziehung ist, sondern ein soziales Verfügungsrechtsverhältnis,
das nicht nur darin besteht, über eine Sache verfügen zu können,
sondern auch darin, legitimiert zu sein, andere von dem Gebrauch einer
Sache fernzuhalten. Diese Perspektive des Eigentums ist zwar schon
einer sozio-ökonomischen Interpretation zugänglich, sie fußt aber noch
auf einem juristischen Grundverständnis. Das ist kein Manko, sondern
in diesem Falle zunächst einmal eine Notwendigkeit, wird die Eigentumsrealität ja doch fundamental juristisch geprägt. Dieser Eigentumsbegriff, wie er in seiner juristischen Grundform auch unserem modernen
Recht zugrundeliegt, ist vornehmlich an der Verfügungsgewalt über
Gebrauchsgüter orientiert, die man hat oder erwirbt. Für ein sozio-
ökonomisches Verständnis des Eigentums in unserer Gesellschaft muß der
soziologischen Kategorienbildung aber eine weitere Perspektive eröffnet werden; dies ist die dynamische Perspektive. Unter dieser nämlich
erscheint Eigentum als Prozeß der Aneignung (und der "Enteignung").
Darunter kann man prinzipiell alle Prozesse der Zu-Eigen-Machung von
außerhalb der Person liegenden Sachen verstehen, etwa durch Inanspruchnahme oder durch Arbeit. Überdies in einem spezifischeren Sinne
aber sind unter dieser Perspektive die Form und der Prozeß der Aneignung von Arbeitserträgen zu fassen, insbesondere die Aneignung von
Mehrwert. Während der Gegenbegriff des allgemeinen Aneignungsbegriffes
etwa der der Entfremdung (s. vorn) ist, läßt sich dieser speziellere
Aspekt unter das Begriffspaar "Appropriation-Expropriation" subsumie-
ren. Hier bezieht sich nun der Eigentumsbegriff nicht auf Gebrauchsgüter, sondern auf Produktionsmittel oder in der Sprache der Politischen
Ökonomie: auf das Kapital als ein Aneignungsverhältnis zwischen Menschen. Während unter der Perspektive der Verfügungsgewalt die
Nutzungsausgrenzung anderer die Negationsseite des Eigentums ist, ist
unter der Aneignungsperspektive die Ausbeutung (oder: Enteignung)
anderer die dialektische Kehrseite der Eigentumsmedaille. Privateigentum heißt hier dann nicht nur Entzug des Eigentums aus der öffentlichen Kontrolle, sondern auch aus der Kontrolle der lohnabhängig Arbeitenden.
Wir können nun diese kategorialen Bestimmungen in ihren Zusammenhängen
aufzeigen: damit Eigentum als ein spezielles Aneignungsverhältnis sich
konstituieren und aufrechterhalten kann, bedarf es neben der Verfü-

gungsgewalt über Sachen offenbar auch einer Verfügungsgewalt über Personen: Eigentum und Herrschaft müssen also zusammenkommen bzw. in ihrer Zusammenkunft analysiert werden. Im Kapitalverhältnis unserer Wirtschaft geschieht nun genau dies.

Graphisch kann man sich diese Zusammenhänge wie folgt zu verdeutlichen versuchen:

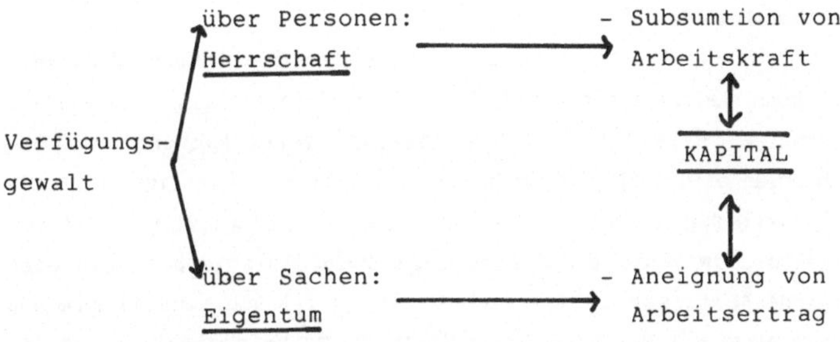

<u>Übersicht 39:</u> Kapital als Herrschafts- und Aneignungsverhältnis

Das sozio-ökonomische Muster dieser Zusammenhänge bildet nun das, was wir seit MARX in der Wirtschaftssoziologie die "Produktionsverhältnisse" nennen (vgl. dazu die Ausführungen vorn). Dabei ist allerdings zu bedenken, daß erst in unserer Zeit eine spezifische juristische Bestimmung des Privateigentums erfolgt. Der Eigentumsbegriff wird bei MARX, wie ausgeführt, ja zunächst viel allgemeiner verwendet.
Für ein Verständnis des Eigentums in seinen beiden Formen als Verfügungsgewalt und als Aneignung ist nun die Erhellung dieser doppelten Bestimmtheit im Rahmen der Produktionsverhältnisse durch den Stand der Produktivkräfte einerseits und durch die ideologisch-legitimatorische Verfaßtheit des kulturellen Systems andererseits unerläßlich.
Eine solche Erhellung läßt sich sowohl historisch als auch gegenwartsbezogen leisten; dazu im folgenden einige Stichworte.

2.4.2.2. Historische Aspekte des Eigentums

Eine historische Soziologie des Eigentums müßte in dem eben postulier-
ten Sinne eine Kombination aus Real-, Rechts- und Ideologiegeschichte
des Eigentums sein, die zu verdeutlichen vermag, wie das soziale
Konstrukt "Eigentum" abhängt von dem Stand der Entwicklung der Produktivkräfte und den ideologischen Rechtfertigungstheorien des sozio-
ökonomischen Systems.

o Eigentumstheorien

Wenn man die Geschichte der legitimatorischen Eigentumstheorien verfolgt, kann man zumindest zwei für unseren Zusammenhang interessante
Sachverhalte festellen: (1) Die jeweilig vorherrschenden Eigentumstheorien bilden ein eingepaßtes Element in der jeweiligen historischen Gesellschaftsformation. (2) Es findet eine Entwicklung statt vom
Mittelalter zur Neuzeit auf eine Eigentumsideologie hin, die eine
zunehmende Abstraktheit des Eigentumsbegriffs und eine zunehmende
Verfügungsfreiheit des besitzenden Individuums beinhaltet. Diese jeweils vorherrschenden Ideensysteme finden ihren Niederschlag in den
rechtlichen Systemen, welche wiederum zunächst eine Entschrän-
kungswirkung in Bezug auf die Entfaltung der Produktivkräfte, die
Akkumulation von Kapital, die Ausdehnung des Wirtschaftsverkehrs und
die Steigerung des Lebensstandards haben, dann aber in neuester Zeit
wieder Beschränkungen durch die Idee der Sozialbindung sowie durch den
modernen Interventionsstaat bringen.

Ich kann hier keine Geschichte des Eigentums leisten in einem einigermaßen zufriedenstellenden Sinne. Ich verweise deshalb auf die Literatur (DIEHL/MOMBERT 1924; SCHWAB 1975; BRANDT 1974;RÖMER 1978;
DÄUBLER 1976). Deshalb müssen hier einige Stichworte ausreichen.

Im Laufe der Geschichte werden das germanische Denken und das germanische Recht verdrängt. Diese waren konkretistisch, nicht abstrakt, sie
waren gemeinwirtschaftlich, nicht individualistisch orientiert. Es
setzt sich römisches Rechtsdenken durch. Bezüglich des Eigentums hatten die Römer eine ihrem Imperialismus und ihrer fortgeschrittenen
Wirtschaftsweise adaptierte Theorie. Das war die sog. "Okkupations-
theorie", die im wesentlichen besagte, daß Eigentum durch die Aneignung herrenloser Sachen entstehe. Das Eigentum wurde nun verstanden
als ein absolutes Vollrecht der Verfügungsgewalt. Diese Grundidee war

dem germanischen Bereich völlig fremd. Zwar konnte dieses Vollrecht auch im römischen Recht gesetzlich eingeschränkt werden; entscheidend ist aber das Grundkonzept des individuellen Vollrechts an einer Sache. Man hätte ja auch genau anders herum denken und regeln können: das Eigentum nämlich als ein von der Gemeinschaft oder vom Staat Zugestandenes zu verstehen, welches als mehr oder weniger beschränktes individuelles Verfügungsrecht auszuweisen gewesen wäre. Diese Idee entwickelt sich aber erst sehr viel später in der sog. Legaltheorie des Eigentums im 19. Jh. bei den sozialreformerischen "Kathedersozialisten", z.B. bei ADOLF WAGNER und GUSTAV SCHMOLLER. Die Durchsetzung der römischen Vollrechtsidee vollzieht sich allerdings nur langsam. Es bedurfte zunächst noch einiger theoretisch-ideologischer, wie auch realgesellschaftlicher Zwischenschritte. Diese sind in den emanzipatorischen Revolutionskämpfen und in den sie begleitenden Theorien zu finden. Wesentliche Stationen sind die Bauernrevolutionen des 16. Jhs. mit den sie begleitenden christlichen Interpretationen des Eigentums z.B. bei MARTIN LUTHER oder THOMAS MÜNZER. Hinzukommt die entstehende Naturrechtslehre im 16. und 17. Jh. THOMAS MÜNZER z.B. bezeichnete das Eigentum der Reichen erstmals als Diebstahl, LUTHER fordert für jeden ein "kleines Eigentum" in Form von Haus und Gebrauchsgegenständen. Eine Vorbereitung der Idee des individuellen Privateigentums haben wir aber bereits zuvor bei THOMAS VON AQUIN (1225-1274), dessen Eigentumslehre auch heute noch Legitimationskraft besitzt. THOMAS VON AQUIN betont das Naturrecht jedes einzelnen auf Eigentum als Anspruch auf Güter des lebensnotwendigen Bedarfs, ohne dabei die soziale Verpflichtung zu vergessen. In der "äußersten Not", so formuliert THOMAS VON AQUIN, sei "alles gemeinsam"; er rechtfertigt damit sogar den Diebstahl im Falle größter Not. Der Mensch habe dem Mitmenschen zumindest Almosen bei Bedürftigkeit zu geben. Im Zentrum aber steht die Rechtfertigung individuellen Privateigentums und zwar im wesentlichen mit folgenden Argumenten: das Eigentum entspreche der Selbständigkeit und Eigenverantwortlichkeit des Menschen. Es sei in der Lage, die Arbeitslust und die Sorge um die dem Menschen anvertrauten, bzw. die von ihm geschaffenen Dinge zu erhöhen. Die Abschaffung des Privateigentums würde zu Trägheit und Arbeitsunlust führen. Ein Kollektiveigentum müsse deshalb zu Arbeitszwang und zu herrschaftlichen Methoden des Arbeitsantriebs führen. Zudem schaffe das individuelle Privateigentum eine klare Aufgliederung und Zuständigkeit, während Kollektiveigentum nur zu Unordnung und Unübersichtlichkeit führe.
Diesen Grundgedanken von THOMAS VON AQUIN finden wir dann sowohl im Naturrechtsdenken des 16. und 17. Jhs. wieder wie auch in den liberalistischen Eigentumstheorien. Eine bei THOMAS VON AQUIN nur implizit vorausgesetzte Begründung wird dann insbesondere von JOHN LOCKE zentral: die Begründung des Eigentums aus der Arbeit heraus. Wir haben zu der gesellschaftsrevolutionierenden Funktion der Arbeitswerttheorie bereits vorn Einiges sagt. Diese Theorie wendet sich gegen arbeitsfrei erlangtes und behauptetes Eigentum.
Die berühmten Formulierungen von LOCKE lauten (LOCKE in DIEHL/MOMBERT 1924, Abs. 27,28):

"Obwohl die Erde und alle niedrigeren Geschöpfe den Menschen gemeinschaftlich gehören, so hat doch jeder Mensch ein Eigentum an seiner eigenen Person; auf diese hat niemand ein Recht als er selbst. Die

Arbeit seines Körpers und das Werk seiner Hände, können wir sagen, sind im eigentlichen Sinne sein Eigentum. Alles also, was er dem Zustande, den die Natur vorgesehen, und in dem sie es gelassen hat, entrückt, hat er mit seiner Arbeit gemischt, ihm etwas zugesellt, was sein Eigen ist, und macht es dadurch zu seinem Eigentum. Da es durch ihn dem gemeinsamen Zustand, in den die Natur es gestellt hatte, entzogen worden ist, hat es durch diese seine Arbeit etwas hinzugefügt erhalten, was das gemeinschaftliche Recht anderer Menschen ausschließt. Denn da diese Arbeit das unbestreitbare Eigentum des Arbeiters ist, kann niemand als er selbst ein Recht auf das haben, womit diese Arbeit einmal verbunden worden ist, wenigstens da, wo genug und ebenso Gutes für den gemeinschaftlichen Besitz anderer vorhanden ist".

LOCKE gibt nun aber auch deutliche Grenzen des Eigentums an. Diese liegen in der Konsum- und Gebrauchsfähigkeit des Menschen. Niemand soll über seine Bedürfnisse hinaus Güter anhäufen.

Diese Eigentumstheorie, die ja die Freiheit des Eigentumserwerbs durch Arbeit betont, ist also ein weiteres Element in dem Rechtfertigungssystem des Liberalismus, der ideologische Vorbedingung für die Entwicklung des Kapitalismus gewesen ist. Die individualistisch-liberalistische Eigentumstheorie ist - wie andere Elemente des Liberalismus auch - auf Widerstand gestoßen und zwar einmal im Sozialismus und zum anderen in sozialreformerischen Konzepten der sog. Kathedersozialisten.
Die sozialistisch-kommunistische Kritik des Privateigentums finden wir natürlich in grundlegender Form bei MARX. MARX greift dabei nicht jegliches Privateigentum an, sondern das, was ich vorher als Aneignungseigentum bezeichnet habe, also nicht das persönliche Gebrauchseigentum. Er sah als Alternative die Vergesellschaftung des Eigentums an den Produktionsmitteln an. Die Sozialreformer dagegen betonten die Notwendigkeit der Sozialbindung des Eigentums, die der Staat durch gesetzgeberische Maßnahmen zu sichern habe. Ihre theoretische Grundposition besteht in der Erkenntnis, daß Eigentum zwangsläufig ein soziales Konstrukt ist. Jedes Eigentum entsteht erst durch soziale Übereinkunft, nicht schon durch einen Prozeß der persönlichen Aneignung oder der eigenen Arbeit; daß eine Aneignung zu Eigentum führe, müsse ja erst sozial legitimiert werden. Hinter diese Erkenntnis kann man heute wohl kaum mehr zurücktreten.

o **Eigentumsverfassung und Wirtschaftsentwicklung**
Man kann an historischen Beispielen Zusammenhänge zwischen der Eigentumsverfassung und der gesellschaftlichen Entwicklung verdeutlichen. Da wir keine historischen Ausflüge unternehmen können, sei auf die Arbeit von RÖMER (ebenda) verwiesen. Die entscheidenden Weichen für unsere heutige Eigentumsverfassung werden jedenfalls zu Beginn des 19. Jahrhunderts gestellt und zwar durch die preußischen Agrar- und Gewerbereformen, die die Leibeigenschaft sowie den Zunftzwang aufhoben und damit juristische Fesseln der sozio-ökonomischen Entwicklung des Kapitalismus lösten. Damit waren Voraussetzungen für die notwendige Faktormobilität geschaffen. Ein anderes Beispiel aus dem 19. Jh. ist die Entstehung der Aktiengesellschaften. Die Aktiengesellschaft ist eine völlig neue Form des Eigentums, bei der nicht eine natürliche, sondern

eine juristische Person die Eigentümerin ist. Die Aktionäre besitzen nur ein gesellschaftsrechtliches, ein vermitteltes Eigentum. MARX bezeichnet das Aktienkapital deshalb auch als die "Aufhebung des Kapitals als Privateigentum innerhalb der Grenzen der kapitalistischen Produktionsweise selbst" (1964, S.452). Auch diese neue Eigentumsform förderte die Entfaltung der Produktivkräfte. Zu Beginn war die Aktiengesellschaft allerdings noch weit davon entfernt, ein Instrument der freien Eigentumsentfaltung zu sein. So galt zunächst in Preußen das sog. "Octroisystem". Jede Aktiengesellschaft bedurfte der Einzelgenehmigung. Ihr wurden öffentliche Befugnisse und Pflichten auferlegt. Insbesondere galt das für die Bereiche der staatlichen Monopole bezüglich Salz, Tabak, Holz und Versicherungen. 1843 erfolgte dann ein weiterer Liberalisierungsschritt durch Übergang zum sog. "Konzessionssystem". Die Aktiengesellschaft war zwar noch genehmigungspflichtig, im übrigen aber war sie nur den generellen gesetzlichen Regelungen unterworfen. Der Staat hatte nach wie vor Furcht vor einer Machtkonzentration. Erst 1870 dann wurde durch die Einführung des sog. "Normativ-Systems" im Wege einer Aktienrechtsnovelle der größtmögliche Spielraum für die Entfaltung des Kapitals gewährt. Dem gingen groß geführte Kampagnen der Wirtschaft voraus. Der Konzessionierungszwang fiel weg, es galten nur noch allgemeine Normen. Die Folgen waren ungeheure Mißstände, Manipulationen, Schwindelunternehmen usw. RUDOLF VON IHERING, einer der profiliertesten Juristen der damaligen Zeit, schrieb 1893 dazu: "Unter den Augen unserer Gesetzgeber haben sich die Aktiengesellschaften zu organisierten Raub- und Betrugsanstalten verwandelt, deren geheime Geschichte mehr Niederträchtigkeit, Ehrlosigkeit, Schurkerei in sich birgt als manches Zuchthaus, nur daß die Diebe, Räuber und Betrüger hier statt in Eisen in Gold sitzen" (Der Zweck im Recht, Leipzig 1893, S.218). Mit einer weiteren Aktienrechtsnovelle von 1884 wurde dann versucht, die Gründung zu erschweren. Dieses Gesetz galt bis 1933.

Zusammenfassend läßt sich feststellen, daß die Entwicklungen im 19. Jahrhundert durch eine liberalistische Eigentumstheorie getragen sind, deren Kern sich schließlich im Bürgerlichen Gesetzbuch dokumentiert. Der allgemeine und abstrakte Eigentumsbegriff, der das Eigentumsrecht als unumschränktes Verfügungsrecht definiert, das nur vom Willen des Eigentümers bestimmt sei, setzt den rechtlichen Schlußpunkt in dieser Entwicklung. Im § 903 des BGB heißt es "Der Eigentümer einer Sache kann, soweit nicht das Gesetz oder Rechte Dritter entgegenstehen, mit der Sache nach Belieben verfahren und andere von jeder Einwirkung ausschließen". Dies ist auch noch die heutige Form. Diesem modernen Eigentumsbegriff widerspricht nicht die faktische Begrenzung von Verfügungsfreiheiten, auf die wir gleich zu sprechen kommen.

2.4.2.3. Funktionen und Funktionswandlungen des Eigentums

o Funktionen des Eigentums

In der Ideen- und Rechtfertigungsgeschichte des Eigentums werden seit
dem Mittelalter bei THOMAS VON AQUIN in der liberalistischen Tradition, die die Freiheit des Individuums in den Mittelpunkt stellt, bis
heute im wesentlichen die folgenden Funktionen des Eigentums in Bezug
auf das Individuum betont:

- das Privateigentum sei Garant der Freiheit des einzelnen gegenüber
  anderen, insbesondere gegenüber dem Staat
- das Eigentum diene der persönlichen Selbstentfaltung
- das Eigentum habe eine existenzielle Sicherungsfunktion für den
  einzelnen
- das Eigentum erzeuge eine sachbezogene Motivation, die eine Akti-
  vierung von individuellen Interessen leiste.

Diese unterstellten Funktionen dienen bis heute der Begründung von
Eigentumspolitik, insbesondere der Ablehnung von Bestrebungen zur
Einschränkung von Eigentumsrechten oder gar zur Vergesellschaftung von
Vermögen. Diesen, auf das Individuum bezogenen Funktionskatalog, kann
man um die folgenden, auf das Sozialsystem bezogenen Funktionen ergän-
zen:

- die Zurechnungsfunktion
- die Funktion der Regulierung von Knappheiten
- die Funktion der Regulierung von Teilnahmechancen am ökonomischen
  System
- die Anreizfunktion
- die Aneignungsfunktion
- die Prestigefunktion.

Eigentum ist eine Institution, die Ein- und Ausgrenzungen von Hand-
lungsfeldern vornimmt; jedes Eigentumsrecht ist zugleich ein Aus-
schlußrecht anderer; das, was mir gehört, hat nur mir zu gehorchen.
"Hören" und "Gehorchen" haben den gleichen Wortstamm. Eine Sache wird
also einer Person zugeordnet, womit zugleich - und das ist für die

erstgenannte Funktion wesentlich - Folgen des Sachengebrauchs der Person zugerechnet werden können; dies können Erträge, aber auch Schädigungen sein. Zurechnung heißt ja auch: Verantwortung. Eigentum ist also nicht nur ein Ertragszurechnungsmechanismus, sondern auch ein Mechanismus zur Zurechnung von Verantwortung. Ein solcher Mechanismus erleichtert gesellschaftliche Interaktion und Kommunikation, weil nun das einzelne Individuum in seinem Eigeninteresse angesprochen ist. Durch die Ausgrenzung können andere entlastet werden. Diese Ordnungsfunktion hatte ja auch bereits THOMAS VON AQUIN angesprochen. Eine solche Zurechenbarkeit ist nun insbesondere dann prinzipiell effizient, wenn Güter knapp werden. Die Geschichte der Eigentumsideen und des Eigentumsrechts wird deshalb auch inhaltsreicher und interessanter, desto "knapper" Güter werden und - das ist kein Widerspruch dazu - desto mehr Güter im Wirtschaftssystem zu transferieren und in den Betrieben und Haushalten zu hüten sind. In unserer Wirtschaft sind die Güter in der individuellen Wahrnehmung und gesteuert durch den Geldmechanismus "knapp" und zugleich reichlich vorhanden. Die "Tragik der Allmende" entsteht ja nicht wegen der individuellen Nutzenmaximierung allein, sondern eben auch deshalb, weil das Weideland im Verhältnis zur Nachfrage knapp ist. Eine eigentumsrechtliche Lösung des Allmendeproblems durch Privatisierung kann nun grundsätzlich zu einer Schonung der Ressourcen führen und damit das Knappheitsproblem etwas entschärfen: jede Privatisierung grenzt allerdings andere von der Nutzung aus, so daß sich als Folge Verteilungs- und Gerechtigkeitsprobleme ergeben. Bei unbegrenzt zur Verfügung stehenden Gütern besteht kein Erfordernis zu einer eigentumsmäßigen individuellen Zuordnung; deshalb finden wir auch bei den Naturvölkern z.B. keine privaten Eigentumsrechte an Grund und Boden, wohl aber an knappen Gütern. Eigentum vermag Konflikte um knappe Güter zu lösen, wenn ein Zuordnungsprinzip gefunden wird, das von allen anerkannt ist, wie z.B. Erbschaft, Arbeit, Erwerb durch Kaufvertrag. Je mehr Güter es nun zuzuordnen gilt, desto dringlicher wird eine Zuordnungsregelung.
Das private Eigentum wird in unserer Verfassung geschützt. Nach LUHMANN (1965, S.120ff) dient Art. 14 GG der funktionalen Verwendung von Vermögensgegenständen. Erst dann, wenn niemand Furcht davor haben muß, bezüglich seiner Vermögensverwendung von Dritten, insbesondere

vom Staat, gelenkt zu werden, kann ein marktwirtschaftlich-kapitalistisches System funktionieren. Der Eigentumsschutz der Verfassung ist - das wird häufig anders gesehen - aber kein Vermögensschutz, sondern ein Schutz der Verfügungsfreiheit zur Bewahrung von Faktormobilität. Mit LUHMANN (ebenda) kann man deshalb sagen, daß die Verfassung in dieser Hinsicht keinen Persönlichkeitsschutz bietet, sondern einen Systemschutz. Die liberalistische Begründung des Eigentumsrechts, die auf das persönliche Interesse an Würde, Freiheit, Sicherheit und Selbstentfaltung abstellt, ist im Grunde genommen eine Ideologie. Wenn man diese theoretischen und politischen Begründungen ernst zu nehmen hätte, müßte man fragen, warum es denn keine Eigentumsgesetze gibt, die eine inhaltlich-materielle Mindestausstattung jedes Individuums mit Vermögensgegenständen zusichern. Aus dem grundgesetzlichen Eigentumsrecht folgt nämlich mitnichten ein Anspruch auf Güter, die Würde, Freiheit, Sicherheit oder Selbstentfaltung ermöglichten. LUHMANN formuliert das so: Der Artikel 14 Grundgesetz "schützt den einzelnen nicht in seiner Persönlichkeit und nicht in seinem spezifischen Sachbedarf, er garantiert ihm weder Nahrung noch Witterungsschutz noch eine Mindestausrüstung mit kulturellen Symbolen, sondern er gewährleistet seine Teilnehmerrolle am Kommunikationssystem der Wirtschaft" (a.a.O., S.120).

Eine gesetzliche Zusicherung einer quantitativen und qualitativen Mindestausstattung wäre - so könnte man fortfahren - ein völlig systemfremdes Element, das dem einzelnen dem individuellen Druck der Verwertung seiner Arbeitskraft entziehen würde und damit wahrscheinlich zu ähnlichen Folgen führen könnte wie das Speenhamlandgesetz von 1795 in England. Ich erinnere hier an die Diskussion bei POLANYI.

LUHMANN führt überdies an, daß auch die Unbestimmbarkeit und Unvergleichbarkeit von individuellen Bedürfnissen und Präferenzen eine materielle Lösung unmöglich mache; die Eigentumsgarantie sei deshalb als ein abstrakteres Regulativ anzusehen, das der Verfassung des Wirtschaftssystems besser angepaßt sei. Dagegen könnte man einwenden, daß Grundbedürfnisse des Menschen wohl doch nicht so vollkommen unbestimmbar sind, wie die ökonomische Entscheidungstheorie, auf die LUHMANN sich hier stützt, unterstellt. Im übrigen dürfte die Geldform ja hinreichend abstrakt sein. Wichtiger scheint die systemfunktionale

Ausrichtung des Grundgesetzes - wie im übrigen auch des BGB -, die regulative Funktion und eben auch die Anreizfunktion des Eigentums sicherzustellen.

Die individuelle Verfügungsgewalt über Sachen vermag dann anreizend zu wirken, wenn in einer Gesellschaft Freiheit als Haben, als Verfügen und als Machenkönnen definiert ist. Dann, wenn aus dem Verfügungsrecht über Sachen die Aneignungsfunktion von Erträgen hinzukommt, ist ein Motor in Gang gesetzt, der die kapitalistische Marktwirtschaft am Laufen hält. Damit wird auch die mögliche Prestigefunktion von Eigentum in einer Gesellschaftsformation wie der unsrigen leicht verständlich: Prestigeobjekte leiten sich stets aus den kulturellen Werten einer Gesellschaft ab. Eine Gesellschaft mit individualistischen Verfügungsrechtswerten kann dann die Teilhabe an diesen zur sozialen Prestigedifferenzierung verwenden.

o Funktionswandlung des Privateigentums
Zeigte die auf das Gesamtsystem bezogene Analyse bereits, daß die Institution des Privateigentums eher aus der Systemlogik heraus interpretierbar ist als aus Begründungen mit "Würde", "Privatheit" und "individueller Sicherung", wird die Ideologiehaftigkeit der liberalistischen Eigentumsdoktrin noch deutlicher, wenn man die Eigentumsrealität mit der Eigentumslehre vergleicht.

- Beschränkung der Verfügungsfreiheit an Gebrauchsgütern
Individualitäts- und Freiheitsfiktionen werden bereits deutlich, wenn man sich klar macht, in welchem Ausmaße bereits Spielräume der Verfügung über Gebrauchsgüter einer zunehmenden Beschränkung unterworfen sind. Im vorherigen Kapitel hatten wir die wachsende kollektive Gebrauchsinterdependenz von Konsum- und Gebrauchsgütern angesprochen (Hinweis: HIRSCH). Die zunehmende Abhängigkeit der Gebrauchsspielräume der vielen Individuen voneinander sowie das Erfordernis der Bereitstellung von kollektiven Nutzungs- und Regelungseinrichtungen schränkt die individuelle Nutzungsfreiheit in steigendem Ausmaße ein. Hinzu kommt eine dadurch begründete steigende Verrechtlichung der Sozialbeziehungen, so daß neben die faktischen auch noch die gesetzlichen Beschränkungen in großem Ausmaße eine Rolle spielen. Dies gilt insbe-

sondere für diejenigen Güter, die stets als Bedingungen für individuelle Freiheit betont worden sind: Grund und Boden, Verkehrsmittel,
Geldvermögen und individuelle Arbeitskraft. Bezüglich Grund und Boden
sowie individueller Verkehrsmittel (Auto) sind diese Verhältnisse
offenbar. Hinsichtlich Geldvermögen und Arbeitskraft seien noch einige
Erläuterungen angefügt. In dem fortgeschrittenen Stadium unserer kapitalistischen Wirtschaft ist von der Masse der Personen ein ökonomisch
relevantes Geldvermögen kaum mehr erwerbbar, d.h. ein Geldvermögen,
mit dem man sich heute etwa eine selbständige ökonomische Existenz
aufbauen könnte. Zunehmende Kapitalkonzentrationen schränken die faktische Verfügungsfreiheit in diesem Sinne ein. Ein Besitz von Beteili-
gungspapieren an einem Gesellschaftskapital, z.B. in Form von Aktien,
sichert ebenfalls faktisch für die Mehrzahl der Aktionäre keinerlei
Verfügungsrechte, sondern nur noch Ertragsanteilrechte. Mit der steigenden Größe der Aktiengesellschaften und den "Gesellschaften mit
beschränkter Haftung" wächst natürlich der für ein faktisches Mitver-
fügungsrecht erforderliche Anteil. Hinzu kommt, daß Anreiz- und Risi-
kozurechnungsfunktion drastisch reduziert werden. Bezüglich der Verfügung über die eigene Arbeitskraft zeigt sich, daß sowohl hinsichtlich
der Berufswahlfreiheit wie hinsichtlich der Dispositionsfreiheit in
einem ausgeübten Beruf einmal wegen der Dauerkrise des ökonomischen
Systems, zum anderen aufgrund der zunehmenden Lohnabhängigkeit die
Verfügungsfreiheit eine Einschränkung erfährt. Heute sind etwa 90%
aller Erwerbstätigen in der Bundesrepublik Deutschland bereits abhängig Beschäftigte.

- Eigentum und Daseinsvor- und -fürsorge
Ein weiterer Bereich, in dem die Eigentumsrealität der Eigentumsideologie zunehmend den Boden entzieht, ist der Bereich der Daseinsvor-
und -fürsorge. Unsere moderne Gesellschaft entwickelt sich seit der
Jahrhundertwende dahin, daß das Ausmaß des schon vorbereiteten, für
das Individuum immer schon vorhandenen, von vorherigen Generationen
geschaffenen und insofern von anderen gesetzten Lebensbedingungen
natürlicher, technischer, ökonomischer und sozialer Art ansteigt. Die
individuell beherrschten Lebensräume verringern sich, die historisch
wie kollektiv gesetzten Lebensräume werden größer. Bereits angesichts

dieser Eigenarten der sozialen Strukturen wird das individuelle Eigentum zunehmend ein Anachronismus. In Verbindung damit steht der enorme Ausbau der Systeme der kollektiven sozialen Sicherung, die teils in privater, größtenteils aber in staatlicher Regie geführt werden. Der einzelne ist im wesentlichen nur noch Teilhaber am gesellschaftlichen Reichtum und an den Systemen sozialer Sicherung. Die Idee des Individualeigentums kann damit immer weniger aus Chancen zur selbständigen Lebensführung heraus legitimiert werden. Diese Chancen sind weitgehend sozialisiert. So bestätigt auch GEHLEN, daß der Begriff der "selbständigen Lebensführung fiktiv" wird (GEHLEN 1972, S.267). An die Stelle von Eigentum tritt vielmehr nun ein Anspruch auf Lebenssicherung und Lebensstabilisierung, der gegenüber den gesellschaftlichen Institutionen erhoben wird. Dies schlägt sich sowohl im allgemeinen Bewußtsein der Menschen nieder als auch in einer Verringerung der Chancen individueller Autonomie. Ein Indikator für die subjektive Antwort auf diese veränderten Bedingungen ist etwa der Wandel der Sparziele, die sich von existenzbezogenen Vorsorgezielen hin auf güterbezogene Konsumziele verschoben haben (vgl. ebenda). Ein weiterer Indikator aus dem Bereich individuellen Verhaltens liegt in der Betonung der vorhin schon genannten Prestigefunktion von Verfügungsrechten über Vermögensgegenständen. Damit wird der Entscheidungsprozeß der Individuen von Vorsorgegütern auf Prestigegüter umgelenkt.
Diesen Gesamtprozeß kann man durch konsequente Anwendung der zu Beginn dieses Kapitels vorgenommenen Begriffsdifferenzierung in Eigentum und Vermögen erhellen. Zur Daseinssicherung ist eben nicht Eigentum, sondern Vermögen erforderlich. Diese beiden Begriffe werden fälschlicherweise häufig gleichgesetzt. Das Vermögen muß nun keineswegs individualistisch-eigentumsrechtlich zugeordnet sein, sondern kann genausogut oder vielleicht sogar besser kollektiv als gesellschaftlicher Reichtum bereitgestellt werden, wobei dann die individuellen Zugriffsmöglichkeiten über Rechtsansprüche, also nicht eigentumsrechtlich, geregelt sind. Zur Sicherung des einzelnen bedarf es nicht des Privateigentums, sondern gesellschaftlichen Vermögens.

- Eigentum und Verfügungsmacht in der Unternehmung

Ein dritter Bereich schließlich, in dem die Eigentumsrealität die Eigentumsideologie ausgehöhlt hat, ist der Bereich der Großunternehmen, insbesondere der Kapitalgesellschaften. Seit der epochemachenden Studie von BERLE und MEANS in den 30er Jahren in den USA (BERLE/MEANS 1956) und seit der Arbeit von BURNHAM über das "Regime der Manager" (1941) ist dies ein viel diskutierter Themenbereich in der Industriesoziologie. Die Verfügungsrechtsrealität ist in diesen Unternehmensformen durch eine Ausdünnung der faktischen Macht der Kapitaleigentümer sowie durch eine Diffusion von Verfügungskompetenzen innerhalb dieser Unternehmen gekennzeichnet. Die Verfügungsrealität sieht so aus, daß die wesentliche Entscheidungsmacht nicht von den Eigentümern, sondern von den Angestellten innerhalb dieser Betriebe ausgeübt wird. Die Entscheidungsbereiche sind in der Regel sehr differenziert aufgegliedert, so daß Verfügungskompetenzen z.B. in den Bereichen Einkauf/Verkauf, Produktpalette, Produktionsmittel, Personal, Ertragsverwendung, Wissen und Know How weit gestreut sind und kein einzelner Eigentümer überhaupt noch die Fäden in der Hand behalten kann, in der Regel überhaupt kein einzelner mehr das gesamte Unternehmensgeschehen zu überblicken vermag.

Im Zuge zunehmender Verwissenschaftlichung, Organisierung und Technisierung erhalten zwei Gruppen einen Machtzuwachs (vgl. auch RAMMERT 1983). Dies sind einmal die Fachspezialisten, die Professionals, die vor allem GALBRAITH (1968) mit seiner These von der wachsenden Macht der sog. "Technostruktur" im Auge hatte und die auch BURNHAM vornehmlich meinte. Daneben aber, dies wird insbesondere von SCHELSKY (1979/1950/) hervorgehoben, gewinnt der Manager an Bedeutung. Dies hatte allerdings bereits auch MARXgesehen. Der Manager ist gerade nicht der Fachspezialist, sondern seinem eigenen Verständnis und seiner Funktion nach ein Generalist, mit den Aufgaben der Organisierung, Kombination und Innovation. Aus dieser Funktion heraus erwachse dem Manager nun ein Machtbewußtsein; diese hätten die Neigung, so SCHELSKY, "alle Sachbezüge in Herrschaftsbezüge umzufälschen" (a.a.O., S.28). Diese Machtursupation entbehre jeder Legitimationsgrundlage; unser Recht wie auch unser Legitimationsbewußtsein biete dafür keinerlei Basis. Er schreibt wörtlich : "Die Managerherrschaft ist ohne

Rechtfertigung und Berechtigung in unserer Rechtsordnung und in unserem Sozialbewußtsein, d.h. sie verläuft ohne jedes Legitimationsprinzip, eine bloße De-Facto-Machtausübung" (a.a.O., S.32). Und weiter: "Die Illegitimität der Herrschaft der Manager beruht im wesentlichen darauf, daß sie um diese Herrschaft nicht zu kämpfen brauchten" (a.a.O., S.34). Sie stießen in Leerstellen der Macht vor, die die alten Eigentümer im Zuge der Entwicklung zum Monopolkapitalismus zurückgelassen hatten. Damit spielt SCHELSKY auf die Entwicklung der großen Aktiengesellschaften an, die kaum noch persönlich-unternehmerisches Risiko in sich bergen. Dies wiederum führt er zurück auf ein zunehmendes Sicherheitsstreben in der modernen Gesellschaft. Letzlich sei dieses Sicherheitsstreben die zentrale Ursache für das Aufkommen der Managerherrschaft.

Dieses Phänomen hat bei einigen Autoren, so z.B. bei HELGE PROSS (1965) dazu geführt, dem Privateigentum in der hochkapitalistischen Gesellschaft eine relative Bedeutungslosigkeit zu bescheinigen; das Eigentum sei entprivatisiert worden und brauche deshalb auch nicht mehr sozialisiert zu werden. Insbesondere BURNHAM behauptete, daß in den kapitalistischen wie auch in den sozialistischen Gesellschaften in Wirklichkeit die Manager herrschten. Sie nähmen die wichtigsten Eigentümerfunktionen wahr. Nach RÖMER verkennt diese Theorie,

"daß wesentlich für das Eigentumsverhältnis das Verhalten der Eigentümer der Produktionsmittel zu den unmittelbaren Produzenten ist, daß es nur auf das Aneignungsverhältnis ankommt, nicht auf das Verhältnis der Eigentümer untereinander und zu denen sich partiell verselbständigenden Organverwaltern bestimmter Eigentumsfunktionen. Angeeignet aber wird weiterhin privat, und auch die Manager sind den Gesetzen des kapitalistischen Privateigentums unterworfen. Das vergesellschaftete Privateigentum bleibt Privateigentum, es behält seine gesellschaftlichen Funktionen, die jedes Privateigentum in einer Waren produzierenden Gesellschaft besitzt" (RÖMER 1978, S.184).

Die Behauptung von GALBRAITH, daß die moderne Kapitalgesellschaft vor allem der Entwicklung der Technologie und nicht mehr dem Profit diene, ist wohl nicht haltbar. Auch das Managertum kann die primäre Aneignung, die im Produktionsprozeß selbst stattfindet durch Produktion von Mehrwert, nicht verändern. Eigentümerin der produzierten Waren wird nach wie vor das Privatkapital. Überdies bleiben ja auch die einzelnen Privatkapitale getrennt, die einzelnen Kapitalgesellschaften agieren ja nicht in einem insgesamt vergesellschafteten Raum, sondern weiterhin auf dem Markt in Konkurrenz zueinander. In unserer Diktion hat also eine Veränderung in dem Verfügungsrechtsaspekt von Eigentum stattgefunden, nicht aber in der Aneignungsfunktion.

2.4.2.4. <u>Eigentum und Individualverhalten</u>

Zum Abschluß des Kapitels "Eigentum" möchte ich noch einige Hinweise anbringen, die den Diskussionshorizont nochmals zu erweitern in der Lage sind. Dazu knüpfe ich an einem weiteren Sachverhalt an, der die Eigentumsrealität historisch drastisch verändert hat: an der Auftrennung Haben und Sein.

o Haben und Sein

Man kann mit GEORG SIMMEL (1920, S.326,342) feststellen, daß in der vormodernen Zeit, insbesondere während der Jahrhunderte der Feudalverfassung Haben und Sein des Menschen untrennbar miteinander verbunden waren: insbesondere die grundbesitzliche Habe oder Nichthabe bestimmte den eigenen sozialen Status wie auch die eigene persönliche Identität. Weder war die Habe gefährdet, noch war der Zustand der Nichthabe durch Habehoffnungen verunsichert. Die Habe bestimmte das Sein und diese das Bewußtsein. Die Umwälzungen des 18. und 19. Jhs., von denen wir ja schon mehrfach gesprochen haben, zerstörten nun diese selbstgewisse stabile Einheit von Haben und Sein durch Liberalisierung des Eigentumsrechts und durch die vollständige Monetarisierung der Wirtschaft. Beide bewirken eine Auftrennung von Haben und Sein dadurch, daß die Habe und die Nichthabe nicht mehr etwas absolut Stabiles sind. Das Geld vermag die jeweilige Habe zu verflüssigen und sich in neuer Habe zu kristallisieren; anstelle konkreter überdauernder Habeobjekte tritt das Medium Geld als Zertifikat abstrakter Zugriffsrechte auf prinzipiell alle möglichen Habeobjekte. Die Eigentumsgegenstände erhalten dadurch eine veränderte Bedeutung; weniger ihr konkreter Inhalt als vielmehr ihr abstrakter Geldwert wird status- und identitätsbestimmend. Ein stationärer Zustand der Seinsgewißheit, der sich an einem konkreten Habeobjekt orientiert, verflüchtigt sich. Das Leben wird unruhiger, zukunftsorientierter; neue Status- und Identitätskriterien

müssen gewonnen werden. Es entwickelt sich ein neuer Gesellschaftscharakter, eine neue Modalpersönlichkeit, in den Industriegesellschaften. Diese ist dadurch gekennzeichnet, daß in viel stärkerem Maße als vorher auf das Haben hin sich orientiert wird. Und dies nicht wegen einer größeren Bedeutung des Habens für das Sein, sondern wegen der Fungibilität von Habe, die jedem suggeriert, mehr besitzen zu können als zu jedem vorangegangenen oder gegenwärtigen Zeitpunkt. ERICH FROMM hat in seiner Arbeit "Haben oder Sein" (1979) diesen Charakter beschrieben. Die Habenorientierung drücke sich in der Hochschätzung von Totem anstelle von Lebendem, von Dingen anstelle von Tätigkeit, von Entäußerung anstelle des Selbst, von Statischem anstelle von Bewegung aus. Diese Habenorientierung führe dazu, daß man sich an Äußerem festhält und vorzieht, durch außerhalb des Selbst liegende Dinge Sicherheit zu gewinnen statt durch eine Zentrumsorientierung auf das eigene Selbst hin: Besitzsicherheit statt Selbstsicherheit. Im sozialen Zusammenleben führe diese Orientierung zu Rivalität, Antagonismus, Habgier, Ruhelosigkeit, Klassenkampf und Krieg. Der Mensch bilde einen Marketingcharakter aus.
Die Entwicklung der Sprache in den Industrieländern macht entsprechende bewußtseinsprägende Wandlungen durch. Wir sagen: "Ich habe eine Idee" statt "Ich denke", "Ich habe ein Problem" statt "Ich bin besorgt", "Ich habe einen Körper" statt "Ich bin ein Körper". Dies ist eine entfremdete nach außen hin gerichtete Sprache. Das "Ich habe" können interessanterweise nach FROMM die meisten Sprachen in der Welt nicht bilden, aber natürlich alle Sprachen in den Industrieländern. Auch in der deutschen Sprache ist diese Form noch relativ neu, sie entsteht mit der Entwicklung des Privateigentums. So kann man in manchen deutschen Dialekten noch feststellen, daß dort statt "ich habe" "es ist mir" gesagt wird. Die moderne Sprache ist eine des Besitzergreifens und des Besitzfesthaltens, sowie eine auf das Außen und nicht auf das Selbst gerichtete. Diese Beispiele ließen sich weiter fortführen: z.B. der Unterschied von "Autorität haben" oder "Autorität sein" usw. Die Habenorientierung prägt nun den Durchschnittscharakter des industriegesellschaftlichen Menschen so stark, daß sie durchweg, also nicht nur im ökonomischen Subsystem, zur Geltung kommt. FROMM bringt das Beispiel des Lernens an der Universi-

tät, das der Leser einmal nachlesen sollte (a.a.O., S.38f).

o **Besitzverhalten**

Der letzte Hinweis auf weitere Fragestellungen betrifft das Gebiet des individuellen Besitzverhaltens in seiner entwicklungspsychologischen Genese und seinem interkulturellen Vergleich. Dazu liegen bisher offenbar noch sehr wenige systematisch gewonnene Forschungsergebnise vor. Zu dem Besitzverhalten gehören: Sammeln, Horten, Verteidigen, Kaufen, Tauschen, Stehlen, Schenken, Verleihen, Vorführen, Zeigen und Verkaufen. Eine breite Pallete an gesellschaftlich wesentlichen Verhaltensarten, über die wir nur sehr wenig wissen. Ich kann hier nur auf die Arbeiten von STANJEK (1980) und FURBY (1978) verweisen. Eine Darstellung würde uns hier zu weit führen.

3. Die regulative Ebene

3.1. Systematische Stellung und Inhalte der regulativen Ebene

Man kann wohl ohne zu sehr zu übertreiben sagen, daß in der Soziologie weitgehend Übereinstimmung darüber besteht, die Ökonomie in der heutigen Gesellschaft der Bundesrepublik Deutschland als ein dominantes System anzusehen, das alle weiteren Lebensbereiche prägt. Unter dieser Voraussetzung kann dann leicht die Wirtschaftssoziologie zur allgemeinen Theorie der Gesellschaft werden. Wir stehen deshalb auch in dieser Einführung vor dem Problem, was eigentlich alles noch angesprochen werden soll und was nicht mehr in diese Einführung gehört. Die Lösung dieses Problems suchten wir in der Formulierung eines systematischen Bezugsrahmens, der in Umrissen vorab (vgl. vorn) skizziert wurde. Unser Blick richtet sich damit nicht auf die Gesamtgesellschaft, sondern auf das ökonomische System. Bezüge zur gesamtgesellschaftlichen Verfassung lassen sich bereits auf der formativen Ebene behandeln, was wir in Andeutungen im letzten Kapitel unternommen haben. Dort zeigte sich, daß eine rein ökonomische Erklärung ökonomischer Sachverhalte nicht weiterführt, sondern daß man weitere gesellschaftliche Voraussetzungen und Bedingungen in Betracht ziehen muß. Bei der

Behandlung des Marktes wurde z.B. klar, daß diese Institution für sich allein gar nicht lebensfähig ist, daß der Markt nicht-marktförmiger Voraussetzungen und Abstützungen bedarf: lebensweltlicher Moral und begrenzenden Rechts, um nur die wesentlichen zu nennen.

Die Formanalyse der kapitalistischen Produktions- und Austauschprozesse machte deutlich, daß innerhalb des ökonomischen Systems Güter und Arbeitskraft jeweils in bestimmte Elementformen gebracht werden, die durch diese Elemente selbst produziert werden. In dieser Hinsicht wurde festgestellt, daß bereits bei MARX das ökonomische System des Kapitalismus als "autopoietisches System" verstanden wird. Allerdings ist es gerade für die MARXsche Theorie wesentlich, daß sie "Erscheinung" und "Wesen" unterscheidet. Eine gesellschaftliche Analyse der Wirtschaft wird genau deshalb erforderlich, weil das ökonomische System den praktizierenden Individuen wie der herrschenden Ideologie als selbstschöpferisches System _erscheint_; tatsächlich aber kommt es darauf an, die außerökonomische Gesellschaftlichkeit zu begreifen, welche die permanente Reproduktion der Produktionsweise im Rahmen der Reproduktion der Gesellschaftsformation insgesamt leistet. MARX ist deshalb gerade nicht ein platter "Ökonomismus" im engeren Sinne vorzuwerfen.

Wenn aber die Ökonomie einer Gesellschaft nicht rein "selbstreferentiell" funktioniert und sie deshalb nicht mit Hilfe ökonomischer Kategorien allein verstehbar ist, muß die Wirtschaftssoziologie zumindest auch jene Sachverhalte untersuchen, die unmittelbar die Funktionsfähigkeit des ökonomischen Systems bedingen. An dieser Frage setzt der "regulationstheoretische Ansatz" wieder an (vgl. die knappe Übersichtsdarstellung bei LIPIETZ 1985). Wir machen uns hier einige Grundüberlegungen dieses Ansatzes als Anregung zunutze. Danach ist das ökonomische System eingelagert in eine korrespondierende Apparatur sozialer Institutionen, Normen, Werte und Einstellungen mit reproduktiven, stabilisierenden, legitimierenden, Konflikte managenden und moralische Ressourcen bereitstellenden Funktionen. Die Gesamtheit solcher auf die Ökonomie bezogener gesellschaftlicher Muster kann man in ihrer jeweiligen konkreten Ausprägung ("Struktur") "Regulationsweise" nennen. Auf nur wenige Kategorien verdichtet, sind die zentralen Elemente der Regulationsweise:

- das politische System

- das Bildungssystem

- das kulturelle System sozialer Werte, Normen, Deutungsmuster und
  Ideologien.

Das politische System reguliert (1) in seiner staatlichen Ausprägung
über das Recht sowie über materiell-ökonomische Eigentätigkeit des
Staates, (2) in seiner nicht-staatlichen Ausprägung über das System
der Verbände und (3) in Kombination von (1) und (2) in "korporatisti-
scher" Form.

Das Bildungssystem leistet eine qualifikatorische und kulturelle Reproduktion und sorgt somit für die "genetische" Tradierung und Innovation.

Das kulturelle System leistet die bewußtseinsmäßige Ermöglichung,
Abstützung und Weiterentwicklung des ökonomischen Systems.

Natürlich erschöpfen sich die gesamten Funktionen dieser Systeme nicht
in diesen äußerst einfachen Bestimmungen. Es soll damit nur die Argu-
mentationsrichtung in Bezug auf das ökonomische System angegeben werden. Zudem wäre ausführlich das wechselseitige Bedingungsverhältnis
zwischen diesen Systemen und dem ökonomischen System zu diskutieren.
Keinesfalls - soviel läßt sich ohne größere Diskussion sagen - handelt
es sich dabei um einfache Kausalbeziehungen: weder sind Politik,
Bildung und Kultur schlichte Kausalreflexe der Wirtschaft, noch verursachen diese bestimmte Ausprägung der Ökonomie in rein mechanistischer
Weise. Vielmehr hat man sich hier eher wechselseitige "Einschwingungs-
prozesse" relativ eigendynamischer Systeme vorzustellen. Die
Strukturen und Prozesse in den jeweiligen Teilsystemen stellen füreinander ermöglichende bzw. verhindernde "Nebenbedingungen" dar (in der
Sprache des Operations Research ausgedrückt; dort auch "Restriktionen"
oder "constraints" genannt). Deshalb käme es darauf an, einerseits
jeweilige Eigenlogiken der Teilsysteme, andererseits die Verknüpfungs-
logiken untereinander einer Analyse zu unterziehen. Dynamiken kann man
vermutlich auf Begriffe bringen, wenn man sich der evolutionstheore-
tischen Termini von "Variation", "Selektion" und "Stabilisierung"
bedient. Danach könnte man sagen, daß eine Koevolution der Teilsysteme
abläuft, wobei in allen drei Dimensionen der Variation, der Selektion
und der Stabilisierung wechselseitige Ermöglichungen und Verhinderun-

gen stattfinden. Eine solche theoretische Konzeption setzt allerdings zunächst einmal voraus, daß man Teilsysteme überhaupt als relativ geschlossene identifizieren kann. Eine zweite fundamentale Annahme einer solchen Konzeption besteht in der Vorstellung, daß innerhalb einer Gesellschaftsformation insgesamt die Teilsysteme zumindest ein minimales Ausmaß an Übereinstimmung, Verträglichkeit, Form- und Inhaltsentsprechung aufweisen müssen.

Wir können hier weder solche Überlegungen weiterführen, noch können wir die drei angegebenen Bereiche an dieser Stelle in einer auch nur einigermaßen zufriedenstellenden Weise darstellen. Alle drei Felder sind Gegenstände spezieller soziologischer Disziplinen; nämlich der Politischen Soziologie, der Bildungssoziologie sowie der Kultur- und Wissenssoziologie. Der interessierte Leser wird sich deshalb an die jeweilige Spezialliteratur wenden müssen. Es folgen aus diesem Grunde nur noch einige knappe Hinweise auf Fragestellungen im Politikbereich sowie ein wenig ausführlichere Stichworte zu dem Thema "Werte und Deutungsmuster" und zwar unter der Perspektive der sog. "Wirtschaftsgesinnung".

3.2. Regulative Funktionen des politischen Systems

Wenn ich hier von dem "Politischen System" spreche, impliziere ich damit zunächst einmal zweierlei: erstens gehe ich davon aus, daß sich in unserer Gesellschaft der Politikbereich als ein Sondersystem ausdifferenziert hat. Dies ist eine alte Interpretationsweise, die mindestens seit der HEGELschen Rechtsphilosophie Eingang in die Politische Wissenschaft gefunden hat. Insbesondere hat bereits MARX die Abtrennung des "Staates" von der "bürgerlichen Gesellschaft" als eine theoretische Figur aufgenommen und in Formkorrespondenz zur systemhaften Verselbständigung der Ökonomie im bürgerlichen Kapitalismus gesetzt (vgl. dazu einführend BADER et al. 1980, S.321ff). Zweitens impliziere ich mit der Wahl des Terminus "politisches System" anstelle von "Staat" einen weiteren Begriffsumfang, der nicht nur die verfaßte Staatstätigkeit beinhalten soll, sondern auch den Bereich der sog.

"intermediären Institutionen" (Verbände und Organisationen), die politisch-regulative Funktionen übernehmen. Zum politischen System gehören damit also in Bezug auf die Wirtschaft z.B. die Gewerkschaften, die Arbeitgebervereinigungen und die ökonomischen Interessenverbände sonstiger Art. Sie erfüllen insofern politische Funktionen als sie handlungsleitende und bindende Entscheidungen bzw. Entscheidungsvoraussetzungen selbst treffen und in Rechtsförmlichkeit umsetzen können bzw. in erheblicher Weise auf die staatliche Politik Einfluß zu nehmen in der Lage sind (für den gesamten hier angesprochenen Bereich einige einführende Literaturhinweise, mit denen der interessierte Leser in der Literatur weiterkommen kann: BADER et al. 1980; RONGE/WEIHE 1976; RONGE 1980; OFFE 1972; BRAUNMÜHL et al. 1973; WINKLER 1974; ALEMANN/ HEINZE 1979; HEINZE 1981; GESSNER/WINTER 1982).

Eine systematische Erörterung der Zusammenhänge zwischen dem politischen und ökonomischen System ließe sich gemäß den folgenden Punkten gliedern:

(1) nach der Ebene des politischen Systems

(1.1.) formanalytische Ebene

(1.2.) inhaltsanalytische Ebene

(2) nach den Elementen des politischen Systems

(2.1.) staatliche Politik

(2.2.) nicht-staatliche Verbändepolitik

(2.3.) gemeinsame Politik von Staat und Verbänden.

Zu (1): Jede Systemanalyse kann nach gesellschaftlichen Formen sowie nach den in und mit ihnen prozessierten Inhalten fragen. Auf der Formebene wäre zu diskutieren, inwieweit das politische System Korrespondenzen aufweist zum ökonomischen System, um überhaupt mit diesem kommunikationsfähig zu sein. Unter diesem Aspekt läßt sich die abstrakte Rechtsförmigkeit des modernen Staates analysieren, die auch in der Ausprägung der pluralistischen Massendemokratie und ihren Integrationsformen ihren Niederschlag findet. Die Privatheit der Individuen und ihre abstrakt-rechtsförmige Vermittlung innerhalb einer staatlich regulierten Gesellschaft ist offenbar das Pendant zur ökonomischen Produktionsweise des Kapitalismus. _Eine_ wesentliche Klammer zwischen beiden Teilsystemen bildet dabei das Rechtsinstitut der Vertragsfrei-

heit. Im ökonomischen Verkehr treten sich die privaten Individuen in rechtsförmig vordefinierten Rollen als Käufer, Verkäufer usw. gegenüber; d.h. sie interagieren soz. nur in Form jurstisch-fiktionaler Gestalten. Diese Abstraktheit muß durch das staatlich gesicherte Rechtssystem abgestützt werden. Im nicht-staatlichen Bereich ist die - vorn bereits diskutierte - Interessenform zu nennen, also ebenfalls ein relativ abstraktes Medium. Auf der Inhaltsebene hätte sich die Erörterung hinsichtlich des Staates zu richten auf die materielle Wirtschafts- und Rechtspolitik, wobei zu beachten ist, daß der moderne Staat ja keinesfalls nur Rahmenbedingungen setzt, sondern selbst ökonomisch-real aktiv ist; dies nicht nur als Konsument und Investor, sondern auch durch die umfangreichen Einnahmen- und Ausgabentätigkeit, also durch die Tätigkeit der Redistribution von Mehrwert. Die Richtungen solcher Politik wären daraufhin zu diskutieren, inwieweit sie durch das ökonomische System vorgeprägte Machtpositionen sichern oder gerade durch Gegenpolitik jene zu kompensieren bzw. abzufedern versuchen. Im Hinblick auf die nicht-staatlichen Verbände ergibt sich das ganze Feld der Tarifpolitik sowie der Einflußnahme auf die ökonomisch relevante Gesetzgebung und Exekutivpolitik.
Zu (2): Die Funktionen des Staates in der kapitalistischen Gesellschaftsformation sind in der Literatur ausführlich und kontrovers diskutiert worden (vgl. die o. a. Literatur). Dabei hat sich zumindest soweit ein Konsens herausgestellt, als die liberalistische Metapher vom "Nachtwächterstaat" nicht mehr für angemessen gehalten wird. Die neue Qualität des modernen Staates versucht man vielmehr mit dem Ausdruck des "organisierten Kapitalismus" zu treffen (vgl. z.B. WINKLER 1974). Diese Kategorie soll anzeigen, daß der Staat selbst in die ökonomische Interessenformierung und -durchsetzung eingreift bzw. daß vermittelst des Staates durch organisierte Interessen in die ökonomischen Bedingungen und Prozesse eingegriffen wird. Diese Regulationsart erfolgt organisationsförmig, d.h. über die Oligarchisierungsprozesse in Verbänden. Da die staatliche Administration und die politischen Großverbände qua Organisiertheit "die gleiche Sprache sprechen", wird diese Form politischer Kommunikation besonders begünstigt. RONGE unterscheidet bezüglich der heutigen Diskussion vier verschiedene Ansätze der politischen Soziologie, welche alle auf unterschied-

liche Weise das Regulationsverhältnis fassen (RONGE 1980, S.11ff):

- Staatsinterventionismus

- Staatsmonopolkapitalismus

- Korporativismus

- Quasi-politische "Selbstverwaltung" des Kapitals.

Da ich selbst zu diesem Bereich keine eigenen Forschungen unternommen habe, sei es gestattet, die knappe Charakterisierung von RONGE zu zitieren:

- "Mit der Hypothese zunehmenden Staatsinterventionismus wird behauptet, daß sich die staatliche Regulierung - oder die politische Planung, Entscheidung und Verwaltung - in der Gesellschaft auf Kosten privat-ökonomischer (sog. Selbst-)Regulierung - d.h. von Unternehmensstrategien unter Marktgesetzlichkeit - tendenziell ausdehnt.
- Gemäß der Hypothese des Staatsmonopolkapitalismus findet nicht eine Verdrängung einer, der ökonomischen, Regulierungsform durch eine andere, die staatlich-politische, statt, sondern werden sich beide Regulierungsformen zunehmend ähnlich, konvergieren und verfließen schließlich zu einer einzigen. Die zunächst marxistische Vorstellung einer 'Verschmelzung von Staat und Monopolen' unterscheidet sich zwar in ihren konzeptionellen Voraussetzungen, nicht aber im Ergebnis von etwa GALBRAITH's Annahme der Verschmelzung von Staat und (Monopol-)Industrie zur 'Technostruktur' (vgl. GALBRAITH 1970) oder von der (empirisch gemeinten) demokratie-theoretischen Annahme gesellschaftlicher 'Fundamentalpolitisierung' (KROCKOW). ...
- Das staatsmonopolitische Bild der Gesellschaft ergibt sich schließlich auch in der heute zunehmend vertretenden (vgl. ALEMANN/HEINZE 1979) Hypothese des Korporativismus, ist hier aber mit entweder pluralistischen oder klassentheoretischen Elementen versetzt: an die Stelle der eher funktional-strukturell bestimmten ökonomischen Regulierungsweise (Markt, Kapital, Wertgesetz) treten hier die zentralen 'handelnden' ökonomischen 'Gruppen' (bzw. Klassen), Gewerkschaften und Unternehmerverbände. Es folgt dadurch die Konzeption einer Herrschafts-Trias von Staat, Gewerkschaften und Unternehmerverbänden ...
- Wir behaupten die Möglichkeit und zukünftig vielleicht zunehmend erfolgende Ausprägung von staats-äquifunktionaler, quasi-politischer 'Selbstverwaltung' der Ökonomie (bzw. des Kapitals), wodurch
- zunehmender Staatsinterventionismus überflüssig, eventuell verhindert, sowie
- die Staat-Wirtschaft-Differenzierung nicht nur nicht aufgehoben, sondern im Gegenteil beibehalten, wenn nicht gar verstärkt wird. Dieser Konzeption ist die materialistische Annahme vorausgesetzt, daß die - auch in Zukunft zu erwartenden, Lösungen oder Regulierungen provozierenden - ökonomischen Probleme und Krisen noch immer die wichtigsten in der Gesellschaft sind ..." (a.a.O., S.13f).

Der Leser sei für weitere Ausführungen auf diese und andere Literatur verwiesen.

Aus Gründen der Vermeidung unnötiger Verdoppelungen einführender Überblicksliteratur verweise ich für das Gebiet der Verbändepolitik sowie der sog. "Industrial Relations", die unmittelbar diesem Bereich angehören, auf gut zugängliche und informative Werke. Das ganze Feld ist überdies zu wichtig, als daß man hier suggerieren sollte, auf ein paar Seiten substanziell Einführendes dazu sagen zu können. Als Lektüre empfehle ich MÜLLER-JENTSCH (1985), VON ALEMANN (1986) und HARTMANN (1985).

3.3. Die regulative Funktion der "Wirtschaftsgesinnung"

3.3.1. Vorbemerkungen

Ein soziales System ist keine Maschine. So abstrahiert, verselbständigt und verdinglicht, so technisch und mechanistisch die Produktionsweise und die ökonomisch-gesellschaftliche "Synthesis" auch erscheinen mag, sie vollzieht sich stets über das Handeln der Subjekte, wenn auch über deren Köpfe insofern hinweg, als sie subjektiv-intentional nicht einholbar ist. Jede Produktionsweise ist eine Praxisform, jedes soziale System wird durch Handeln strukturiert, welches selbst durch das System strukturiert ist. Jedes System ist deshalb darauf angewiesen, daß die Individuen "mitmachen", daß sie das System "fahren", daß sie das vorgesehene Spiel spielen. Man muß deshalb nach den qualifikatorischen, kollektiv erforderlichen Voraussetzungen fragen, die eine adäquate - das Spiel und dessen Regeln - reproduzierende Teilnahme überhaupt erst ermöglichen. Zu jedem System gehört aus diesem Grunde eine adaptierte Ideologie, ein Basissystem von Moralen, Einstellungen, Deutungsmustern und Orientierungen. Für die entwickelte kapitalistische Produktionsweise der Gegenwart stellt sich deshalb die Frage, wie die "kollektive Psyche" beschaffen sein muß, um der spezifischen Verfaßtheit des ökonomischen Systems zu entsprechen. Eine solche Entsprechung ist außer-ökonomische regulative Notwendigkeit für die Existenz und Performanz des Systems. Auch hier wäre wieder der Formaspekt hervorzuheben. Unter diesem erfordert das ökonomische System relativ

abstrakte, möglichst rein formale individuelle Motivationsstrukturen.
Das Wertprinzip, das sowohl gleichgültig gegenüber konkreten Produkten
macht, als auch die hohe Mobilität, die von den Arbeitskräften ver-
langt wird, wären nicht realisierbar, wenn das Individuum seine Hand-
lungsmotivation aus der konkreten Arbeit heraus zu beziehen hätte.
Vielmehr muß das Individuum an den abstrakten ökonomischen Verwer-
tungsmöglichkeiten seiner Arbeitskraft interessiert sein. Eine "in-
trinsische" Bindung an bestimmte Arbeitsweisen, Produkte oder Betriebe
wären einer freien Disponibilität hinderlich (vgl. zu dieser Frage
auch TÜRK 1984). Es muß sich eine rein formal konstruierte Einstel-
lungs- und Motivlage herausbilden. Diese findet man nun auch tatsächlich, und zwar in dem gesellschaftlichen Leistungsprinzip und in
dessen individuellem Pendant: des Leistungs- oder Erfolgsmotivs. Für
beide ist es typisch, daß sie soz. für "alle Inhalte offen" sind. Die
Leistung als solche, der Erfolg an sich sollen motivieren und Kriterien für Wertverteilungen sein. Leistungsprinzip und Leistungsmotiv
sollen unabhängig von jeweiligen Inhalten wirksam werden; nur so läßt
sich der rasche Wandel konkreter Inhalte und die hohe erforderliche
Flexibilität des gesellschaftlichen Arbeitsvermögens sichern. Abstrakte Erfolgskriterien setzen sich deshalb durch: Position, Titel, Geld-
einkommen, aber nicht die besondere Gebrauchsqualität der Arbeitsprodukte.
Ein weiterer Aspekt der Form liegt in dem Prinzip der formalen Rationalität. Auch dieses Prinzip abstrahiert von konkreten Inhalten, formal rational kann man bezüglich beliebiger Probleme sein.
Wir wollen im folgenden unter der etwas antiquierten Vokabel der
"Wirtschaftsgesinnung" einige klassische Formulierungen und Hypothesen
zu diesem Themenbereich nachgehen.

3.3.2. Wirtschaftsgesinnung als Element des "Sozialcharakters"

Wenn man das Thema "Wirtschaftsgesinnung" angemessen diskutieren will,
muß man es in dem allgemeineren soziologisch-theoretischen Kontext der
Problematik des Zusammenhanges von "Sein" und "Bewußtsein" oder anders

ausgedrückt: von "Wissensstrukturen" und "materiellen Lebensbedingungen" behandeln oder noch einmal anders formuliert: es geht um einen spezielleren Anwendungsfall der allgemeineren Problematik der Beziehungen zwischen sog. "Idealfaktoren" und sog. "Realfaktoren". Diese allgemeinere Gesamtthematik wird in der sog. Wissenssoziologie untersucht, in der es darum geht zu analysieren, wie individuelle und kollektive Bewußtseinsinhalte und Bewußtseinsstrukturen, Einstellungen und Charakterzüge, Mentalitäten, Sprach- und Denkmuster, Werte und Ideologien mit anderen sozialen Sachverhalten wie z.B. den realen Lebenverhältnisen, dem Stand der Produktivkräfte oder der Form der Produktionsverhältnisse zusammenhängen. Sind diese ideellen Faktoren durch die sog. realen Faktoren determiniert oder bestimmen die geistigen und gefühlsmäßigen Gehalte die anderen Bereiche der gesellschaftlichen Lebenswirklichkeit? Wie hat man sich solche Zusammenhänge vorzustellen?

In der Theoriegeschichte der Wissenssoziologie hat jede der vier logisch möglichen Beziehungen zwischen Idealfaktoren und Realfaktoren ihre Vertreter gefunden (vgl. z.B. STARK 1960).

- Da ist erstens die **"idealistische"** Position, die die Vorrangigkeit der Ideen, des Bewußtseins z.B. in Form der Religion, der Weltanschauungen oder der menschlichen Ziele und Absichten behauptet und die materiellen Lebensbedingungen dann als von menschlichen Entwürfen bestimmte interpretiert.
- Dem steht die **"materialistische"** Position gegenüber , die von dem Primat der realen Lebensbedingungen, wie z.B. den natürlichen oder klimatischen oder auch von dem Primat der gesellschaftlichen Produktionsweise ausgeht, also etwa von dem Stand der Produktivkräfte und der Produktionsverhältnisse, welche dann die Basis bilden für den ideologischen Überbau: das "Sein bestimmt das Bewußtsein" lautet hier die MARXsche Kurzformel, die allerdings die von MARX eigentlich behauptete dialektische Beziehung eher verdeckt als kenntlich macht.
- Drittens kennen wir in der Wissenssoziologie die Ansicht, daß geistige Produkte und materielle Lebensverhältnisse sich relativ unabhängig voneinander entwickeln können, dann aber zu bestimmten Zeiten besonders gut zueinander passen können, soz. in ihren wesentlichen Sinnstrukturen zusammenfallen, "koinzidieren", und sich somit wech-

selseitig verstärken können. Diese Theoriegruppe wird auch als "Wahlverwandtschaftstheorie" bezeichnet. Ein Beispiel ist - obwohl das bis heute nicht unumstritten ist - die Theorie über den Zusammenhang von "Protestantismus und Geist des Kapitalismus" von MAX WEBER.

- Die vierte Möglichkeit läßt die Kausalitätsfrage bezüglich des Zusammenhanges von Sein und Bewußtsein offen und behauptet ein jeweils historisch-gesellschaftlich notwendiges Entsprechungsverhältnis zwischen realer gesellschaftlicher Verfaßtheit und kollektivem Bewußtsein; beide werden als aufeinander angewiesene Subsysteme angesehen, die sich gegenseitig bedingen: das eine ist ohne das andere nicht möglich; damit können sie eben nicht in einer kausalen Wirkungsbeziehung zueinander stehen, sie befinden sich vielmehr in einer funktionalen Beziehung. Diese vierte Konzeption kann man deshalb als "funktionalistische" bezeichnen.

Eine angemessene Diskussion dieser Theorietypen kann ich hier natürlich nicht leisten. Es war mir aber wichtig, auf diesen weiteren theoretischen Kontext hinzuweisen.

Unsere Thematik fällt noch in einen weiteren, ebenfalls komplexen Theoriebereich, der mit dem wissenssoziologischen allerdings eng zusammenhängt.

Unter "Wirtschaftsgesinnung" versteht man offenbar so etwas wie eine relativ überdauernde kollektive Grunddisposition im Hinblick auf ökonomische Situationen, die aus Einstellungen, Werten und Gewohnheiten bestehen mag. Somit reicht unser Thema auch in die generellere Fragestellung hinein, ob es so etwas wie eine gemeinsame kollektive Persönlichkeitstruktur gibt, wodurch sie bestimmt wird und welche Verhaltensweisen aus ihr folgen. Diese Problematik wird in der Soziologie schon seit langem unter solchen Kategorien wie "Sozialcharakter", "Gesellschaftscharakter", "Modalpersönlichkeit", "Basispersönlichkeit" oder auch "Nationalcharakter" untersucht. Prominente Vertreter dieses Ansatzes sind z.B. DAVID RIESMAN und ERICH FROMM.

RIESMANN (1958, S.20ff) versteht unter "sozialem Charakter" den Teil des "Charakters, wie er bestimmten Gruppen gemeinsam ist und der...

das Produkt der Erfahrungen dieser Gruppen darstellt".
Und weiter:

"So findet sich die Verbindung zwischen Charakter und Gesellschaft in
der Art und Weise, wie die Gesellschaft einen gewissen Grad von Verhaltenskonformität der ihr zugehörigen Individuen garantiert. Gewiß
ist sie nicht die einzige Verbindung, sicherlich aber eine der wesentlichen und jene, die hier hervorgehoben werden soll. In jeder Gesellschaft wird eine derartige Form der Sicherung konformen Verhaltens in
das Kind eingepflanzt, die später dann durch die Erfahrungen als
Erwachsener entweder gefördert oder unwirksam wird (...). Die Termini
'Art der Verhaltenskonfomität' und 'sozialer Charakter' werden von mir
wechselweise gebraucht, obwohl die Verhaltenskonformität sicherlich
nicht die Gesamtheit des sozialen Charakters ausmacht" (ebenda).

RIESMANs Konzeption des sozialen Charakters fußt zu einem großen Teil
auf den Arbeiten des Pschoanalytikers ERICH FROMM, deshalb will ich
auch ihn zu Worte kommen lassen:

"Ausgangspunkt dieser Reflexionen ist die Feststellung, daß die Charakterstruktur des durchschnittlichen Individuums und die sozio-ökonomische Struktur der Gesellschaft, der dieses angehört, miteinander in
Wechselbeziehung stehen. Das Ergebnis der Interaktion zwischen individueller psychischer Struktur und sozio-ökonomischer Struktur bezeichne
ich als Gesellschafts-Charakter. Die sozio-ökonomische Struktur einer
Gesellschaft formt den Gesellschafts-Charakter ihrer Mitglieder dergestalt, daß sie tun wollen, was sie tun sollen. Gleichzeitig beeinflußt
der Gesellschafts-Charakter die sozio-ökonomische Struktur der Gesellschaft: In der Regel wirkt er als Zement, der der Gesellschaftsordnung
zusätzliche Stabilität verleiht; unter besonderen Umständen liefert er
den Sprengstoff zu ihrem Umbruch. Das Verhältnis zwischen Gesellschafts-Charakter und Gesellschaftsstruktur ist niemals statisch, da
beide Elemente nie endende Prozesse darstellen. Eine Veränderung eines
der beiden Faktoren hat eine Veränderung beider zur Folge" (FROMM
1979, vgl. auch FROMM 1982).

FROMM untersucht nun im weiteren die Entstehungsbedingungen des spezifischen Gesellschaftscharakters in der kapitalistischen Gesellschaftsformation. Wegen ihrer nicht ganz klaren diesbezüglichen Aussagen sind
RIESMAN und FROMM nicht eindeutig einem bestimmten wissenssoziologischen Theorietyp zuordenbar; sie sind aber wohl am ehesten dem
funktionalistischen Ansatz zuzurechnen. In der heutigen soziologischen
Forschung hat der Sozialcharakter-Ansatz an Bedeutung verloren; an
seine Stelle ist eine stärker auf Differenzierung bedachte Fragestellung getreten: inwieweit nämlich spezifische Schicht- und Arbeitsbe-

dingungen das Bewußtsein prägen. Ich halte für die Thematik der Wirtschaftsgesinnung, wenn diese Thematik überhaupt einen Sinn haben soll, die Kategorie des Sozialcharakters aber für erforderlich. Dabei ist allerdings keineswegs ausgeschlossen - auch nicht bei RIESMAN und FROMM -, daß es zur gleichen Zeit in einer Gesellschaft verschiedene Gesellschaftscharaktere geben kann, die sich lagespezifisch unterscheiden.

Der heute etwas altertümliche Begriff der Wirtschaftsgesinnung ist wohl am umfassendsten von SOMBART expliziert und verwendet worden (SOMBART 1916; 1913). Er benutzt statt des Begriffs "kapitalistische Wirtschaftsgesinnung" auch den Ausdruck "kapitalistischer Geist", wie dies z.B. auch MAX WEBER tut. SOMBART erläutert seinen Begriff wie folgt:

"(Ich gebrauche die Wortverbindung Geist des Wirtschaftslebens) vielmehr in dem schlichten Verstand, wonach sie soviel bedeutet, wie alles Seelische, in diesem Sinne also alles Geistige, das im Bereiche des Wirtschaftslebens zutage tritt. ... Denn auch die wirtschaftliche Tätigkeit kommt natürlich nur zustande, wenn menschlicher Geist sich der Körperwelt mitteilt und auf sie wirkt. Alle Produktionen, aller Transport ist Bearbeitung der Natur, und in aller Arbeit steckt selbstverständlich Seele. ... Ich fasse den Begriff also in einem denkbar weiten Sinne und beschränke ihn nicht etwa, wie es häufig geschieht, auf den Bereich, den man durch die Wirtschaftsethik umschreiben kann, d.h. auf das sittlich normative im Umkreis des Wirtschaftlichen. Dieses bildet vielmehr nur einen Teil dessen, was ich als Geist im Wirtschaftsleben bezeichne" (SOMBART 1913, S.1f).

In neuerer Zeit hat sich TENBRUCK zur "Rolle der Wirtschaftsgesinnung in der Entwicklung" (1968) geäußert. Er umschreibt den Begriff der "Wirtschaftsgesinnung" folgendermaßen:

"Unter Wirtschaftsgesinnungen seien charakteristische Einstellungen zu den als Wirtschaften bezeichneten Akten und ihren Erträgen verstanden. Sie können die Art und Weise betreffen, in der man einsetzbare Mittel und Ertrag gegeneinander abzuwägen pflegt, sie können aber auch den Umfang und die Bedeutung der durch das Wirtschaften zu befriedigenden Bedürfnisse im Vergleich zu den nicht durch Wirtschaften zu befriedigenden Bedürfnissen betreffen, d.h. dem Wirtschaften kann eine größere oder geringere Bedeutung im System der Bedürfnisse eingeräumt sein. Schließlich kann das Wirtschaften auch unabhängig von seinem Ertrag Wertcharakter besitzen. Arbeit kann als für sich gut, Erwerb als für sich gesollt, Wirtschaftlichkeit als in sich richtig angesehen werden

oder nicht. Ablesbar werden solche Einstellungen an der Zeiteintei-
lung, an der Arbeitsökonomie, an der Lebensdisziplin, am Erwerbstrieb,
an der Vorüberlegung und ähnlichen Eigenschaften" (TENBRUCK 1968,
S.569f).

Damit dürfte der Inhalt des Begriffs deutlich sein.

Für das Verständnis unserer heutigen Gesellschaftsformation ist nun

die historische Perspektive von wesentlicher Bedeutung. Im folgenden

gebe ich einen kurzen Überblick über wesentliche Forschungsarbeiten;

dieser kann allerdings kaum mehr als kommentierte Literaturhinweise

bieten.

3.3.3. Hauptthesen zur Entwicklung der Wirtschaftsgesinnung vom Mittelalter bis zur heutigen Zeit

Wenn man eigentlich auch genauer von der Geschichte der Wirtschaftsgesinnungen sprechen müßte, gibt es in der Literatur doch einige zentrale Thesen, die sich auf die Entwicklung der dominanten Basismenta-
lität der westlichen Gesellschaftsmitglieder beziehen. Solche Thesen
beziehen sich nicht nur spezifisch auf die Wirtschaftsgesinnung, sondern z.T. auch auf die gesamte Charakterstruktur des modernen Menschen.
Als zentral in der sozialwissenschaftlichen Diskussion sind die folgenden Thesen anzusehen:

(1) von der traditionalen zur rationalen Lebensführung: MAX WEBER und
    WERNER SOMBART

(2) vom äußeren Fremdzwang zum inneren Selbstzwang: NORBERT ELIAS

(3) vom Traditionsgelenkten über den Innengelenkten zum Außengelenk-
    ten: DAVID RIESMAN

(4) die Entwicklung des "Marketing-Charakters": ERICH FROMM.

3.3.3.1. Von der traditionalen zur rationalen Lebensführung (M. WEBER und W. SOMBART)

MAX WEBER interessiert sich dafür, wie die religiöse Praxis als "Bild-
nerin des 'Volkscharakter'" - wie er sich wörtlich ausdrückt (WEBER

1964b, S.357) - fungiert. An anderer Stelle präzisiert WEBER seine
Thematik wie folgt:

"Denn nicht die Förderung des Kapitalismus in seiner Expansion war
das, was mich zentral interessierte, sondern die Entwicklung des
Menschentums, welches durch das Zusammentreffen religiös und ökonomisch bedingter Komponenten geschaffen wurde" (WEBER 1968, S.303).

Seine These ist dabei eine "Wahlverwandtschaftsthese": Die ökonomische
Struktur des Kapitalismus und die geistige Struktur des asketischen
Protestantismus, insbesondere des englischen Puritanismus, der aus dem
Calvinismus entstand, bilden eine historische Koinzidenz, sind gleichsam "kongenial" und vermögen sich somit wechselseitig zu verstärken.
Der religiöse Gehalt dieser Grundmentalität verflüchtigt sich im Laufe
der Zeit, so daß der rationalistische Kern sich nur noch auf das
Diesseits bezieht. Damit wird dem kapitalistischen Geist gleichsam die
religiös-ethische Basis entzogen: Er hängt in der Luft. Im 19. Jh.
dann - so könnte man fortfahren - fallen diese moralischen Fesseln
endgültig ab. Es beginnt der mühsahme Aufbau eines rechtlich-staat-
lichen Ersatzes für die religiöse Moral.
Was ist nun der Inhalt dieses puritanisch-kapitalistischen Geistes
nach MAX WEBER? Zentrales Element ist das Prinzip der antitraditiona-
listischen, rational-methodischen Lebensführung mit den Haupttugenden
der Sparsamkeit, Ökonomität, Enthaltsamkeit, der Ordentlichkeit und
des Fleißes. Damit verbunden war die puritanische Berufsidee mit dem
Inhalt, daß jeder einzelne seinen Beruf als Gottesbefehl erkennen und
in ihm zu Gottes Ehren arbeiten sollte. Diese Berufsarbeit ist der
höchste Lebenszweck. Jede Vergeudung von Geld, Sachen und Zeit gilt
als Sünde. Arbeit ist Erziehungsmittel und Gottesdienst. Im Arbeitser-
folg dokumentiert sich, ob man sich in Gottes Gnadenstand befindet
oder nicht. Die puritanischen Gemeinden in England, Schottland und
auch in den USA bauten nun auf ihrer religiösen Grundlage überaus
scharfe Praktiken der gegenseitigen Überwachung auf bis hin zu Spit-
zeldiensten. Die heute noch in Holland übliche Sitte, daß man keine
Gardinen an den Fenstern hat, stammt noch aus der calvinistischen
Zeit: niemand sollte dem anderen etwas zu verbergen haben, jeder
sollte jederzeit von jedem anderen kontrollierbar sein. Die Rationalität und Ökonomität der Lebensführung bildeten also die Geistesver-

wandtschaft mit dem Kapitalismus; sie werden von WEBER aber nicht als seine Ursache angesehen! Diese Geisteshaltung ist asketisch und führt über Erziehungs- und andere Sozialisationspraktiken zu einem hohen Grad an innerer Selbstkontrolle. Ein gewisses Paradox liegt nun darin, daß die Religion den Reichtum verwerflich fand, aber durch diese Lebenspraktiken hohe Kapitalansammlungen entstanden. Ein Paradox, das auch schon bereits im Mittelalter in den Klöstern auftrat und im 17. und 18. Jh. die Verweltlichung dieser Geisteshaltung wohl fördern konnte. Diese Grundhaltungen im Puritanismus sind nun keineswegs eine Erfindung der protestantischen Reformation. Insbesondere SOMBART zeigt in seinen Arbeiten, daß diese asketische und rational-methodisch-ökonomische Mentalität bereits von THOMAS VON AQUIN gefordert wird und daß insbesondere im frühen Handelskapitalismus in Italien, vornehmlich in Florenz, eine patrizische Tugendlehre ausgebildet wird, die eben-falls einen streng methodisch-rationalistischen Kern hat, der eine Ökonomisierung des gesamten Lebens beinhaltet. SOMBART zitiert zum Beleg ausführlich aus den Familienbüchern des Leon Battista ALBERTI, die etwa 1434 erschien sind (ALBERTI gehörte einer reichen Kaufmanns-familie an, war selbst auch Kaufmann, aber auch Architekt). Die Ent-wicklung des Wirtschaftlichkeitsprinzips in Form des Sparsamkeitsprin-zips wird bei ALBERTI besonders deutlich. Er sagte: "Keine Ausgabe darf größer, als es absolut notwendig ist, und nicht kleiner sein, als es die Wohlanständigkeit vorschreibt" (zitiert nach SOMBART 1913). ALBERTI entwirft ein Schema für die Rangordnung der verschiedenen Ausgaben:

(1) Die Ausgaben für Nahrung und Kleidung: sie sind notwendig;
(2) Andere Ausgaben; von diesen sind:
a) einige auch notwendig; das sind diejenigen, die, wenn sie nicht gemacht werden, dem Ansehen, dem Renommee der Familie schaden; es sind die Ausgaben für Unterhaltung des Hauses, des Landbesitzes und des Geschäftshauses in der Stadt.
b) Andere Ausgaben, die man zwar nicht zu machen braucht, die aber doch nicht eigentlich verwerflich sind: Macht man sie, erfreut man sich, macht man sie nicht, erleidet man keinen Schaden. Dazu gehören Ausgaben für Gespanne, Bücher, für Bemalen der Loggia usw.
c) Endlich gibt es Ausgaben, die durchaus verwerflich, die verrückt sind: Das sind die zum Unterhalt von Menschen, zur Ernährung einer Klientel.

Die notwendigen Ausgaben soll man so schnell wie möglich machen, die

nicht notwendigen soll man so lange wie möglich hinausschieben. Und
zwar darum, weil die Lust zur Ausgabe, wenn man sie hinausschiebt,
möglicherweise vergeht und man die Summe dann spart; vergeht einem die
Lust aber nicht, dann hat man immer noch Zeit zu überlegen, wie man zu
der Sache wohl auf dem billigsten Wege komme.
Bei SOMBART heißt es dann weiter:

"Aber zur vollendeten Ökonomisierung der Wirtschaft (und des Lebens)
gehört nicht nur das Sparen, sondern auch die nützliche Anordnung der
Tätigkeiten und eine zweckvolle Erfüllung der Zeit, gehört das, was
man als Ökonomie der Kräfte bezeichnen mag. Dies predigt nun unser
Meister (ALBERTI) auch mit Eindringlichkeit und Nachhaltigkeit. Die
echte Masserizia (Ökonomie) soll sich auf das Haushalten von drei
Dingen, die unser sind, erstrecken: 1. unsere Seele, 2. unseren Körper, 3. - vor allem! - unsere Zeit...wer keine Zeit zu verlieren weiß,
der kann beinahe jede Sache tun; und wer die Zeit gut anzuwenden
versteht, der wird bald Herr über jedes beliebige Tun sein" (SOMBART
1913, S.142).

Bei ALBERTI kann man dann Anweisungen lesen, wie man die Zeit am
besten einteilen und ausnutzen könne (SOMBART a.a.O., S.143).

Fleiß und Betriebsamkeit sind nun die Quellen des Reichtums: "Gewinne
wachsen an, weil mit der Ausdehnung der Geschäfte auch unser Fleiß und
unsere Arbeit sich vergrößern" (ALBERTI nach SOMBART a.a.O., S.143).

Etwa 300 Jahre später finden wir die gleiche Mentalität wieder. Ein
vorzügliches Beispiel dafür ist BENJAMIN FRANKLIN, der amerikanische
Staatsmann im 18. Jh. Von ihm stammt der Wahlspruch: "Zeit ist Geld".
Die Haupttugenden, die FRANKLIN predigt und die bis heute unsere
Leistungsideologie bestimmen, sind "industry and frugality": Fleiß und
Mäßigkeit. In seiner Autobiographie gibt FRANKLIN uns eine komplette
bürgerliche Tugendliste. Auch FRANKLIN plädiert für Tagespläne, die
nicht nur die Zeit einteilen sollen, sondern auch Listen enthalten,
auf denen man ankreuzen kann, welche Tugenden man an einem bestimmten
Tag verletzt hat. Diese Instrumente sind Mittel zur Erziehung zur
Selbstdisziplin. Die Übersicht 40 bildet dieses Instrument der Bürokratisierung der Selbstkontrolle ab (nach SOMBART a.a.O., S.158).

Mäßigkeit						
Iß nicht bis zum Stumpfsinn, Trink' nicht bis zur Berauschung						
G.	**M.**	**D.**	**M.**	**D.**	**F.**	**G.**
Mäßigkeit.							
Schweigsamkeit . . .	+	+		+		+	
Ordnung	+ +	+	+		+	+	+
Entschlossenheit . . .			+			+	
Sparsamkeit.		+			+		
Fleiß			+				
Wahrhaftigkeit . . .							
Gerechtigkeit							
Mäßigung							
Reinlichkeit							
Gemütsruhe.							
Keuschheit.							
Demut							

Übersicht 40: FRANKLINs Tugendformular

Im Hinblick auf rationale Lebensmethodik haben wir hier gewiß Entsprechungen zum Kapitalismus; man darf aber den puritanischen Calvinismus nicht insgesamt als typisch kapitalistische Gesinnung kennzeichnen; denn ein wesentlicher Zug fehlt dem Calvinismus: Das ist das kapitalistische Gewinn- und Erwerbsstreben. Es ist geradezu typisch für die puritanische Ethik, daß das frühchristliche Armutsideal wieder in den Vordergrund gerückt wurde. Als Quellenbeispiel dafür läßt sich BAXTER anführen, ein streng puritanischer Geistlicher in England im 17. Jh.:

"Geld wird deine Knechtschaft, in der dich die Sünde hält, eher verschärfen als erleichtern".
"Ist ehrbare Armut nicht viel süßer als übertrieben geliebter Reichtum?"
"Bedenke, daß Reichtum es viel schwerer macht, gerettet zu werden".
"Die Liebe zum Geld ist die Wurzel alles Übels".

"Hast du Reichtum ererbt oder fällt er dir in deinem Geschäft zu: Gut, so wirf ihn nicht weg, sondern mache einen guten Gebrauch davon. Aber es ist kein Grund vorhanden, warum wir eine so große Gefahr wie den Reichtum herbeiwünschen und aufsuchen sollten".
Die Liebe zum Geld "zieht das Herz von Gott zu der Kreatur der Welt, sie macht taub gegen das Wort, sie zerstört heilige Betrachtungen, sie stiehlt die Zeit der Vorbereitung auf den Tod, sie erzeugt Streit in der nächsten Umgebung, Kriege zwischen den Nationen, sie erzeugt alle Ungerechtigkeit und Unterdrückung, sie zerstört Mildtätigkeit und gute Werke, sie bringt Familien in Unordnung, sie führt die Menschen in Versuchung zur Sünde, sie entzieht die Seele der Gemeinschaft mit Gott" (SOMBART 1913, S.325).

Insgesamt wird hier die Gewinnsucht verdammt. Weitere ausführliche Belege finden sich bei SOMBART.

Wieder 200 bis 300 Jahre später, zur Zeit der Entwicklung in den USA zum Monopolkapitalismus hin, gerät die bürgerliche Leistungsethik in ihrer Verbindung mit dem Erwerbsstreben zu einer Blüte. Um 1900 herum lassen sich dafür in der amerikanischen Geschäftsliteratur hervorragende Beispiele finden (z.B. bei ANDREW CARNEGIE 1904 oder HENRY FORD 1923).

3.3.3.2. Vom äußeren Fremdzwang zum inneren Selbstzwang (N. ELIAS)

Die Selbstdisziplinierung des einzelnen Menschen als Prozeß der Zivilisation ist ein Hauptthema der umfangreichen Arbeiten von NORBERT ELIAS (1976). Er erklärt dieses Phänomen anders als WEBER und SOMBART aus den sozialen, politischen und ökonomischen Wandlungen heraus, die für ihn insbesondere unter zwei Aspekten von Bedeutung sind: Einmal ist es die Entstehung einer staatlichen Zentralgewalt, des modernen staatlichen Gewaltmonopols, das äußerlich befriedete Räume schafft und deshalb auch eine innere Befriedung des Individuums erforderlich macht. Zudem ist es die Entstehung immer länger werdender Handlungsketten, die eine immer besser ausgeprägte Selbstkontrollapparatur des Individuums funktional erzwingen. Gesellschaften ohne Gewaltmonopol sind nach ELIAS immer zugleich auch Gesellschaften, in denen die Arbeitsteilung relativ gering und die Handlungsketten deshalb relativ kurz sind. Umgekehrt gilt dann, daß Gesellschaften mit stabileren

Gewaltmonopolen ein höheres Maß an Funktionsteilungen ausbilden können und sich somit auch die Handlungsketten verlängern können und damit die funktionellen Abhängigkeiten zwischen den Menschen größer werden. Je dichter das Geflecht an Interdependenzen wird, in das der einzelne eingebunden ist, je größer die Räume sind, über die sich dieses Geflecht erstreckt, desto mehr ist derjenige in seiner sozialen Existenz bedroht, der spontan seinen Leidenschaften nachgibt; desto mehr ist derjenige gesellschaftlich im Vorteil, der seine Affekte zu dämpfen vermag, und desto stärker wird jeder einzelne auch von klein auf an dazu gedrängt, die Wirkungen seiner Handlungen oder die Wirkungen der Handlungen von anderen über eine ganze Reihe von Kettengliedern hinweg zu bedenken. Dieser Aufbau einer Selbstkontrollapparatur ist das, was ELIAS als Zivilisationsprozeß bezeichnet.

Die Überlegungen von ELIAS lassen sich von der makrosozialen Ebene auch auf die Meso- und Mirkobereiche übertragen. Auch die gesellschaftlichen Organisationen, die sich im Verlaufe des 19. Jhs. ausbilden, erfordern für ihr Funktionieren einen immer stärkeren Grad an innerer Kontrolle der handelnden Individuen.

Die Untersuchungen von WEBER, insbesondere aber von SOMBART, bezogen sich noch vornehmlich auf den Bürgerstand. Dessen Wirtschaftsgesinnung wurde den eigenen Interessen entsprechend religiös fundiert. Aber wie stand es mit dem aufkommenden Proletariat, den lohnabhängigen Arbeitern? Ihnen fehlte gewiß noch die "rechte Gesinnung"! Insbesondere, weil sie keine Eigeninteressen ins Spiel bringen konnten, waren sie doch weitgehend bloß die Ausgebeuteten. Im 19. Jh. beginnt somit ein Prozeß der Disziplinierung der Arbeiterschaft, der erst in der heutigen Zeit zu einem Ausbau einer angepaßten Selbstkontrollapparatur geführt hat. Erst heute passen sich die Lohnabhängigen wie selbstverständlich in die Arbeitsstruktur der Betriebe ein. Eines der Hauptthemen des letzten Jhs. war die Erziehung des Arbeiters, die Schaffung eines zuverläsigen Menschen nach dem Maß der Industrie. War in der Schicht der unternehmenden Bürger die Selbstdisziplin durchaus eine selbstgewählte und somit eher eine authentische, so entsteht bei den Arbeitern zwar auch eine Selbstdisziplin: allerdings eine fremdgesetzte und durch Existenzbedrohung auferzwungene. Weitere Ausführungen dazu gehörten in die Arbeits- und Betriebssoziologie (Literaturhinweis: TREIBER/STEINERT 1980).

3.3.3.3. Vom Traditionsglenkten über den Innengelenkten zum Außengelenkten (D. RIESMAN)

Während die Arbeiten von SOMBART, WEBER und ELIAS in das 19. Jh. hineinreichen bzw. die Umbruchsphase im 17. und 18. Jh. vornehmlich zum Thema haben, reichen die Thesen von FROMM und RIESMAN bis in die heutige Zeit hinein. RIESMAN (a.a.O.) unterscheidet drei Typen von Sozialcharakteren: den traditionsgelenkten, den innengelenkten und den außengelenkten Typus. Er vermutet nun, daß der jeweils vorherrschende Typus in einer Gesellschaft mit der Bevölkerungsentwicklung in Zusammenhang steht. Vom Mittelalter bis in die Neuzeit unterscheidet er drei verschiedene Phasen der Bevölkerungsentwicklung. Im Mittelalter liegt eine Bevölkerungsstagnation oder nur ein sehr langsames Bevölkerungswachstum vor; mit der beginnenden Neuzeit ist eine "Bevölkerungswelle" zu verzeichnen; in sehr weit fortgeschrittenen Gesellschaften zeichnet sich eine beginnende Bevölkerungsschrumpfung ab. Die Bevölkerungskurve dient RIESMAN allerdings mehr als Symbol für eine große Zahl von einzelnen Entwicklungsprozessen, die unter den Ausdrükken "Industrialisierung", "Monopolkapitalismus", "Verstädterung" oder "Rationalisierung" in der Gesellschaftsgeschichte behandelt werden. RIESMAN meint, daß man seinen drei Typen von Sozialcharakteren auch die Vorherrschaft jeweils eines Sektors in der Volkswirtschaft zuordnen könne. Der Primat des primären Wirtschaftssektors korrespondiere mit dem traditionsgelenkten Typus. Die Dominanz des sekundären Sektors korreliert mit dem innengeleiteten Typus und die führende Bedeutung des Dienstleistungssektors nun korrespondiert mit dem außengelenkten Typus.

Der traditionsgelenkte Typus findet sich in relativ stabilen Gesellschaften, in denen die Verhaltenskonformität des Individuums in hohem Maße durch die verschiedenen Einflußsphären der Alters- und Geschlechtsgruppen, der Sippen, Kasten und Stände gewährleistet wird. Das Verhalten werde, so sagt RIESMAN, weitgehend von der Kultur gesteuert. Die Verhaltensregeln sind nicht so kompliziert, daß sie nicht gelernt werden könnten. Man definiert sich als Teil eines Ganzen einer

Gruppe, eines Stammes, einer gesellschaftlichen Schicht und aufgrund dieser Dazugehörigkeit zu einer sozialen Gruppierung ist die Möglichkeit, eigene Lebensziele zu setzen sehr begrenzt; der Fortschrittsgedanke insgesamt hat eine sehr geringe Bedeutung. RIESMAN meint, daß der Begriff des traditionsgeleiteten Menschen für das europäische Mittelalter zutreffe, aber auch für solche Völker wie die Hindus, die Hopiindianer, die Zulus und andere mehr. Solche Gesellschaften ähneln einander im Hinblick auf das verhältnismäßig langsame Tempo, in dem der soziale Wandel vor sich geht, in ihrer Abhängigkeit von familien- und sippengebundenen Institutionen und verglichen mit späteren Epochen im Hinblick auf ihr dichtes Netz von sozialen Wertsetzungen.

Der innengelenkte Typ ist eine neuzeitliche Erscheinung. RIESMAN faßt damit durchaus das gleiche Phänomen wie ELIAS, ohne daß er auf dessen Theorie Bezug nimmt. Die mit der Renaissance und der Reformation in der abendländischen Geschichte in Erscheinung tretende Gesellschaft dient RIESMAN als Beispiel für eine Gesellschaftsform, in der die Innenlenkung die vorherrschende Art der Konformitätssicherung ist. Ein hohes Maß von sozialer Mobilität, hervorgerufen durch schnelle Ansammlung von Kapital und Umwälzung auf dem Gebiet der Technologie, eine ständige, unaufhörliche Expansion im Bereich von Verbrauchsgütern, Wissenschaft, Politik kennzeichnen diese Gesellschaft. Solche Gesellschaftsformationen benötigen Menschen, die ohne strenge und selbstverständliche Traditionslenkung auskommen, sondern die sich vielmehr selbst steuern. Die Gesellschaft wird offener, unbestimmter in ihren Entwicklungen, der einzelne ist nicht mehr an bestimmte soziale Gruppen gebunden: Ihm muß ein "seelischer Kreiselkompaß" (a.a.O.,S.32) eingepflanzt werden. Das Individuum ist auf sich gestellt und bedarf nun eigener, innerer Urteilskraft.

Der neueste Typ, der nach RIESMAN erst seit jüngster Zeit in einigen sozialen Schichten an Bedeutung gewinnt, ist der außengelenkte. Er sieht diesen Typus personifiziert im Bürokraten, im kaufmännischen Angestellten, insgesamt im sog. "neuen" Mittelstand.

"Das gemeinsame Merkmal der außengeleiteten Menschen besteht darin, daß das Verhalten des einzelnen durch die Zeitgenossen gesteuert wird; entweder von denjenigen, die er persönlich kennt, oder von jenen anderen, mit denen er indirekt durch Freunde oder durch die Massenunterhaltungsmittel bekannt ist. ... Die von dem außengeleiteten Menschen angestrebten Ziele verändern sich jeweils mit der sich veränderten Steuerung durch die von außen empfangen Signale" (a.a.O.,S.38).

Die Verhaltenskonformität des Außengeleiteten besteht darin, daß er permanent für neue, von außen kommende Anforderungen eine hohe Folgebereitschaft aufweist.
RIESMAN widmet sich nun auf den weiteren 300 Seiten seines Buches vornehmlich der Behandlung des außengeleiteten Typus. Der interessierte Leser möge dort selbst nachlesen.

3.3.3.4. Die Entwicklung des "Marketing-Charakters" (E. FROMM)

RIESMAN beruft sich bei der Skizzierung des außengelenkten Mentalitätstypus an einigen Textstellen auf den Psychoanalytiker und Sozialwissenschaftler Erich FROMM, der diesen Typus mit der Bezeichung "Marketing-Charakter" versehen hatte. Wenden wir uns FROMM einmal kurz im Original zu. In seinem Buch "Wege aus einer kranken Gesellschaft" (a.a.O.) bietet er eine Fülle von Stoff zu dieser Thematik. FROMM fragt welche Art von Menschen unsere Gesellschaft brauche. Welche Art von Gesellschafts-Charakter passe zum Kapitalismus des 20. Jhs.?

"Wir brauchen Menschen, die reibungslos in großen Gruppen zusammen arbeiten; die mehr und mehr konsumieren möchten, und deren Geschmack standardisiert und leicht zu beeinflussen und vorauszusagen ist.
Wir brauchen Menschen, die sich frei und unabhängig fühlen und keiner Autorität, keinerlei Prinzipien und keinem Gewissen unterworfen sind und die dennoch bereit sind, sich befehlen zu lassen, das zu tun, was von ihnen erwartet wird, sich reibungslos in den Gesellschaftsapparat einzuordnen. Wie kann der Mensch ohne Gewalt und ohne Führer und ohne Ziel gelenkt werden - zu keinem anderen Zweck als immer in Bewegung zu bleiben, zu funktionieren und voranzukommen...?" (a.a.O.,S.110).

Der gesamte Begründungszusammenhang bei FROMM hat seinen Kern in der MARXschen Theorie der Entfremdung. Die moderne kapitalistische Gesellschaft erfordere und produziere den von sich selbst, von der Natur, von seinen Produktionsprozessen und von seinen Mitmenschen entfremdeten Menschen, der alle Dinge wie auch sich selbst als Ware erlebe und behandle und der dadurch die notwendige Mobilität und Flexibilität mit

sich bringt, weil diese Waren-Gesinnung die dafür erforderliche
Gleichgültigkeit bereitstelle. Insbesondere die gesellschaftlichen
Prozesse der zunehmenden Quantifizierung macht FROMM für den Entfrem-
dungsprozeß verantwortlich. Der Marketingcharakter drücke sich in
einer instrumentellen Orientierung in den verschiedenen Lebenssitua-
tionen aus; vornehmliches Ziel des modernen Menschen sei es, sich
selbst möglichst gewinnbringend zu verkaufen. Die Tätigkeitsinhalte
selbst geraten dabei in den Hintergrund. Wenn man solche Aussagen zu
grundlegenden   Mentalitäten in bestimmten Gesellschaftsformationen
richtig verstehen will, darf man nicht einen empiristischen Fehler
begehen, der darin bestünde, nach den repräsentativen empirischen
Messungen von Persönlichkeitsstrukturen zu fragen. Solche Ausführungen, wie wir sie z.B. bei FROMM finden, sind eher im Sinne sozial-
philosophischer Deutungsversuche der Modernität zu verstehen. Die
empirische Einlösung läßt dann erhebliche Umsetzungs- und Operationa-
lisierungsprobleme entstehen; die umfangreichen arbeitssoziologischen
und arbeitspsychologischen Studien zu dem Problemkomplex von Arbeits-
orientierungen, Arbeitseinstellungen und Arbeitswerten zeigen dies in
großer Deutlichkeit.

3.3.3.5. <u>Verfall der "Arbeitstugenden"?</u>

Die theoretische und empirische Problematik dieses ganzen Bereiches
wird umso deutlicher, je stärker man in die Details geht. Dies zeigt
die momentane Diskussion um den tatsächlichen oder vermeintlichen
"Wertewandel" besonders prägnant. Die einen meinen, die Heraufkunft
neuer "postmaterialistischer" Werte feststellen zu können (z.B. INGLE-
HART 1977), andere glaubten einen "Verfall der traditionellen Ar-
beitsethik" feststellen zu müssen; nochmals andere hal
ten einen Wandel
in den Arbeitseinstellungen für funktional erforderlich (vgl. zu dieser Diskussion z.B. NOELLE-NEUMANN/STRÜMPEL 1985). Kritische Geister
halten diesen drei Gruppen vor, daß deren empirische Erhebungen solche
Interpretationen überhaupt nicht zuließen (z.B. REUBAND 1985 sowie die
Replik von PAWLOWSKY/STRÜMPEL 1986). Wie auch immer sich tatsächlich

Wert- oder Einstellungswandlungen in den letzten 15 Jahren vollzogen haben mögen (vgl. KMIECIAK 1976; KLAGES 19884; HILLMANN 1986) - wir können die inhaltliche Diskussion hier nicht aufnehmen - das lautstarke öffentliche Interesse für diese Thematik ist auffallend: offenbar spürt man insbesondere in konservativen Kreisen, welche Brisanz in einer etwaigen Emanzipation des regulativen Bewußtseins von der Verfaßtheit der Produktionsweise liegen könnte. Das Bürgertum war ja schon immer idealistisch orientiert: auch heute noch gibt es offenbar Befürchtungen, daß das Bewußtsein das Sein verändern könnte. Die Soziologie als Wissenschaft gibt sich da nüchterner: hier wird man eher materialistisch argumentieren und den etwaigen Wandel von Arbeitstugenden als funktionale Antwort auf die Veränderung von Arbeits- und Produktionsbedingungen interpretieren.

Allerdings wäre zu bedenken, ob nicht eine faktische Zunahme der verselbständigten Systemhaftigkeit der Ökonomie zu einem Prozeß der "Entkoppelung von Sein und Bewußtsein" geführt hat, so daß von daher die Chance eines stärker autonomisierten Bewußtseins wächst, andere - "alternative" - Formen der Ökonomie sich nicht nur auszudenken, sondern auch - zumindest in den Nischen, die das System beläßt - real auszuprobieren. Ansätze dazu sind jedenfalls offenbar vorhanden. Darüber ist bislang schon relativ viel geschrieben worden, darüber hier zu schreiben, würde einen zweiten Band erfordern, der insgesamt die hier nur als Stichwort aufgenommene Transformationsdynamik (vgl. vorn) der Gesellschaftsformation zu umfassen hätte.

D Literaturverzeichnis

AGLIETTA,M.: A Theory of Capitalist Regulation. London 1979

ALEMANN,U.v.: Organisierte Interessen. Leverkusen 1986

ALEMANN,U.v./R.G.Heinze (Hrsg.): Verbände und Staat. Opladen 1979

ALTHUSSER,L.: Für Marx. Frankfurt/Main 1968

ALTHUSSER,L./E.BALIBAR: Das Kapital lesen. 2 Bände, Reinbek b.
   Hamburg 1972

ARISTOTELES: Politik. München 1965

ATTESLANDER,P.: Die Grenzen des Wohlstandes. Stuttgart 1981

BABBAGE,C.: On the Economy of Machinery and Manufactures. London 1832

BADER,V.M. et al.: Einführung in die Gesellschaftstheorie. Gesellschaft, Wirtschaft und Staat bei Marx und Weber. 2. Auflage,
   Frankfurt/Main 1980

BALLA,B.: Soziologie der Knappheit. Stuttgart 1978

BALLERSTEDT,E./W.GLATZER: Soziologischer Almanach. 3. Auflage, Frank-
   furt/New York 1979

BAMMÉ,A. et al.: Maschinen - Mensch, Mensch - Maschinen. Reinbek b.
   Hamburg 1983

BASSELER,U./J.HEINRICH/W.A.S.KOCH: Grundlagen und Probleme der Volkswirtschaft. 5. Auflage, Köln 1981

BECK,U. et al.: Soziologie der Arbeit und der Berufe. Reinbek b. Hamburg 1980

BECKERMANN, T.: Das Handwerk in der Bundesrepublik Deutschland. Berlin
   1980

BELL,D.: Die nachindustrielle Gesellschaft. Reinbek b. Hamburg 1979

BERLE,A./G.C.MEANS: The Modern Corporation and Private Property. New
   York 1956

BINSWANGER,H.C. et al.: Wege aus der Wohlstandsfalle. Frankfurt/Main
   1979

BLUMENBERG,H.: Lebenswelt und Technisierung unter den Aspekten der
   Phänomenologie. Turin 1963

BÖPPLE,A.: "Sozialstaat" im Abbruch. Frankfurt/Main 1986

BORRIES,V.v.: Technik als Sozialbeziehung. München 1980

BRANDT,R.: Eigentumstheorien von Grotius bis Kant. Stuttgart/Bad
   Cannstadt 1974

BRAUDEL,F.: Sozialgeschichte des 15.-18. Jahrhunderts. Aufbruch zur
     Weltwirtschaft. München 1986 (Paris 1979)
BRAUNMÜHL,C. et al. (Hrsg.): Probleme einer materialistischen Staats-
     theorie. Frankfurt/Main 1973
BRECHT,B.: Me-ti. Buch der Wendungen. Frankfurt/Main 1965
BUNDESMINISTERIUM FÜR WIRTSCHAFT (Hrsg.): Unternehmensgrößen-Statistik
     1981/82. Bonn 1982
BURGDORFF,S.: Wirtschaft im Untergrund. Reinbek b. Hamburg 1983
BURGHARDT,A.: Eigentumssoziologie. Berlin 1980
BURNHAM,J.: The Managerial Revolution. New York 1941
BUSS,E.: Markt und Gesellschaft. Eine soziologische Untersuchung zum
     Strukturwandel der Wirtschaft. Berlin 1983
BUSS,E.: Lehrbuch der Wirtschaftsoziologie. Berlin/New York 1985
CARELL,E.: Allgemeine Volkswirtschaftslehre. 9. Auflage, Heidelberg
     1961
CARNEGIE,A.: Kaufmanns Herrschgewalt. Berlin 1904
DÄUBLER,W. et al.: Eigentum und Recht. Die Entwicklung des Eigentums-
     begriffs im Kapitalismus. Darmstadt/Neuwied 1976
DIEHL,K./P.MOMBERT (Hrsg.): Ausgewählte Lesestücke zum Studium der
     politischen Ökonomie. 17. Bd.: Das Eigentum. Jena 1924
DREITZEL,H.P.: Die gesellschaftlichen Leiden und das Leiden an der
     Gesellschaft. Stuttgart 1972
DURKHEIM,R.: Die Regeln der soziologischen Methode. 2. Auflage, Neu-
     wied/Berlin 1965
ELIAS,N.: Über den Prozeß der Zivilisation. 2 Bde., Frankfurt/Main
     1976
ENGELBERG,E./W.KÜTTLER (Hrsg.): Formationstheorie und Geschichte.
     Berlin (DDR) 1978
ENGELS,F.: Anti-Dühring. MEW Bd. 20, Berlin (DDR) 1973
EUCKEN,W.: Grundsätze der Wirtschaftspolitik. Reinbek b. Hamburg 1959
FISCHER ÖKO-ALMANACH 1984/85. Frankfurt/Main 1984
FORD,H.: Mein Leben und Werk. Leipzig 1923
FREYER,H.: Über das Dominantwerden technischer Kategorien in der Le-
     benswelt der industriellen Gesellschaft. In: ders.: Gedanken zur
     Industriegesellschaft. Mainz 1970, S. 131 ff
FROMM,E.: Haben oder Sein. München 1979

FROMM,E.: Wege aus einer kranken Gesellschaft. Frankfurt/Main 1982

FURBY,L.: Possession in Humans: An Exploratory Study of its Meaning and Motivation. In: Social Behavior and Personality, 6. Jg., 1978, S. 49 ff

GALBRAITH,J.K.: Die moderne Industriegesellschaft. München 1968

GEHLEN,A.: Urmensch und Spätkultur. Bonn 1956

GEHLEN,A.: Soziologische Aspekte des Eigentumsproblems in der Industriegesellschaft. In: ders.: Studien zur Anthropologie und Soziologie. Neuwied/Berlin 1972

GEHLEN,A.: Der Mensch. 12. Auflage, Wiesbaden 1978

GERSHUNY,J.: Die Ökonomie der nachindustriellen Gesellschaft. Produktion und Verbrauch von Dienstleistungen. Frankfurt/New York 1981

GESSNER,V./G.WINTER (Hrsg.): Rechtsformen der Verflechtung von Staat und Wirtschaft. Opladen 1982

GLASTETTER,W. et al.: Die wirtschaftliche Entwicklung in der Bundesrepublik Deutschland 1950 - 1980. Frankfurt/New York 1983

GLATZER,W./R. BERGER-SCHMITT (Hrsg.): Haushaltsproduktion und Netzwerkhilfe. Frankfurt/New York 1986

GLATZER,W./W.ZAPF: Lebensqualität in der Bundesrepublik: objekive Lebensbedingungen und subjektives Wohlbefinden. Frankfurt/Main 1984

GODELIER,M.: Ökonomische Anthropologie. Reinbek b. Hamburg 1973

GRASS,R.-D.: Schattenwirtschaft. Teil I. In: Mitteilungen aus der Arbeitsmarkt- und Berufsforschung H. 2, 1984, S. 274 ff; Teil II. In: ebenda H. 3, 1984, S. 382 ff

GRETSCHMANN,K.: Wirschaft im Schatten von Markt und Staat. Frankfurt/Main 1983

HABERMAS,J.: Handlung und System - Bemerkungen zu Parsons' Medientheorie. In: Schluchter,W. (Hrsg.): Verhalten, Handeln und System. Frankfurt/Main 1979, S. 68 ff

HABERMAS,J.: Theorie des kommunikativen Handelns. 2 Bde., Frankfurt/Main 1981

HABERMAS,J.: Entgegnung. In: Honneth,A./J.Joas (Hrsg.): Kommunikatives Handel. Beiträge zu Jürgen Habermas' "Theorie des kommunikativen Handelns". Frankfurt/Main 1986, S. 327 ff

HAGEBÖLLING,L.: Die rechtliche Sonderstellung des Handwerks in Abgrenzung zur Industrie. Braunschweig 1983

HAHN,A.: Soziologische Aspekte der Knappheit. Im Erscheinen 1987

HAKEN,H.: Synergetics. Heidelberg 1978

HARTMANN,J.: Verbände in der westlichen Industriegesellschaft. Frank-
    furt/Main 1985

HAUG,F.: Kritik der Warenästhetik. 7. Auflage, Frankfurt/Main 1980

HEILBRONER,R.L.: The Nature and Logic of Capitalism. New York/London
    1985

HEINEMANN,K.: Grundzüge einer Soziologie des Geldes. Stuttgart 1969

HEINEMANN,K.: Elemente einer Soziologie des Marktes. In: Kölner Zeit-
    schrift für Soziologie und Sozialpsychologie, 28. Jg., 1976, S.48ff

HEINZE,R.G.: Verbändepolitik und "Neokorporatismus". Opladen 1981

HELLER,A.: Theorie der Bedürfnisse bei Marx. 2. Auflage, Hamburg 1980

HERMANN,F.B.W.v.: Staatswirthschaftliche Untersuchungen. 2. Auflage,
    1870

HERZ,T.A.: Klassen, Schichten, Mobilität. Stuttgart 1983

HILLMANN,K.-H.: Wertwandel. Darmstadt 1986

HIMMELMANN,G.: Arbeitswert, Mehrwert und Verteilung. Opladen 1974

HIRSCH,F.: Die sozialen Grenzen des Wachstums. Reinbek b. Hamburg
    1980

HIRSCHMAN,A.O.: The Passions and the Interests. Princeton, N.J. 1977

HOFFMANN,L.: Die Maschine ist notwendig. Berlin 1832

HOFMANN,W.: Wert- und Preislehre. 2. Auflage, Berlin 1971

HOMANS,G.L.: Social Behavior - Its Elementary Forms. New York 1961

HRADIL,S.: Sozialstrukturanalyse in einer fortgeschrittenen Gesell-
    schaft. Opladen 1987

HUBER,J.: Die zwei Gesichter der Arbeit. Frankfurt/Main 1984

HÜBNER,E./H.-H.ROHLFS: Jahrbuch der Bundesrepublik Deutschland 1984.
    München 1984

ILLICH,I.: Schattenarbeit oder vernakuläre Tätigkeiten. In: Technolo-
    gie und Politik, H. 15, 1980, S. 48 ff

IMMLER,H.: Natur in der ökonomischen Theorie. Opladen 1985

INGLEHART,R.: The Silent Revolution. Princeton, N.J. 1977

INSTITUT DER DEUTSCHEN WIRTSCHAFT (Hrsg.): Zahlen zur wirtschaft-
    lichen Entwicklung der Bundesrepublik Deutschland 1986. Köln 1986

JENSEN,S.: Systemtheorie. Stuttgart u.s.w. 1983

JENSEN,S.: Aspekte der Medien-Theorie. Welche Funktionen haben die
Medien in Handlungssystemen? In: Zeitschrift für Soziologie, H. 2,
1984, S. 145 ff

JESKE,J.J.: Abmarsch in die Schattenwirtschaft. In: Frankfurter Allgemeine Zeitung, Nr. 209, vom 16. Sept. 1984, S. 13

JOERGES,B.: Berufsarbeit, Konsumarbeit, Freizeit. In: Soziale Welt,
H. 2, 1981, S. 168 ff

JOERGES,B.: Konsumarbeit - Zur Soziologie und Ökologie des "informellen Sektors". In: Matthes,J. (Hrsg.): Krise der Arbeitsgesellschaft? Verhandlungen des 21. Deutschen Soziologentages in Bamberg
1982. Frankfurt/New York 1983, S. 249 ff

KAPP,K.W.: Volkswirschaftliche Kosten der Privatwirtschaft. Tübingen
1958

KIM-WAWRZINEK,U./J.B.MÜLLER: Bedürfnis. In: Brunner,O./W.Conze/R.Koselleck (Hrsg.): Geschichtliche Grundbegriffe. Historisches Lexikon zur politisch-sozialen Sprache in Deutschland. Bd.1, Stuttgart 1972

KLAGES,H.: Wertorientierungen im Wandel. Frankfurt/New York 1984

KMIECIAK,P.: Wertstrukturen und Wertwandel in der Bundesrepublik
Deutschland. Göttingen 1976

KRYSMANSKI,H.J.: Gesellschaftsstruktur der Bundesrepublik. Köln 1982

KUTSCH,T./G.WISWEDE: Wirtschaftssoziologie. Stuttgart 1986

LAUTMANN,R.: Was nutzt der Soziologie die Nutzenanalyse? In: Soziologische Revue, 3. Jg., 1985, S. 219 ff

LEIPERT,C.: Unzulänglichkeiten des Sozialprodukts in seiner Eigenschaft als Wohlstandsmaß. Tübingen 1975

LEIPERT,C.: Gesellschaftliche Berichterstattung. Berlin/Heidelberg/
New York 1978

LEIPOLD,H.: Eigentum und wirtschaftlich-technischer Fortschritt.
Köln 1983

LENK,H.: Zu neueren Ansätzen der Technikphilosophie. In: ders./S.Moser (Hrsg.): Techne, Technik, Technologie. Pullach b. München
1973, S. 198 ff

LIPIETZ,A.: Akkumulation, Krisen und Auswege aus der Krise: Einige
methodische Überlegungen zum Begriff "Regulation". In: Prokla,
15. Jg., 1985, S. 109 ff

LITTEK,W./W.RAMMERT/G.WACHTLER: Einführung in die Arbeits- und Industriesoziologie. Frankfurt/New York 1982

LITTERER,J.A.: The Analysis of Organizations. New York u.s.w. 1973

LOCKE,J.: Textauszüge in: Diehl/Mombert 1924

LÖWITH,K.: Max Weber und Karl Marx. In: ders.: Gesammelte Abhandlun-
   gen. Tübingen 1960

LUHMANN,N.: Grundrechte als Institution. Berlin 1965

LUHMANN,N.: Zweckbegriff und Systemrationalität. Tübingen 1968

LUHMANN,N.: Wirtschaft als soziales System. In: ders.: Soziologische
   Aufklärung, Bd. 1, Opladen 1970, S. 204 ff

LUHMANN,N.: Knappheit, Geld und die bürgerliche Gesellschaft. In:
   Jahrbuch für Sozialwissenscahft, Bd. 23, 1972, S. 186 ff

LUHMANN,N.: Organisation im Wirtschaftssystem. In: ders.: Soziologische Aufklärung, Bd. 3, Opladen 1981, S. 390 ff

LUHMANN,N.: Das sind Preise. In: Soziale Welt, H. 2, 1983, S. 153 ff

LUHMANN,N.: Die Wirtschaft der Gesellschaft als autopoietisches System. In: Zeitschrift für Soziologie, H. 4, 13. Jg., 1984a,
   S. 308 ff

LUHMANN,N.: Soziale Systeme. Frankfurt/Main 1984b

LUKACS,G.: Geschichte und Klassenbewußtsein. Neuwied/Berlin 1970
   (1923)

MANDEL,E.: Entstehung und Entwicklung der ökonomischen Lehre von Karl
   Marx (1843 - 1863). Frankfurt/Main 1968

MARX,K.: Grundrisse der Kritik der Politische Ökonomie (Rohentwurf).
   Berlin (DDR) 1953

MARX,K.: Das Kapital, Bd. 2, MEW Bd. 24, Berlin (DDR) 1963

MARX,K.: Das Kapital, Bd. 1, MEW Bd. 23, Berlin (DDR) 1968

MARX,K.: Theorien über den Mehrwert. MEW Bd. 26.3, Berlin (DDR) 1968

MARX,K.: Das Elend der Philosophie. In: MEW Bd. 4, Berlin (DDR) 1972

MARX,K.: Lohnarbeit und Kapital. In: MEW Bd. 6, Berlin (DDR) 1973

MARX,K.: Einleitung zur Kritik der Politischen Ökonomie. MEW Bd. 13,
   Berlin (DDR) 1974

MARX,K./F.ENGELS: Deutsche Ideologie. MEW Bd. 3, Berlin (DDR) 1969

MASLOW,A.H.: Motivation und Persönlichkeit. Reinbek b. Hamburg 1981
   (New York 1954)

MATURANA,H.R.: Autopoiesis. In: Zeleny,M. (Hrsg.): Autopoiesis. New

York 1981, S. 21 ff

MATURANA,H.R.: Erkennen: Die Organisation und Verkörperung von Wirklichkeit. Braunschweig 1982

MCKENZIE,R.B./G.TULLOCK: Homo Oeconomicus. Frankfurt/New York 1984

METTELSIEFEN,B.: Schattenökonomie in der Bundesrepublik. In: Kursbuch
  69, 1982, S.147ff

MÜLLER,W.: Wege und Grenzen der Tertiarisierung: Wandel der Berufs-
  struktur in der Bundesrepublik Deutschland 1950 - 1980.
  In: Matthes,J. (Hrsg.): Krise der Arbeitsgesellschaft? Verhandlungen des 21. Deutschen Soziologentages in Bamberg 1982. Frankfurt/
  New York 1982, S. 142 ff

MÜLLER-JENTSCH,W.: Soziologie der industriellen Beziehungen. Frank-
  furt/New York 1985

MÜNCH,P.: Ordnung, Fleiß und Sparsamkeit. Texte und Dokumente zur
  Entstehung der "bürgerlichen Tugenden". München 1984

MORGENSTERN,O.: Vollkommene Voraussicht und wirtschaftliches Gleichgewicht. In: Zeitschrift für Sozialökonomie, H. 3, 1935

NEGRO,F.: Das Eigentum. München/Berlin 1963

NEUENDORFF,H.: Der Begriff des Interesses. Frankfurt/Main 1973

NOELLE-NEUMANN,E./B.STRÜMPEL: Macht Arbeit krank? Macht Arbeit glück-
  lich? München/Zürich 1985

OFFE,C.: Strukturprobleme des kapitalistischen Staates. Frankfurt/
  Main 1972

OPP,K.-D.: Das "ökonomische Programm" in der Soziologie. In: Al-
  bert,H./K.H.Stapf (Hrsg.): Theorie und Erfahrung. Stuttgart 1979

OPPENHEIMER,F.: System der Soziologie. Bd. 1, 2. Auflage, Stuttgart
  1964

PARSONS,T.: Evolutionäre Universalien der Gesellschaft. In: Zapf,W.
  (Hrsg.): Theorien des sozialen Wandel. Köln/Berlin 1971

PARSONS,T.: Zur Theorie der sozialen Interaktionsmedien. Opladen 1980

PARSONS,T./N.J.SMELSER: Economy and Society. 5. Auflage, London 1972
  (1956)

PAWLOWSKY,P./B.STRÜMPEL: Arbeit und Wertwandel: Replik. In: Kölner
  Zeitschrift für Soziologie und Sozialpsychologie, H. 4, 1986,
  S. 772 ff

PETRY,F.: Der soziale Gehalt der Marxschen Werttheorie. Jena 1916

PIGOU,A.C.: The Economics of Welfare. London 1938 (1920)

POHRT,W.: Theorie des Gebrauchswertes. Frankfurt/Main 1976

POLANYI,K.: The Great Transformation. Frankfurt/Main 1978a (1944)

POLANYI,K.: Kritik des ökonomistischen Menschenbildes. In: Technologie und Politik, Bd. 12, Reinbek b. Hamburg 1978b, S. 109 ff (1947)

POPPINGA, O. (Hrsg.): Produktion und Lebensverhältnisse auf dem Land. Opladen 1979

PRIGOGINE,I.: Vom Sein zum Werden. München 1979

PROSS,H.: Manager und Aktionäre in Deutschland. Frankfurt/Main 1965

RADANDT,H. et al. (Hrsg.): Handbuch Wirtschaftsgeschichte, 2 Bde., Berlin 1981

RAMMERT,W.: Soziale Dynamik der technischen Entwicklung. Opladen 1983

REHBERG,K.-S./K.G.ZINN: Die Marxsche Werttheorie als Basistheorie interdependenter Verteilungsstrukturen im Kapitalismus. In: Jahrbücher für Nationalökonomie und Statistik, Bd. 191, 1977, S. 396 ff

REUBAND,K.-H.: Arbeit und Wertewandel - Mehr Mythos als Realität. In: Kölner Zeitschrift für Soziologie und Sozialpsychologie, H. 4, 1985, S. 723 ff (s.a. die Replik von: Pawlowsky,P./B.Strümpel 1986)

REYHER,L./H.-U.BACH: "Arbeitskräfte-Gesamtrechnung". In: Mitteilungen aus der Arbeitsmarkt- und Berufsforschung, H. 4, 1980, S. 498 ff

RIESMAN,D.: Die einsame Masse. Reinbek b. Hamburg 1958

ROBBINS,L.L.: An Essay on the Nature and Significance of Economic Science. London 1932

RÖMER,P.: Entstehung, Rechtsform und Funktion des kapitalistischen Privateigentums. Köln 1978

RÖPKE,W.: Die Lehre von der Wirtschaft. Erlenbach/Zürich 1943

RONGE,V. (Hrsg.): Am Staat vorbei. Frankfurt/New York 1980

RONGE,V./U.WEIHE (Hrsg.): Politik ohne Herrschaft? München 1976

ROPOHL,G.: Eine Systemtheorie der Technik. München/Wien 1979

ROSNER,P.: Arbeit und Reichtum. Frankfurt/New York 1982

ROTHKIRCH,C.v./J.WEIDIG: Die Zukunft der Arbeitslandschaft. Beiträge zur Arbeitsmarkt- und Berufsforschung, Bde 94.1.und 94.2, Nürnberg 1985

RUMPF,H. et al.: Technologische Entwicklung. Göttingen 1976

RWI: Die Konjunktur im Handwerk. Essen 1954-1985

SCHANZ,G.: Ökonomische Theorie als sozialwissenschafltiches Para-
digma? In: Soziale Welt, H. 3, 30. Jg., 1979, S. 257 ff

SCHELSKY,H.: Berechtigung und Anmaßung der Managerherrschaft (1950).
In: ders.: Auf der Suche nach Wirklichkeit. München 1979, S. 20 ff

SCHMALS, K.M./R. VOIGT (Hrsg.): Krise ländlicher Lebenswelten. Frank-
furt/New York 1986

SCHMITZ,W.: Was hat Karl Marx wirklich gesagt? München 1984

SCHNEIDER,E.: Einführung in die Wirtschaftstheorie. Bd. 1, Tübingen
1964

SCHÖBER, D.: Die Wirtschaftsmentalität der Handwerker. Köln/Opladen
1968

SCHULLER,A. (Hrsg.): Property Rights und ökonomische Theorie. München 1983

SCHWAB,D.: Eigentum. In: Brunner,O. et al. (Hrsg.): Geschichtliche
Grundbegriffe. Stuttgart 1975

SIMMEL,G.: Philosophie des Geldes. München/Leipzig 1920

SIMON,H.A.: Models of Man. New York/London/Sidney 1957

SMITH,A.: Der Wohlstand der Nationen. München 1978 (5. Auflage, London 1789)

SOHN-RETHEL,A.: Geistige und körperliche Arbeit. Zur Theorie der gesellschaftlichen Synthesis. Frankfurt/Main 1972

SOMBART,W.: Der Bourgeois. München/Leipzig 1913

SOMBART,W.: Der moderne Kapitalismus. München/Leipzig 1916 ff

SOUTHEY'S COLLOQUIES, Vol. 1, London 1830

STANJEK,K.: Die Entwicklung des menschlichen Besitzverhaltens. Max-
Planck-Institut für Bildungsforschung, Berlin 1980

STARK,W.: Die Wissensoziologie. Stuttgart 1960

STATISTISCHES JAHRBUCH FÜR DIE BUNDESREPUBLIK DEUTSCHLAND 1985.
Stuttgart/Mainz 1985

TENBRUCK,F.H.: Die Rolle der Wirtschaftsgesinnung in der Entwicklung.
In: Zeitschrift für die gesamte Staatswissenschaft, Bd. 124, 1968,
S. 569 ff

TIETZEL,M.: Die Rationalitätsannahme in den Wirtschaftswissenschaften
oder Der homo oeconomicus und seine Verwandten. In: Jahrbuch für
Sozialwissenschaften, 32. Jg., 1981, S. 115 ff

TOLBERT,C. et al.: The Structure of Economic Segmentation: A Dual Economy Approach. In: American Journal of Sociology, Vol. 85, No. 5,
S. 1095 ff

TRAPP,M.: Utilitaristische Konzepte in der Soziologie. In: Zeitschrift
für Soziologie, H. 5, 15. Jg., S. 324 ff

TREIBER,H./H.STEINERT: Die Fabrikation des zuverlässigen Menschen.
München 1980

TÜRK,K.: Qualifikation und Compliance. In: Mehrwert, Nr. 24, 1984,
S. 46 ff

TÜRK,K.: Beschäftigungsumschichtungen in der Bundesrepublik Deutschland 1978 - 1983. In: Soziale Welt, H. 1, 1987

ULLRICH,O.: Technik und Herrschaft. Frankfurt/Main 1977

ULRICH,P.: Transformation der ökonomischen Vernunft. Bern/Stuttgart
1986

URE,D.A.: Das Fabrikwesen in wissenschaftlicher, moralischer und commerzieller Hinsicht. Leipzig 1835

VANBERG,V.: Die zwei Soziologien - Individualismus und Kollektivismus
in der Sozialtheorie. Tübingen 1975

VANBERG,V.: Markt und Organisation. Tübingen 1982

VESTER,F.: Neuland des Denkens. München 1980

VESTER,F./A.v.HESLER: Sensitivitätsmodell. Studie im Auftrag des Um-
weltbundesamtes. Frankfurt/Main 1980

WALLERSTEIN,I.: Der historische Kapitalismus. Berlin 1984

WEBER,M.: Wirtschaftsgeschichte. Berlin 1958

WEBER,M.: Wirtschaft und Gesellschaft. Studienausgabe, Tübingen 1964a

WEBER,M.: Asketischer Protestantismus und kapitalistischer Geist. In:
ders.: Soziologie, Weltgeschichtliche Analysen, Politik. Stuttgart
1964b, S. 357 ff

WEBER,M.: Vorbemerkungen zu den gesammelten Aufsätzen zur Religionssoziologie. In: ders.: Soziologie, Weltgeschichtliche Analysen,
Politik. Stuttgart 1964c, S. 340 ff

WEBER,M.: Antikritisches Schlußwort zum "Geist des Kapitalismus".
In: Winckelmann,J. (Hrsg.): Max Weber - Die protestantische Ethik.
Bd. 3, München/Hamburg 1968, S. 283 ff

WEIMER,S.: Arbeitsbedingungen in Klein- und Mittelbetrieben. Manu-
skriptdruck, RKW, Eschborn 1983

WEINER,B.: Theories of Motivation. From Mechanism to Cognition.
2. Auflage, Chicago 1972

WILLKE,H.: Systemtheorie. Stuttgart/New York 1982

WINKLER,H.A. (Hrsg.): Organisierter Kapitalismus. Göttingen 1974

WÖHE,G.: Einführung in die Allgemeine Betriebswirtschaftslehre.
11. Auflage, München 1973

WRIGHT,E.O.: Class, Crisis and the State. Mew York 1978

ZAPF,W.: Sozialberichterstattung: Möglichkeiten und Probleme. Göttingen 1976

E Sachregister

Studienskripten zur Soziologie

40   F. Golzewski/W. Reschka, Gegenwartsgesellschaften: Polen
     383 Seiten. DM 23,80

41   Th. Harder, Dynamische Modelle in der empirischen Sozialforschung
     120 Seiten. DM 15,80

42   W. Sodeur, Empirische Verfahren zur Klassifikation
     183 Seiten. DM 16,80

43   H. M. Kepplinger, Massenkommunikation
     207 Seiten. DM 17,80

44   H.-D. Schneider, Kleingruppenforschung
     2. Auflage. 343 Seiten. DM 21,80

45   H. J. Helle, Verstehende Soziologie und
     Theorien der Symbolischen Interaktion
     207 Seiten. DM 17,80

46   T. A. Herz, Klassen, Schichten, Mobilitäten
     316 Seiten. DM 21,80

48   S. Jensen, Talcott Parsons Eine Einführung
     204 Seiten. DM 17,80

49   J. Kriz, Methodenkritik empirischer Sozialforschung
     292 Seiten. DM 20,80

120 G. Büschges, Eine Einführung in die Organisationssoziologie
     214 Seiten. DM 17,80

121 W. Teckenberg, Gegenwartsgesellschaften: UdSSR
     478 Seiten. DM 25,80

122 A. Diekmann/P. Mitter, Methoden zur Analyse von Zeitabläufen
     208 Seiten. DM 17,80

123 Goetze/Mühlfeld, Ethnosoziologie
     326 Seiten. DM 21,80

124 D. Ruloff, Historische Sozialforschung
     225 Seiten. DM 18,80

125 W. Tokarski/R. Schmitz-Scherzer, Freizeit
     289 Seiten. DM 20,80

126 R. Porst, Praxis der Umfrageforschung
     172 Seiten. DM 16,80

127 A. Silbermann, Empirische Kunstsoziologie
     206 Seiten. DM 18,80

128 E. Lange, Soziologie des Erziehungswesens
     242 Seiten. DM 19,80

129 W. Felber, Eliteforschung in der Bundesrepublik Deutschland
     264 Seiten. DM 19,80

Preisänderungen vorbehalten